煤系致密砂岩油气藏形成特征

——以吐哈盆地台北凹陷为例

郭小波　陈　旋◎著

中国石化出版社

图书在版编目(CIP)数据

煤系致密砂岩油气藏形成特征：以吐哈盆地台北凹陷为例／郭小波，陈旋著．—北京：中国石化出版社，2019.10
ISBN 978-7-5114-5579-6

Ⅰ．①煤… Ⅱ．①郭…②陈… Ⅲ．①吐鲁番盆地-煤系-致密砂岩-油气藏形成-研究②哈密盆地-煤系-致密砂岩-油气藏形成-研究 Ⅳ．①P618.130.2

中国版本图书馆 CIP 数据核字（2019）第 235035 号

中国石化出版社出版发行

地址：北京市东城区安定门外大街 58 号
邮编：100011　电话：(010)57512500
发行部电话：(010)57512575
http://www.sinopec-press.com
E-mail：press@sinopec.com
北京艾普海德印刷有限公司印刷

*

710×1000 毫米 16 开本 11.25 印张 209 千字
2019 年 10 月第 1 版　2019 年 10 月第 1 次印刷
定价：68.00 元

前　言

致密砂岩油气是重要的非常规油气资源类型之一，广泛分布于国内外众多含油气盆地。吐哈盆地是我国西北地区重要的含油气盆地，台北凹陷中下侏罗统水西沟群煤系烃源岩广泛发育，与致密砂岩储层连续叠置分布，具备致密砂岩油气藏形成的基本条件。由于台北凹陷水西沟群致密砂岩油气勘探开发起步较晚，油气成藏地质研究尚不深入。本书从非常规油气地质研究的思路出发，对台北凹陷水西沟群煤系烃源岩生烃潜力与发育条件、致密砂岩储层特征与成因、主力烃源岩类型、油气成藏过程等开展地质与地球化学研究，为台北凹陷致密砂岩油气的深化勘探提供地质依据。

煤系烃源岩包括泥岩、炭质泥岩和煤岩，台北凹陷煤系烃源岩有机质类型以Ⅲ-$Ⅱ_2$型为主，正处于低成熟-成熟演化阶段。烃源岩生烃动力学研究表明，三种岩性烃源岩的成气活化能均略低于成油活化能，在大量生油之前可以先规模生气；泥岩的成油活化能整体分布要低于炭质泥岩和煤，泥岩可能是早期生油的主要物质。结合台北凹陷煤系烃源岩实际地质条件，将泥岩有机碳含量(*TOC*)为1.2%作为有效气源岩的评价下限标准，泥岩(*TOC*)为2.5%作为有效油源岩评价的下限标准。炭质泥岩的有机碳含量(*TOC*>6%)、氢指数、生烃潜量普遍较高，大部分可作为有效烃源岩。泥岩沉积环境可以是还原性相对较强、有一定盐度的水体，有机质中低等生源贡献较多；也可以是淡水环境，有机质来源以陆源高等植物为主。不同类型的炭质泥岩和煤岩，主要沉积于氧化性较强的水体环境中，有机质来源以陆源高等植物为主，也有一定量低等生源的贡献。西山窑组二段泥岩中有机质的富集受偏氧化性的沼泽环境控制，下侏罗统泥岩具有一定湖相泥岩有机质富集机制的特征，即受水体的还原性影响比较明显。因此，西山窑组中发育连续的厚煤层或不发育煤层，均不利于泥岩有机质的富集，高有机质丰度泥岩主要发育于与薄煤层频繁互层共生的沼泽环境中，受控于沼泽相的高有机质供给能力。西山窑组泥岩的富氢组分含量也受到偏氧化环境、高等植物输入为主的沼泽环境影响；而下侏罗统泥岩的富氢程度受沉积水体的还原性影响比较明显。西山窑组烃源岩可能主要分布于湖盆边部沼泽区域，下侏罗统烃源岩主要发育斜坡区及其下倾方向，在沉积中心的半深湖区可能存在厚度较大、生烃潜力更高的泥岩。

台北凹陷水西沟群致密砂岩储层岩石类型以长石岩屑砂岩为主，其次为岩屑砂岩。储层普遍经历了较强的压实作用，原生孔隙已经大部分损失，储集空间类型主要是宏观裂缝、微裂缝和各类微孔隙。沉积作用、成岩作用和构造作用共同影响了致密砂岩储层物性，高能环境下沉积的粗粒砂岩，其成分、结构成熟度较高，有利于埋藏过程中原生孔隙的保存，为后期酸性流体的流动、溶解物质的迁移提供了便利条件，进而促进了次生溶蚀孔隙的形成，使得水下分流河道微相砂体物性最好；构造作用是致密储层宏观与微观裂缝形成的主要原因。根据单一气泡在地层中受浮力与毛细管阻力的关系模型计算可得，当浮力与毛管力平衡时，对应储层的喉道半径约为 1.5μm，对应孔隙度约为 9%，空气渗透率约为 $0.7\times10^{-3}\mu m^2$，可作为研究区致密储层物性界线；低于此值，天然气不能在浮力作用下充注成藏。

台北凹陷丘东洼陷水西沟群致密砂岩气以甲烷为主，乙烷以上的重烃组分含量高，全部为湿气。天然气均为热成因气，温吉桑地区天然气主要为煤型气，照壁山–红旗坎地区为混合气，鄯勒地区既有混合气，也有油型气，柯柯亚地区有混合气和煤型气。石油具有低密度、低黏度、高含蜡的特征。油气源对比显示，烃源岩主要为中下侏罗统煤系烃源岩，主力应该为下侏罗统烃源岩，而其中又以泥岩的贡献较大。结合储层颗粒定量荧光特征分析认为，台北凹陷北部山前柯柯亚地区油气来源有深部烃源岩的贡献，受褶皱–逆冲断层系统影响，在断裂沟通下发生向上调整运移的过程，为“改造型”致密砂岩油气藏发育区。南部斜坡带温吉桑地区致密砂岩油气藏，油气以垂向运移、持续充注为主要特征，烃源岩应主要为下侏罗统煤系，这与油源对比结论吻合；三工河组砂岩储层中油气充注时间较晚，在储层普遍致密的背景下逐渐运聚成藏，为“原成型”致密砂岩油气藏。白垩纪末期，台北凹陷中部地区砂岩储层普遍致密化（孔隙度<9%），北部边界贯穿照壁山-红旗坎构造带、柯柯亚构造带、恰勒坎构造带；在南部贯穿温吉桑构造带、疙瘩台-红台构造带等，是“原成型”致密砂岩油气藏分布的主体区域，总面积约 2431km^2。“后成型”致密砂岩油气藏发育面积约 3350km^2，“改造型”致密砂岩油气藏主要发育于柯柯亚构造带，预测在鄯勒构造带、红旗坎构造带的部分地区可能发育，总面积约 310km^2。

在本书撰写过程中，得到了笔者导师黄志龙教授的悉心指导，在此表示衷心的感谢！研究过程中，还得到了中国石油大学（北京）陈践发教授、钟大康教授、纪友亮教授、谢庆宾教授和朱雷老师等的指导，以及中国石油吐哈油田分公司涂小仙高工、桑廷义高工、张锋高工、王劲松高工、金颖高工、季卫华高工、任忠跃高工、王瑞高工等科研人员的大力支持和帮助，在此一并表示感谢。感谢中国石油大学（华东）王伟明老师、东北石油大学柳波老师以及各位同门在学习、科研方面给予的帮助。此外，本书还得到了西安石油大学优秀学术著作出版基金，国家科技重大专项“重点盆地致密油资源潜力、甜点区预测与关键技术应用（No. 2016ZX05046-006）”，中国石油重大科技专项“吐哈探区油气接替领域勘探关键技术研究与应用（No. 2017E-04-04）”，以及国家自然科学基金项目（No. 41702127）、陕西省自然科学基础研究计划（No. 2017JQ4004）和陕西省教育厅专项科研计划（No. 17JK0596）的支持。

全书由郭小波和陈旋撰写。限于笔者水平，书中不妥之处在所难免，敬请读者批评指正！

目　　录

第一章　台北凹陷区域地质概况

第一节　区域构造特征

吐哈盆地是新疆三大含油气盆地之一，行政区域位于新疆维吾尔自治区的东部。在大地构造格架中，吐哈盆地位于哈萨克斯坦板块东南端，其东北侧为西伯利亚板块，南侧为塔里木-中朝板块(肖序常，1992；袁明生，2002)。吐哈盆地四周环山，西起喀拉乌成山，东至梧桐窝子泉附近，北依博格达山、巴里坤山和哈尔里克山，南抵觉罗塔格山；南北分别与塔里木盆地、准噶尔盆地隔山相望，东部毗邻三塘湖盆地(图 1-1)。吐哈盆地整体呈长条状、东西向展布，东西长约 660km，南北宽 60～130km，总面积约为 $5.28\times10^4 km^2$；盆地地面高程在海拔 -150～1600m，其中地势最低地区位于火焰山南侧的艾丁湖，海拔高程为 -154.43m(黄海海平面)，是我国最低、世界第二低的洼地。吐哈盆地是我国西北地区重要的含煤、含油气盆地，又以煤系油气的勘探开发为重要特色(王昌桂，1998；袁明生，2002)。

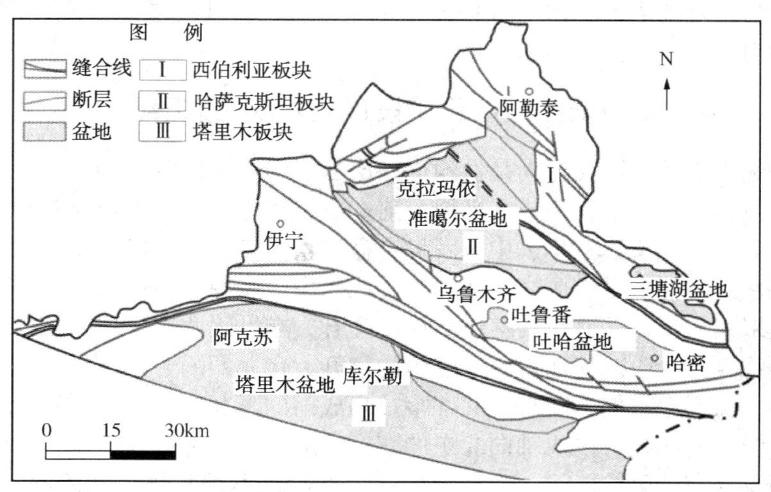

图 1-1　吐哈盆地构造位置图(据肖序常，1992 修改)

吐哈盆地在形成演化过程中，共记录了六次较大的构造运动，即二叠纪的新源运动(P_1/P_2)、三叠纪的克拉玛依运动(T_1/T_2)、三叠纪-侏罗纪的晚印支运动

(T/J)、侏罗纪-白垩纪的中燕山运动(J/K)、白垩纪末期的晚燕山运动(K_2末)和新近纪末期的晚喜马拉雅运动(N末)(袁明生，2011)。吐哈盆地不是一个原型盆地，而是一个多阶段、多类型盆地叠置形成的多旋回复合盆地，其发育过程可分为周缘前陆盆地、早期再生前陆盆地和晚期再生前陆盆地等三个演化阶段(袁明生，2002)。

一、周缘前陆盆地演化阶段(晚二叠世—三叠纪)

吐哈盆地北部，受博格达裂谷的影响，在早二叠世仍有海域沉积，沉积物呈北厚南薄的楔形体。早二叠世末期，在强烈构造挤压作用下，海水已全部退出吐哈盆地，博格达陆间裂谷开始回返褶皱隆起，并向两边盆地逆冲。在其南边，逆冲作用造成的构造负荷形成了以台北为中心的陆相前陆盆地，一直延续到三叠纪。在此期间，博格达山体既是盆地形成的动力来源，又是盆地沉积的物源区，其活动强弱控制着盆地的沉积。盆地南缘的觉罗塔格山在此期间向盆地发生了有限规模的冲掩活动，使部分地区(东部哈密坳陷南部，西部吐鲁番坳陷西南边缘)发生了小规模的前陆沉积，这种前陆沉积具有继承性发育特点，是继承了吐哈盆地形成前其南部晚石炭世-早二叠世前陆盆地的沉积特点。盆地东北部受克拉美丽—麦钦乌拉板块缝合带向南的仰冲作用的影响，也在被动大陆边缘上发育了前陆沉积。因此，盆地东部哈密坳陷的沉积既受北部与克拉美丽—麦钦乌拉板块缝合带构造作用有关的前陆沉积，也受南部与觉罗塔格山构造作用有关的前陆沉积的影响，是两个前陆凹陷叠加的结果。因此，盆地性质属于周缘前陆盆地，由多个沿山系分布的前陆凹陷叠合而成。

二、早期再生前陆盆地演化阶段(侏罗纪—古近纪)

三叠纪末期的晚印支运动是盆地内一次强烈的褶皱抬升运动，使盆地内前侏罗系构造被剥蚀、夷平，形成准平原，前侏罗纪构造带基本形成，盆地演化进入再生前陆盆地演化阶段。早、中侏罗世，盆地整体表现为沼泽、平原相沉积，中下侏罗统水西沟群煤系烃源岩广泛发育，成为主力烃源岩层系(图1-2、图1-3)。中侏罗世末期，盆地西北缘的喀拉乌成山隆升，在坳陷西部形成布尔加凸起及伊拉湖—肯德克高台阶。伴随着博格达山的隆升，台北凹陷开始进入早期再生前陆盆地阶段。侏罗纪末期，随着西北部喀拉乌成山的隆起，产生一系列北东向构造带将原先统一的凹陷分割成轴向北东的三个洼陷，即西部胜北洼陷、中部丘东洼陷和东部小草湖洼陷(图1-4)。白垩纪—古近纪是盆地均衡沉降阶段(图1-5)。早白垩世，盆地处于挤压抬升状态，在四周环山、气候干热条件下，坳陷范围进一步收缩，西部托克逊地区受伊拉湖断层影响构造沉降，再次成为凹陷，东部哈密坳陷及北部山前主要表现为博格达山由北向南挤压，在山前形成一系列与山体

走势平行的挤压冲断构造。晚白垩世后期至古近纪，沉积范围扩大到全盆地，通过广大范围的河流相及洪积—冲积扇的衔接得以实现吐哈盆地完全统一。

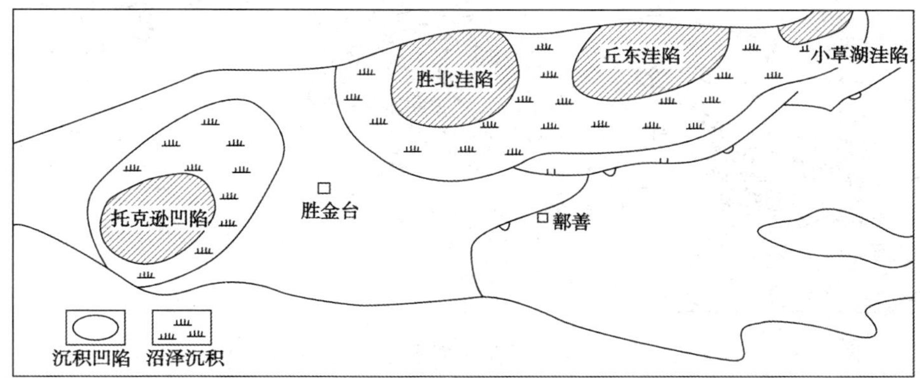

图 1-2　吐哈盆地吐鲁番坳陷早侏罗世构造格局示意图(据袁明生，2002)

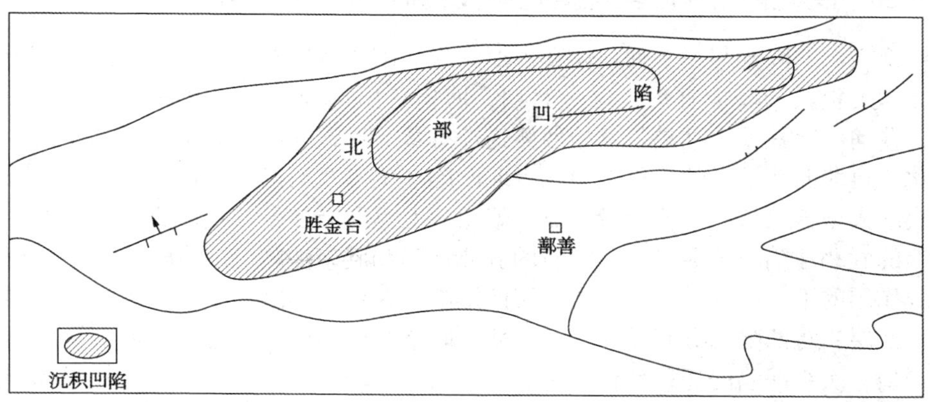

图 1-3　吐哈盆地吐鲁番坳陷中侏罗世末期构造格局示意图(据袁明生，2002)

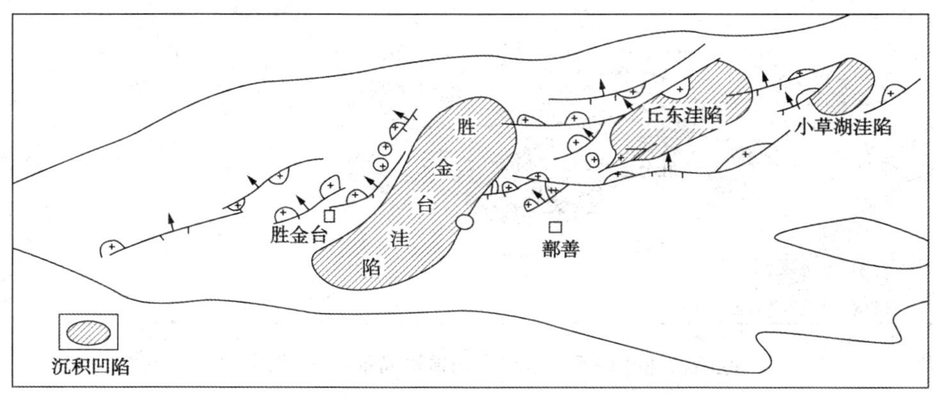

图 1-4　吐哈盆地吐鲁番坳陷侏罗纪末期构造格局示意图(据袁明生，2002)

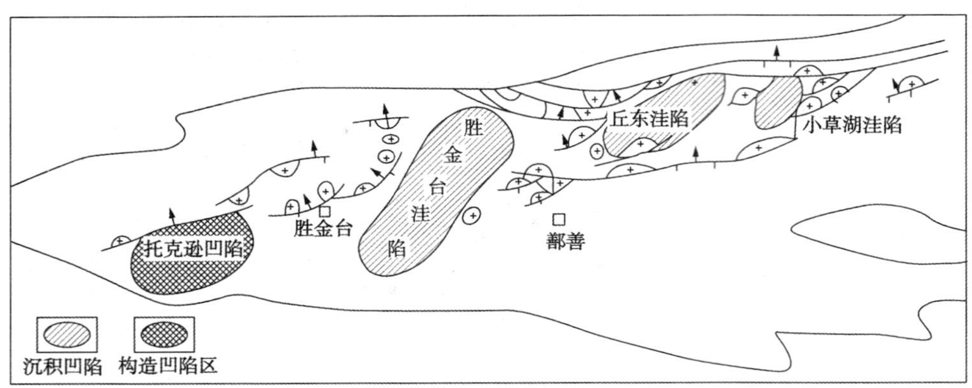

图 1-5 吐哈盆地吐鲁番坳陷白垩纪末期构造格局示意图(据袁明生，2002)

三、晚期再生前陆盆地演化阶段(新近纪—第四纪)

新天山的隆升与一系列地体和古亚洲大陆南缘碰撞有关，而其最终强烈上升则与印度板块的碰撞有关。这一时期，博格达山形成“V”字型仰冲构成扇形结构，并向吐哈盆地及准噶尔盆地两侧逆冲推覆，导致吐鲁番坳陷各凹陷格局产生变化，自北向南强大的挤压应力在台北凹陷产生沿八道湾组、西山窑组两套煤系地层的大型盖层滑脱，前锋带形成火焰山—七克台断褶带；西段火焰山构造带将早期的胜北洼陷一分为二，形成新的胜北洼陷和胜南洼陷(图 1-6)。同时，由于滑脱作用的不均衡性，加之基底断裂的影响，在台北凹陷产生 4 条近南北方向的平移断层，将凹陷带分割成 5 块。至此，吐鲁番坳陷南北分带、东西分块构造格局定型，次级凹陷的迁移变化终止。

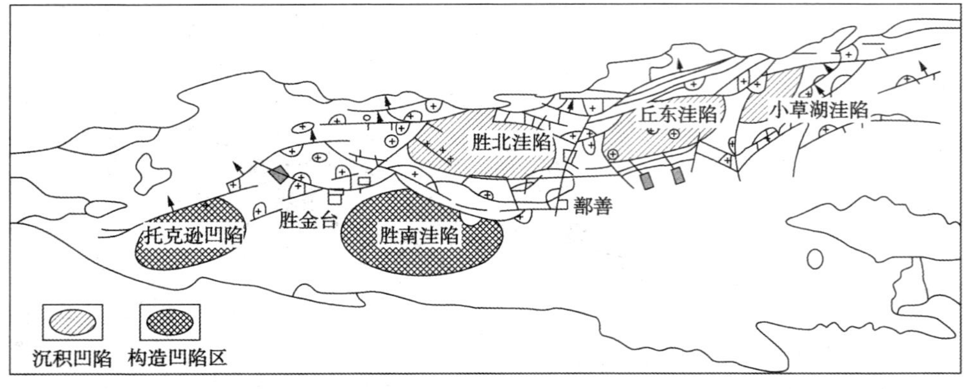

图 1-6 吐哈盆地吐鲁番坳陷现今构造格局示意图(据袁明生，2002)

吐哈盆地自东向西划分为哈密坳陷、了墩隆起和吐鲁番坳陷，吐鲁番坳陷是吐哈盆地的主体，大致以火焰山为界进一步分为北部台北凹陷、西部托克逊凹陷、布尔加凸起及南部艾丁湖斜坡(袁明生，2002)。台北凹陷位于吐哈盆地的中北部吐吐鲁番坳陷，与盆地走向一致，面积约 10000km²；东西分块、南北分带特征强，南部地区称为南部斜坡带，北部地区受博格达山隆升、推覆作用影响强，称为北部山前带；东西方向上，自西向东划分为胜北洼陷、丘东洼陷和小草湖洼陷，丘东洼陷是台北凹陷致密砂岩油气勘探开发的主体区域(图 1-7)(袁明生，2011；杨玉平，2014；郭小波，2014；张品，2019)。受断层、断裂影响，台北凹陷局部构造发育，且多成排、成带发育，由北向南、由东向西，局部构造带形成时期逐渐变新；发育红台-疙瘩台构造带、柯柯亚构造带、温吉桑构造带等众多次级构造单元；各个构造带均获得了一定的致密砂岩油气产能，但以柯柯亚构造带和温吉桑构造带最为典型，也是当前勘探地质研究的重点。

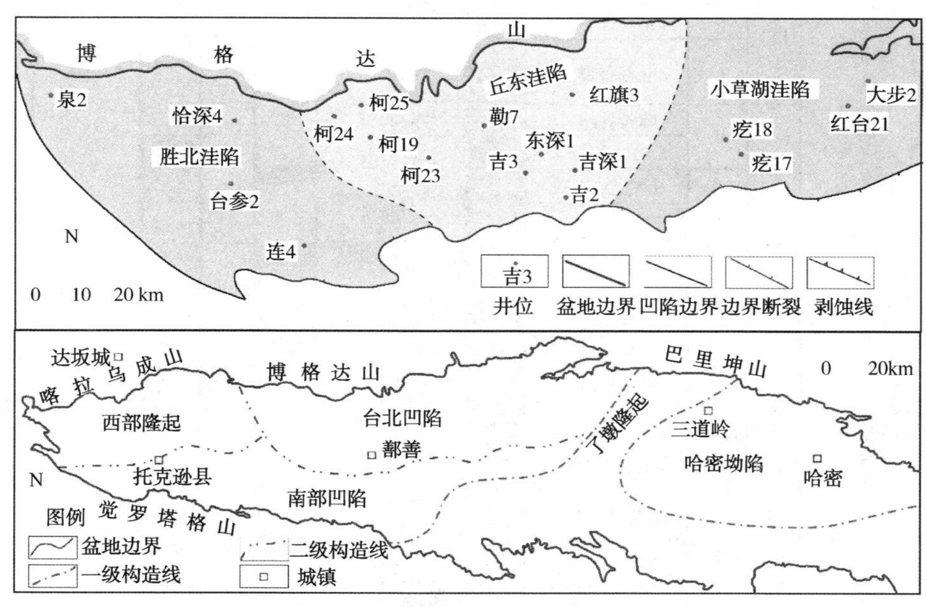

图 1-7 台北凹陷构造单元划分(改自袁明生，2011)

第二节 沉积与地层特征

吐哈盆地在前寒武系结晶基底上发育了一套以泥盆系为主的古生代褶皱基底，在褶皱基底之上发育了厚达 9000m 的沉积层，目前普遍认为的最老古沉积地层为上石炭统，其余各套地层发育比较齐全(表1-1)。吐哈盆地晚二叠世以前形成的地层以滨浅海相、海陆交互相和火山岩相为主要特点，自晚二叠世以来则为陆相沉积序列，在陆相环境中又由较深湖相渐次变为河流-冲积相。盆地中已发现的油气储量主要分布在以前陆坳陷沉积为主的台北凹陷侏罗系，该套沉积建造在凹陷内分布广、厚度大，主要为河湖相的碎屑岩和河沼、湖沼相煤系沉积(表1-1)。下侏罗统八道湾组(J_1b)和三工河组(J_1s)与中侏罗统西山窑组(J_2x)总称为水西沟群，是本书研究的目的层系(图1-8)。

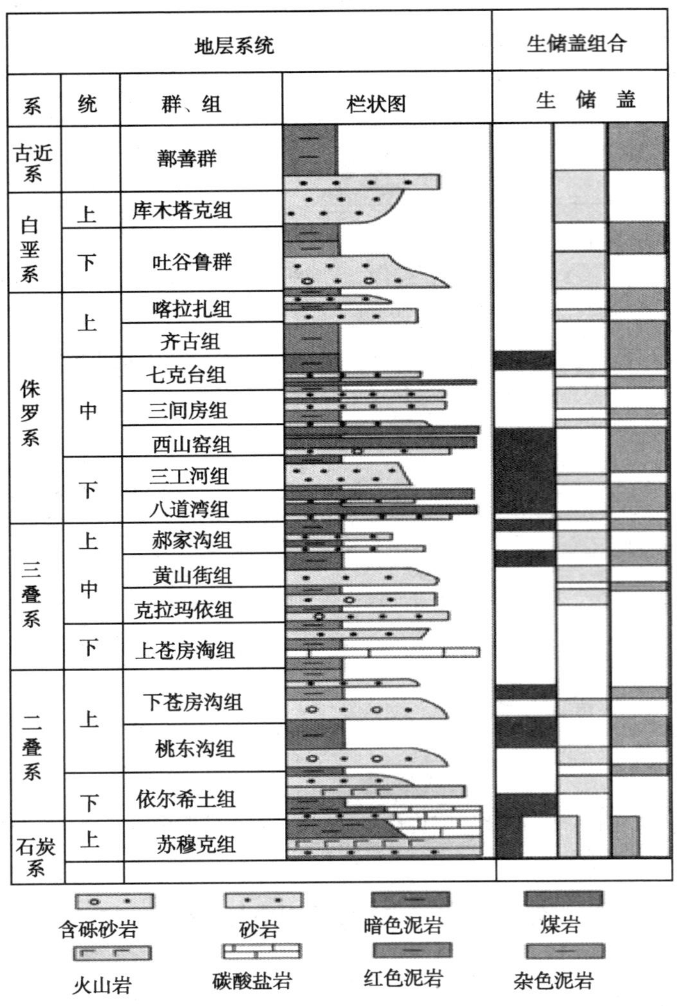

图1-8 吐哈盆地台北凹陷地层划分与生储盖组合(改自袁明生，2011)

表 1-1 吐哈盆地地层发育基本特征(据吴涛,1997;袁明生,2002;有修改)

界	系	统	群	组	岩性简述
新生界	第四系	下更新统		西域组 Q_1x	灰黑、灰绿色砾石层
	古近-新近系	上新统		葡萄沟组 N_2p	浅棕、土黄色砾岩夹棕红色泥岩
		中新-渐新统		桃树园组(E_3-N_1)t	浅棕、棕红色砂质泥岩夹砂岩及石膏。灰白色钙质砂岩
		渐-始新统	鄯善群(K_2-Esh)	巴坎组 $E_{2-3}b$	褐色砂泥岩夹中砂岩,含石膏和脊椎化石
		古新统		台子村组 E_1t	棕红色砂岩夹厚层泥岩,含动物化石
中生界	白垩系	上统		苏巴什组 K_2s	褐红色砾岩、砂岩夹泥岩,含脊椎化石
				库穆塔克组 K_2k	灰蓝、棕红色砂、砾岩夹泥岩条带,见泥裂
		下统	吐谷鲁群(K_1tg)	连木沁组 K_1l	棕红、蓝绿色砂泥岩夹细砂岩条带
				胜金口组 K_1sh	暗绿色砂泥岩与粉砂岩,含鱼化石
				三十里大墩组 K_1s	棕、紫色砂、砾岩夹砂泥岩,见泥裂
中生界	侏罗系	上统		喀拉扎组 J_3k	棕红色块状砂岩夹泥灰岩,含钙质结核
				齐古组 J_3q	棕红色砂泥岩夹细砂岩、粉砂岩,含轮藻化石
		中统		七克台组 J_2q	上部暗色泥岩,下部介壳砂岩夹泥岩
				三间房组 J_2s	杂色砂泥岩夹灰白色砂岩,底部为灰绿色砾岩
			水西沟群($J_{1-2}sh$)	西山窑组 J_2x	暗色砂泥岩夹褐、灰白色砂岩、煤层、菱铁矿
		下统		三工河组 J_1s	灰绿色泥岩与灰白色砂岩互层,夹炭质泥岩
				八道湾组 J_1b	深灰色砂泥岩、页岩及煤层,浅灰色砾岩、砂岩、砂岩
	三叠系	上-中统	小泉沟群($T_{2-3}xq$)	郝家沟组 T_3h	灰黄色砂砾岩与深灰色泥岩互层,夹煤线、菱铁矿结核
				黄山街组 T_3hs	灰绿、深灰泥岩夹砂岩,炭质泥岩,含菱铁矿结核
				克拉玛依组 $T_{2-3}k$	灰绿色砂泥岩与砂岩互层,有灰绿色底砾岩
		下统	上苍房沟群(T_1cf^b)	烧房沟组 T_1s	蓝绿色砂砾岩与紫红色砂泥岩互层
				韭菜园组 T_1j	紫红色、紫灰色泥岩夹红褐色砂岩及灰岩薄层

续表

界	系	统	群	组	岩性简述
古生界	二叠系	上统	下苍房沟群（P_2cf^a）	锅底坑组 P_2g	紫红色、灰绿色砂泥岩不等厚互层
				梧桐沟组 P_2w	灰绿色泥岩与砂岩不等厚互层夹黑色泥岩
				泉子街组 P_2q	灰绿色砾岩与褐红色泥岩互层夹灰黑色泥岩
			桃东沟群（P_2td）	塔尔郎组 P_2t	灰黑、灰色泥页岩夹粉砂岩及泥灰岩薄层，泥页岩夹泥灰岩灰岩及细、粉砂岩，底部为灰黄、灰棕色砾岩、砂岩夹砂泥岩
				大河沿组 P_2d	杂色砂砾岩夹红泥岩
		下统		依尔希土组 P_1y	火山岩、火山碎屑岩、凝灰岩与砂岩

一、八道湾组

八道湾组（J_1b）沉积时期，气候温暖潮湿，发育厚度较大的河流沼泽、湖泊沼泽、滨浅湖等沉积，是台北凹陷煤系烃源岩发育的重要层系。其岩性主要为一套以河沼相为主体的浅灰色砂岩、砾状砂岩及灰黑色泥岩和煤层，岩性横向变化较大，底部多为砾岩，形成了具有下粗上细的正韵律特征的含煤碎屑岩建造。沉积相主要为河流—三角洲平原沼泽相和湖沼相，平面上厚度中心在胜北次凹和丘东次凹，钻井揭示地层厚度在95~650m，由西部、北部向东南减薄；砂体横向变化较快，与煤系烃源岩交叉分布。

二、三工河组

三工河组（J_1s）位于下侏罗统的上部，为侏罗纪的首次大规模湖侵，湖盆发育达到最旺盛期，并在台北凹陷形成大面积的半深湖—深湖相沉积，边缘地带为冲积扇—扇三角洲、辫状河三角洲沉积等。岩性组合较为单一，三工河组顶部主要发育一套灰色、深灰色泥岩层，露头风化后呈较软的层状，因此又叫“毡子层”，泥岩层厚度分布不均，但全区均有分布，可作为本区地层对比的标志层。三工河组下部是一套深灰色粗砂岩、杂色砂砾岩，向上逐渐变细为厚层的灰白色、深灰色的细砂岩，同样构成下粗上细的正旋回。本组煤层发育较少，局部可见煤线；地层分布范围与下伏八道湾组相当，甚至要略广，二者为呈整合接触，使得在单井剖面、地震剖面上界限不明，合称为下侏罗统；钻井揭示三工河组沉积厚度在70~380m。

三、西山窑组

西山窑组与三工河组之间是以西山窑组底部的一套高阻煤层为界，且泥岩自然伽马(GR)由低背景值突变为高背景值。台北凹陷在西山窑组沉积时期，盆地范围进一步扩大，水体变浅，湖泊沼泽、滨浅湖、三角洲沉积广泛发育，与八道湾组构成盆地内两套煤系生烃层系。根据岩性特征和沉积旋回，西山窑组划分为四段，即西山窑组一段(J_2x^1)、西山窑组二段(J_2x^2)、西山窑组三段(J_2x^3)和西山窑组四段(J_2x^4)。西山窑组一段发育深灰色泥岩与灰白色砂砾互层，夹炭质泥岩，灰色粉砂岩，是水西沟群致密砂岩油气成藏的另一重要储层段，底部发育厚层煤。西山窑组二段发育煤层、炭质泥岩、深灰色泥岩、灰色砂岩等，是重要的煤系烃源岩发育层段。西山窑组三段主要为深灰色泥岩，夹薄层的灰色泥质粉砂岩、粉砂岩、灰色砂砾岩，形成不等厚互层状砂泥岩剖面，也可见煤层，但是煤层较二段薄。西山窑组四段以发育灰白色砾岩、砾状砂岩、灰绿色泥岩为主。西山窑组在台北凹陷分布范围最为广泛，目前钻井揭示，西山窑组整体厚度在280~1800m，而煤系烃源岩发育的西山窑组二段厚度在100~700m(图1-8)。

第三节 石油地质特征

吐哈盆地油气勘探始于20世纪50年代末，当时发现了胜金口和七克台两个小油田；直至1989年1月5日第一口科学探索井——台参1井于中侏罗统三间房组测试获日产24.2t/d工业油气流，油源研究证实其来于八道湾组煤系地层，从而揭开了西北地区侏罗系煤系找油及煤成油研究的序幕(翟光明，2016)。盆地中已发现的油气储量主要分布在台北凹陷。从油气分布和生储盖组合特征可将吐哈盆地分为上下两套含油气系统，即上含油系统(J-E)和下含油气系统(C-T)(图1-8)。上含油气系统发育两套、两种类型的烃源岩，自下而上分别为中下侏罗统水西沟群煤系烃源岩和中侏罗统七克台组湖相烃源岩，前者为主后者为辅。七克台组上段—齐古组泥岩厚度大、岩性纯、分布稳定，是最优质的区域性盖层。下含油气系统(C-T)，二叠系和三叠系均发育湖相泥质烃源岩，以上二叠统桃东沟群为主要烃源岩，台北凹陷井下揭示较少；主要的储层发育于广泛分布的中、上三叠统小泉沟群，以及上二叠统内部的少量储层，已经发现的吐玉克稠油富集带与之有关。石炭系发育一套以海相沉积为特征的碳酸盐岩、凝灰质泥岩等，但对其生烃潜力目前尚不明确(袁明生，2002，2011)。

第四节　实验样品分布

本研究中，开展了50余口井岩心观察描述，共采集原油样品19件，岩心、岩屑样品400余件，其中烃源岩岩心样品90余件，砂岩储层岩心样品60余件；烃源岩岩屑样品共200余件，砂岩岩屑样品50余件等，实验样品主要分布在丘东洼陷(表1-2、表1-3)。完成了总有机碳、微量元素、碳同位素、恒速压汞、CT扫描、铸体薄片观察等实验分析测试工作。受钻井取心限制，煤系烃源岩岩心分析样品在三个洼陷分布不均，小草湖洼陷只有西山窑组样品，且数量较少；丘东洼陷和胜北洼陷西山窑组岩心样品较多，但下侏罗统样品较少且分布区域局限。

表1-2　原油取样井与层位

样品编号	井号	深度/m	层位
1	柯24	3113~3120	J_2x^1
2	柯20	3563~3584	J_2x^1
3	勒10	2758~2767	J_2x^2
4	柯19	3338~3361	J_2x^2
5	照4	4246.8~4274	J_1b
6	照4	3919~3931	J_1s
7	红旗2	3285~3291	J_1s
8	柯23	4010~4028	J_2x^1
9	柯33P	3923~4321.7	J_1s
10	柯191	3615~3632	J_1s
11	红台20	2975~2996	J_2x^1
12	陵深2	3926	J_2x^1
13	火803	4329~4726	J_1b
14	吉3	4126~4129	J_1s
15	吉深1	3787~3798	J_2x^1
16	吉301C	4510~4515	J_1s
17	温13	3268~3278	J_2x^1
18	吉4	4355~5255	J_1s
19	吉1x	4088~4091	J_1s

注：J_1b 为八道湾组，J_1s 为三工河组，J_2x^1 西山窑组一段，J_2x^2 西山窑组二段。

表 1-3　不同烃源岩岩心样品

洼陷	井号	顶部埋深/m	层位	岩性
丘东洼陷	东深 1	3871.40	J_2x	泥岩
	东深 1	3871.60	J_2x	泥岩
	东深 1	3872.10	J_2x	煤
	东深 1	3872.30	J_2x	炭质泥岩
	东深 1	3874.00	J_2x	煤
	东深 1	3876.90	J_2x	泥岩
	核 3	2560.50	J_2x	泥岩
	红旗 2	3726.50	J_1b	炭质泥岩
	红旗 2	3728.00	J_1b	泥岩
	红旗 3	3229.60	J_2x	泥岩
	吉 1	3415.80	J_2x	泥岩
	吉 1	3654.60	J_2x	煤
	吉 101	3841.80	J_2x	炭质泥岩
	吉 101	3841.88	J_2x	泥岩
	吉 101	3875.84	J_2x	泥岩
	吉 101	3877.91	J_2x	炭质泥岩
	吉 101	3878.73	J_2x	煤
	吉 101	3996.68	J_1s	泥岩
	吉 101	3999.04	J_1s	泥岩
	吉 101	3999.45	J_1s	泥岩
	吉 2	3223.40	J_2x	煤
	吉 2	3223.70	J_2x	炭质泥岩
	吉 2	3224.30	J_2x	泥岩
	吉 2	3224.80	J_2x	泥岩
	吉深 1	3371.50	J_2x	泥岩
	吉深 1	3572.30	J_2x	煤

续表

洼陷	井号	顶部埋深/m	层位	岩性
丘东洼陷	吉深 1	3573.00	J_2x	泥岩
	吉深 1	3696.40	J_2x	炭质泥岩
	吉深 1	3779.55	J_2x	煤
	吉深 1	3780.50	J_2x	泥岩
	吉深 1	3781.00	J_2x	煤
	吉深 1	3783.30	J_2x	泥岩
	柯 191	3351.80	J_2x	煤
	柯 191	3356.10	J_2x	泥岩
	柯 21	3059.50	J_2x	泥岩
	柯 23	3286.40	J_2x	泥岩
	柯 23	3288.50	J_2x	泥岩
	柯 24	2758.50	J_2x	泥岩
	柯 28	3943.80	J_1s	泥岩
	勒 10-93	2930.90	J_2x	泥岩
	勒 10-93	2931.70	J_2x	泥岩
	勒 10-93	2936.30	J_2x	泥岩
	勒 10-93	2936.50	J_2x	炭质泥岩
	勒 15	2791.00	J_2x	炭质泥岩
	勒 15	2791.50	J_2x	炭质泥岩
	勒 15	2793.50	J_2x	泥岩
	勒 2	3176.50	J_2x	泥岩
	勒 2	3177.00	J_2x	炭质泥岩
	勒 2	3582.10	J_1s	泥岩
	勒 3	3014.00	J_2x	泥岩
	勒 7	2921.50	J_2x	泥岩
	勒 7	3534.20	J_1s	泥岩
	胜深 3	4203.50	J_2x	泥岩
	台参 2	5001.80	J_2x	泥岩
	台参 2	5004.50	J_2x	泥岩
	温深 1	3910.70	J_1s	炭质泥岩
	温深 1	4130.70	J_1b	泥岩
	照 4	3561.00	J_2x	炭质泥岩

续表

洼陷	井号	顶部埋深/m	层位	岩性
胜北洼陷	火 8	3983.60	J_2x	煤
	火 9	4006.80	J_1b	泥岩
	火 9	4015.50	J_1b	煤
	火 9	4016.00	J_1b	煤
	连 23	3752.70	J_1b	泥岩
	连 4	3954.20	J_2x	泥岩
	连 4	3955.10	J_2x	泥岩
	连 4	3957.10	J_2x	煤
	连 4	3957.90	J_2x	煤
	连 4	3959.60	J_2x	泥岩
	连 4	3959.80	J_2x	泥岩
	连 4	4183.00	J_1b	泥岩
	葡 14	4317.10	J_1b	泥岩
	葡 14	4318.40	J_1b	泥岩
	葡 14	4371.60	J_1b	炭质泥岩
	恰 4	3283.50	J_1s	炭质泥岩
	恰 4	3284.80	J_1s	泥岩
	恰 4	3285.90	J_1s	煤
小草湖洼陷	大步 2	3657.10	J_2x	泥岩
	疙 17	2932.60	J_2x	泥岩
	疙 18	3684.40	J_2x	泥岩
	红台 21	3548.60	J_2x	泥岩

注：J_1b 为八道湾组，J_1s 为三工河组，J_2x 为西山窑组。

第二章　煤系烃源岩生烃潜力评价

按油气的有机成因理论，一个盆地能否形成油气、生成油气的潜力如何，这直接关系到油气勘探开发部署。因此，烃源岩的生烃性能评价就成为油气勘探地质研究的重要基础工作。通常，烃源岩质量主要从有机质丰度、类型和成熟度三个方面进行评价。其中，有机质丰度决定源岩的生烃物质基础丰富程度，有机质类型关系到有机质生烃产状与能力，有机质成熟度影响烃源岩生烃量，这三个方面共同控制着烃源岩的生烃潜力。

第一节　煤系烃源岩评价方法

一、有机质丰度评价方法

我国含油气盆地以发育陆相烃源岩为重要特征，包括湖相和沼泽相烃源岩，它们在有机质生源构成、沉积环境等方面存在差异，在进行烃源岩综合评价时应该区别对待。沼泽相烃源岩岩性较湖相复杂，可以分为煤、炭质泥岩和泥岩。烃源岩有机质丰度评价常用参数为总有机碳(*TOC*)含量、氯仿沥青“A”含量、总烃(*HC*)含量和岩石热解(Rock-Eval)生烃潜力(S_1+S_2)等。黄第藩(1996)基于对我国西北地区含煤地层总生烃潜量(S_1+S_2)，氯仿沥青“A”和总烃含量与有机碳关系相关性研究，提出了一个将煤(*TOC*>40%)与煤系泥岩(*TOC*<6%)、炭质泥岩(*TOC*=6%~40%)的评价标准统一起来判别其生油气能力的评价方案。在此基础上，陈建平(1997)根据我国西北地区诸多盆地2300余个侏罗纪煤系烃源岩样品的分析，建立了煤系油源岩生烃潜力评价标准(表2-1~表2-3)，由于煤岩和炭质泥岩有机质高度富集，其生烃能力明显受到有机质富氢组分含量即有机质类型的控制。

表2-1　中国煤系泥岩生烃潜力评价标准(据陈建平，1997)

油源岩级别	评价指标			
	TOC/%	S_1+S_2/(mg/g)	氯仿沥“A”/%	总烃/%
非	<0.75	<0.50	<0.15	<0.05
差	0.75~1.50	0.50~2.00	0.15~0.30	0.05~0.12

续表

油源岩级别	评价指标			
	TOC/%	S_1+S_2/(mg/g)	氯仿沥"A"/%	总烃/%
中	1.50～3.00	2.00～6.00	0.30～0.60	0.12～0.30
好	3.00～6.00	6.00～20.00	0.60～1.20	0.30～0.70
很好	3.00～6.00	>20.00	>1.20	>0.70

表 2-2　中国煤系炭质泥岩生烃潜力评价标准（据陈建平，1997）

油源岩级别	评价指标			有机质类型
	HI/(mg/g)	S_1+S_2/(mg/g)	TOC/%	
非	<60	<10	6～10	Ⅲ$_2$
很差	60～110	10～18	6～10	Ⅲ$_2$
差	110～200	18～35	6～10	Ⅲ$_1$
中	200～400	35～70	10～18	Ⅱ
好	400～700	70～120	18～35	Ⅰ$_2$
很好	>700	>120	35～40	Ⅰ$_1$

表 2-3　中国煤岩生烃潜力评价标准（据陈建平，1997）

评价指标	生烃级别			
	非	差	中	好
氢指数/(mg/g)	<150	150～275	275～400	>400
S_1+S_2/(mg/g)	<100	100～200	200～300	>300
氯仿沥青"A"/%	<7.5	7.5～20	20～55	>55
总烃/%	<1.5	1.5～6	6～25	>25
有机类型	Ⅲ$_2$	Ⅲ$_1$	Ⅱ	Ⅰ$_2$

二、有机质类型评价方法

烃源岩有机质类型的评价方法很多，包括岩石、干酪根与可溶有机质的各项分析测试参数。岩石分析测试包括全岩有机岩石学显微组分分析、热解分析等；干酪根测试分析包括元素、碳同位素、有机显微组分、红外光谱、热解气相色谱分析等；岩石可溶有机质分析测试包括族组成、饱和烃气相色谱和甾萜类等生物标志化合物组成（卢双舫，2017）。其中，岩石热解、元素组成、干酪根显微组分与碳同位素分析是常用的方法。岩石热解和总有机碳实验结合，可以获得氢指数

(HI, mg/g)、氧指数(OI, mg/g)与最高热解峰温(T_{max},℃)等参数。通常，主要依据氢指数(HI, mg/g)-氧指数(OI, mg/g)关系图、$HI-T_{max}$关系图等划分有机质类型(邬立言，1986)。

干酪根元素分析法，利用烃源岩经可溶有机质抽提后的粉末分离干酪根，再对其进行干酪根元素分析，获取干酪根碳、氢、氧、氮等主要元素的相对百分含量。范克雷维纶(1961)最早用H/C、O/C原子比的图版来研究煤质素和煤化作用的途径(曾国寿，1990)。后来，Tissot(1974)等根据干酪根元素组成范氏图把干酪根划分为三种类型，同层系不同深度所取的样品，一般沿一条曲线聚集，这是一种演化途径，相似的沉积环境可以形成相同的途径，从而不同类型的干酪根有着不同的演化途径，但是在地层深处由于干酪根成熟度极高，达到演化终点碳元素已经接近100%，不同类型的曲线将会合并在一起(Tissot，1974)。母质类型越好，氢含量越高，氧含量越低，越利于生油；母质类型越差，氢含量越低，氧含量越高，越倾向于生气；混合型母质既可以生油，也可以生气。

烃源岩的有机显微组分归为镜质组、惰质组、壳质组和腐泥组四种类型，不同显微组分的生物来源不同，生烃潜力不同；其中腐泥组利于生油，壳质组可以生油，也可以生气，镜质组和惰质组主要生少量气(涂建琪，1998，2012)。据有机质显微组分可以确定有机质类型，一般根据显微组分相对百分含量计算类型指数，再根据类型指数划分类型。类型指数的计算公式为：$TI=100A+50B-75C-100D$，其中A、B、C和D分别为有机显微组分中的腐泥组、壳质组、镜质组和惰质组相对百分含量，单位为%。据TI值即可划分有机质类型(表2-4)。

表2-4　烃源岩有机质显微组分类型划分表

类型	Ⅰ型	$Ⅱ_1$型	$Ⅱ_2$型	Ⅲ型
壳质组/%	70~50	50~10		<10
镜质组/%	<10	10~20	20~70	70~90
类型指数	100~80	80~40	40~0	<0

干酪根稳定碳同位素的组成主要受到有机质来源及沉积环境的影响，并且在热成熟过程中改变不大，可从侧面反映干酪根的性质和生源构成(Tissot和Welte，1984)。在生物的化学组成中，纤维素、木质素和类脂物组成一个逐渐富集轻碳同位素(^{12}C)的序列。一般母质类型越好，越富含类脂物，碳同位素组成越轻，生烃潜力越高，越倾向于生油；母质类型越差，木质素、镜质体等含量越高，碳同位素组成越重，生烃潜力越低，越倾向于生气，可用来研究过成熟烃源岩母质类型。我国学者根据碳同位素组成把有机质划分为不同的类型，建立了相应行业标准(表2-5)。干酪根碳同位素组成主要受母质类型、形成环境影响，相较于氢

指数、H/C 原子比，受成熟度的影响更小，是反映干酪根类型的良好参数；水生生物较陆生生物、低等生物较高等生物，一般更富集类脂化合物，而贫纤维素、木质素等，从而具有较轻的干酪根碳同位素组成，对应较好的干酪根类型，反之亦然(卢双舫，2017)。

表 2-5　陆相干酪根碳同位素组成及其与类型的关系(SY/T 5735-1995)

母质类型	标准腐泥型 I_1	含腐殖腐泥型 I_2	中间型或混合型Ⅱ	含腐泥的腐殖型 III_1	标准腐殖型 III_2
$\delta^{13}C_{PDB}/‰$	<-30.0	-30.0～-28.0	-28.0～-25.5	-25.5～-22.5	>-22.5

烃源岩有机质类型不同，生成的烃类组分与性质也有差别。烃源岩氯仿沥青“A”(可溶有机质)由饱和烃、芳烃、非烃和沥青质组成，一般在成熟度不高的腐泥型烃源岩中氯仿沥青“A”及总烃含量较高，而腐殖型烃源岩则富芳香结构，胶质和沥青质含量较高。相应地，在有机质类型相近时，随成熟度增高，饱和烃含量增加，胶质和沥青质含量降低，饱芳比增大，烃/非烃比值增加。烃源岩可溶有机质中的饱和烃气相色谱特征是母质类型、沉积环境及成熟度等的综合反映。滨浅湖氧化沉积环境形成的烃源岩饱和烃中，气相色谱图多呈前峰型，主峰碳较低，为 C_{15-18} 等，Pr/Ph 较高，有较多的异构烷烃，轻组分多于重烃组分，$(C_{21}+C_{22})/(C_{28}+C_{29})$ 和 $\sum C_{21}^-/\sum C_{22}^+$ 较高，母质类型较差，倾向于生气；半深湖—深湖还原环境形成的烃源岩饱和烃气相色谱图多呈后峰型，主峰碳数高，可大于 C_{23}，Pr/Ph 相对较低，有较多的正构烷烃，轻组分少于重烃组分，$C_{21}+C_{22}/C_{28}+C_{29}$ 和 $\sum C_{21}^-/\sum C_{22}^+$ 较低，母质较好，倾向于生油；过渡环境中形成的烃源岩饱和烃气相色谱图一般呈双峰特征，相应参数介于上述两种环境之间，主要反映混合型母质。C_{27} 甾烷主要来自低等水生生物，C_{29} 甾烷主要来自高等植物，因此 $\alpha\alpha\alpha 20R$ 甾烷百分组成也可用来判断沉积环境和有机质生源类型(黄志龙，2017)。

三、有机质成熟度评价方法

在沉积岩成岩后生演化过程中，达到一定成熟度，生油岩中有机质的许多物理性质、化学性质都发生相应的变化，并且这一过程是不可逆的，可以用有机质的某些物理性质和化学组成的变化来判断有机质的成熟度(柳广弟，2009；卢双舫，2017)。为此，各国石油地质学家和地球化学家纷纷提出衡量有机质热演化成熟度的各种方法。目前，评价有机质成熟度的方法主要有有机地球化学法、有机岩石学法及古地温直接测定法等。有机质成熟度的评价指标有镜质体反射率(R_o)、岩石最高热解峰温(T_{max})、$S_1/(S_1+S_2)$、干酪根 H/C 原子比与红外光谱参数、可溶有机质参数及生物标记物参数等。但 R_o 是应用效果最好的指标，其

次为热解 T_{max}，其他指标参数可作为辅助(表 2-6)。

表 2-6　陆相烃源岩有机质烃演化阶段划分与评价参数(卢双舫，2017)

演化阶段	R_o/%	T_{max}/℃	20S/(S+R)-αααC_{29}甾烷	ββ/(ββ+αα)-αααC_{29}甾烷	孢粉颜色指数
未成熟	<0.5	<435	<0.20	<0.20	<2.0
低成熟	0.5~0.7	435~440	0.20~0.40	0.20~0.40	2.0~3.0
成熟	0.7~1.3	>440~450	>0.40	>0.40	3.0~4.5
高成熟	1.3~2.0	>450~580	—	—	4.5~6.0
过成熟	>2.0	>580	—	—	>6.0

第二节　烃源岩生烃潜力评价

煤系烃源岩由煤岩、炭质泥岩和泥岩组成，其有机质由集中分布形式逐渐变为分散状分布，有机质含量分布具有连续渐变特征。在双对数坐标系下，台北凹陷水西沟群煤系泥岩、炭质泥岩和煤的总有机碳含量(*TOC*)与生烃潜量(S_1+S_2)具有较好的正相关关系；但是，煤和炭质泥岩的生烃潜量随有机碳含量增加而增加的速率低于煤系泥岩，转折点对应的 *TOC* 约为 6%(图 2-1)，这与前人分析数据变化趋势一致(黄第藩，1996；陈建平，1997)。因此，可采用煤(*TOC*>40%)、炭质泥岩(*TOC*=6%~40%)、泥岩(*TOC*<6%)的岩性划分方案，分别评价其生烃潜力。

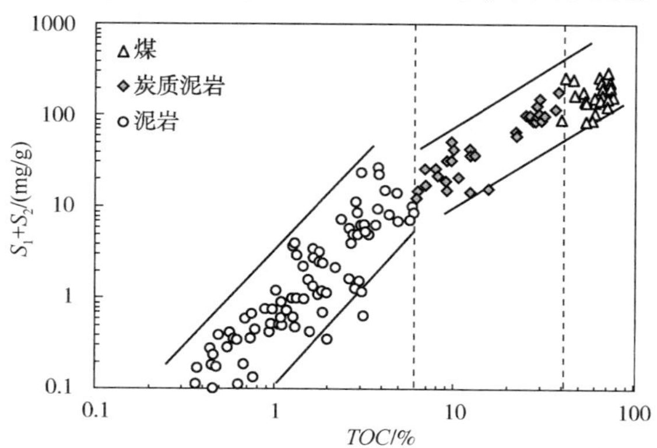

图 2-1　台北凹陷水西沟群烃源岩 *TOC* 与 S_1+S_2 关系

一、有机质丰度

台北凹陷水西沟群煤系烃源岩有机质丰度见表 2-7。泥岩有机质丰度以西山窑组最高，有机碳含量平均为2.1%，热解生烃潜力 S_1+S_2 平均为3.7mg/g，氯仿沥青“A”含量平均为0.11%；八道湾组次之，有机碳含量平均为1.07%，S_1+S_2 平均为1.75mg/g，氯仿沥青“A”含量平均为0.07%；三工河组泥岩有机质丰度最低，有机碳含量平均为0.75%，S_1+S_2 平均为0.88mg/g，氯仿沥青“A”含量平均为0.04%（表2-7）。炭质泥岩以西山窑组有机质丰度最高，有机碳含量平均为20.4%，S_1+S_2 平均为63.0mg/g，氯仿沥青“A”含量平均为0.79%；其次是三工河组和八道湾组（表2-7）。八道湾组煤岩的，总有机碳含量平均为61.9%，S_1+S_2 平均为259.3mg/g，氯仿沥青“A”含量平均为7.0%，西山窑组煤岩平均有机碳含量为63.9%，S_1+S_2 平均为154.9mg/g，氯仿沥青“A”含量平均为3.61%，煤岩在三工河组发育较少（表2-7）。

表2-7 水西沟群煤系烃源岩有机质丰度统计表

岩性	层位	TOC/%	S_1+S_2/(mg/g)	氯仿沥青“A”/%
泥岩	西山窑组	0.4~6.0 / 2.1(75)	0.1~27.4 / 3.7(75)	0.01~0.35 / 0.11(46)
	三工河组	0.4~1.5 / 0.7(15)	0.1~3.7 / 0.9(15)	0.02~0.12 / 0.04(7)
	八道湾组	0.5~3.1 / 1.1(12)	0.1~6.3 / 1.8(12)	0.02~0.13 / 0.07(7)
炭质泥岩	西山窑组	6.2~40.8 / 20.4(26)	11.9~176.4 / 62.9(26)	0.18~2.41 / 0.79(9)
	三工河组	9.2~28.1 / 16.4(5)	30.3~82.9 / 49.7(5)	0.57~1.61 / 1.09(2)
	八道湾组	8.1~9.8 / 9.0(2)	21.9~49.9 / 35.8(2)	0.47~0.54 / 0.50(2)
煤岩	西山窑组	49.3~78.5 / 63.9(26)	89.0~219.4 / 154.9(26)	1.20~6.70 / 3.61(13)
	八道湾组	42.6~76.0 / 61.8(6)	228.0~292.0 / 259.3(6)	4.20~9.20 / 7.00(2)

注：分子为数值分布范围，分母为平均值，括号内为样品数量。

二、有机质类型

根据台北凹陷中下侏罗统烃源岩的地球化学分析资料，采用 $HI—T_{max}$ 图版、$H/C—O/C$ 图版、干酪根碳同位素组成等判别方法进行分析。

1. *岩石热解分析法*

岩石热解分析结果显示，台北凹陷西山窑组泥岩的氢指数（*HI*，mg/g）主要分布在10~720mg/g，有机质类型以Ⅲ型为主，$Ⅱ_2$型次之，个别样品氢指数异常高，有机质类型可达$Ⅱ_1$型；三工河组和八道湾组泥岩的氢指数主要分布在14~285mg/g，有机质类型主要为Ⅲ—$Ⅱ_2$型［图2-2(a)］。三个组的炭质泥岩样品氢指数集中分布在90~500mg/g，有机质类型主要为$Ⅱ_2$型［图2-2(b)］。从氢指数上分析，煤岩有机质以$Ⅱ_2$型为主，八道湾组个别煤岩的氢指数表现出异常高值［图2-2(c)］。此外，一些泥岩样品T_{max}值也出现了异常现象，明显高于其他样品，最高值可达495℃。

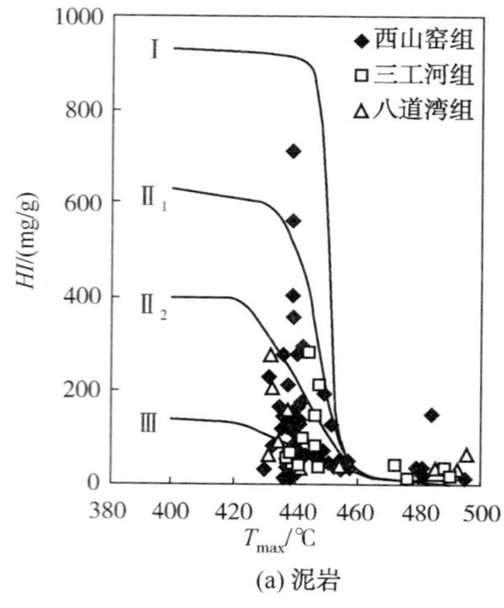

(a) 泥岩

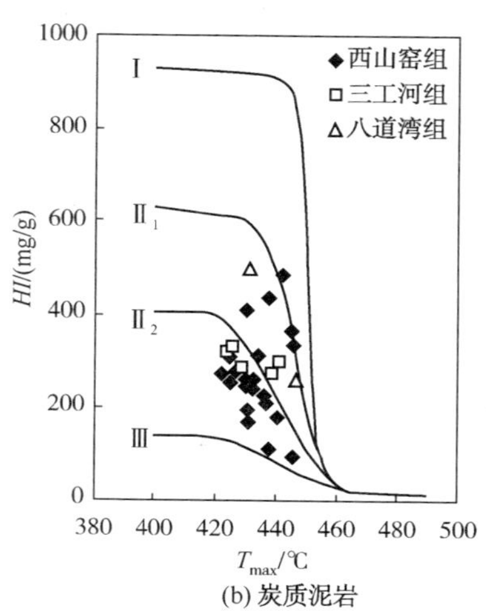

(b) 炭质泥岩

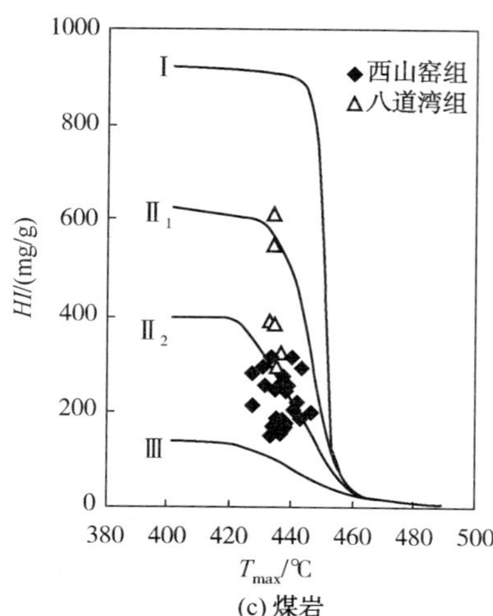

(c) 煤岩

图2-2 水西沟群烃源岩氢指数（*HI*）与T_{max}关系判别有机质类型

2. 干酪根元素分析法

对由干酪根的*H/C*原子比、*O/C*原子比构成的范氏图版投点分析表明，台北凹陷泥岩有机质类型主要为Ⅱ$_2$—Ⅲ型，个别样品接近Ⅱ$_1$型[图2-3(a)]；炭质泥岩有机质类型主要为Ⅱ$_2$型[图2-3(b)]；煤岩有机质类型分布在Ⅱ$_2$—Ⅲ型之间，异常高*H/C*样品比异常高*HI*样品明显减少[图2-3(c)]。

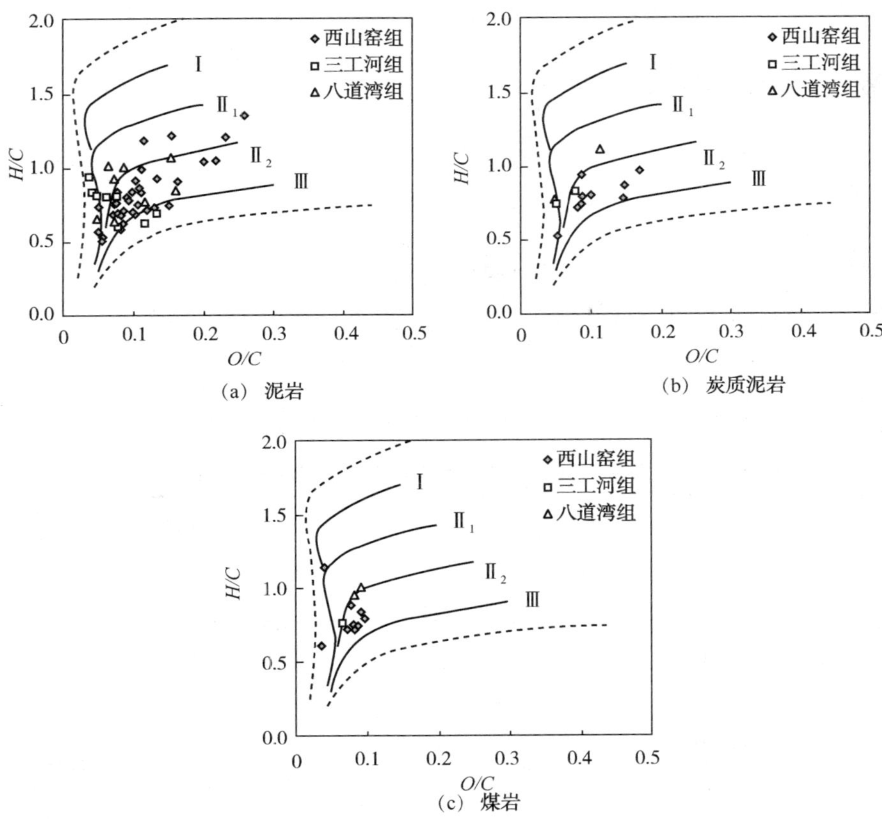

图2-3　水西沟群烃源岩干酪根类型*O/C*—*H/C*判别

3. 干酪根碳同位素分析法

根据干酪根碳同位素判别有机质类型的行业标准(SY/T 5735—1995)，对研究区泥岩样品统计分析显示，西山窑组泥岩干酪根碳同位素值主要分布在-24.7‰~-20.7‰，平均值为-23.1‰，有机质类型以Ⅲ$_1$型为主，仅有少量Ⅲ$_2$型(图2-4)。三工河组泥岩干酪根碳同位素分布在-26.2‰~-22.3‰，平均值为-24.4‰；八道湾组泥岩干酪根碳同位素分布在-25.9‰~-22.2‰，平均值为-24.8‰；由于样品数据点少，合并三工河组和八道湾组(下侏罗统)数据点统计显示，有机质类型以Ⅲ$_1$型为主，其次为Ⅱ型，Ⅲ$_1$型最少(图2-4)。据此对比发现，下侏罗统泥岩有机质类型要略优于西山窑组泥岩。台北凹陷西山窑组炭质泥岩及煤岩岩心样分布不均，西山窑组的干酪根类型较差，主要为Ⅲ$_1$型；三工河组两个炭质泥岩和一个煤岩样品干酪根类型都为Ⅲ$_1$型；八道湾组炭质泥岩和煤岩分别有两个样品，干酪根类型都为Ⅱ-Ⅲ$_1$型(表2-8)。

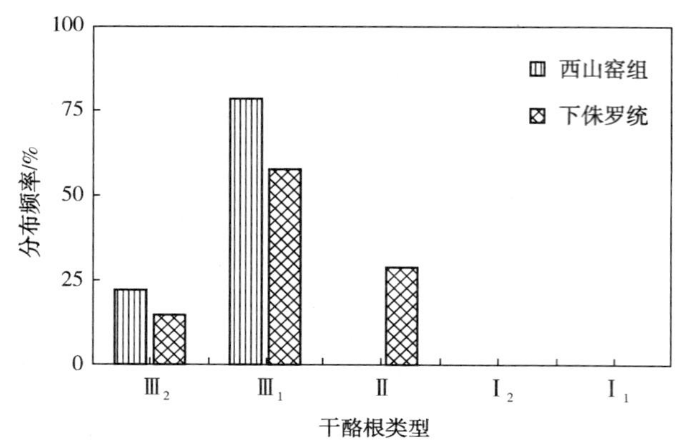

图2-4　水西沟群泥岩干酪根碳同位素组成判别有机质类型分布

表2-8　水西沟群煤岩、炭质泥岩干酪根碳同位素组成与类型判别

层位	岩性	干酪根 $\delta^{13}C_{PDB}$/‰	主要类型
西山窑组	炭质泥岩	$\frac{-24.3\sim-21.6}{-23.6(10)}$	Ⅲ$_1$
	煤	$\frac{-24.4\sim-22.6}{-23.6(13)}$	Ⅲ$_1$
三工河组	炭质泥岩	-24.8，-23.6	Ⅲ$_1$
	煤	-23.8	Ⅲ$_1$
八道湾组	炭质泥岩	-26.3，-25.3	Ⅱ-Ⅲ$_1$
	煤	-26.6，-25.2	Ⅱ-Ⅲ$_1$

注：分子为数值分布范围，分母为平均值，括号内为样品数量。

综上，氢指数—T_{max}图版、H/C—O/C图版分析，西山窑组泥岩较下侏罗统泥岩有部分样品类型较好，而干酪根碳同位素却显示下侏罗统泥岩优于西山窑组泥岩。由于氢指数(HI)、H/C、O/C等受烃源岩热演化成熟度的影响比干酪根碳同位素要强，因此应重点参考干酪根碳同位素的评价结果，即下侏罗统泥岩有机质类型优于西山窑组。炭质泥岩和煤岩的有机质类型也是下侏罗统略优于西山窑组。

三、有机质成熟度

台北凹陷水西沟群煤系烃源岩整体处于低成熟—成熟阶段，但受取样井位限制，在洼陷中心没有钻井取心样品，此处烃源岩成熟度应高于取心样品实测值。镜质体反射率 R_o 作为最常用的衡量有机质热演化程度的参数，也受到多种因素的影响，实测数据显示水西沟群煤系烃源岩 R_o 分布在0.40%~1.32%，数据分布范围较宽，但本研究中实测 R_o 值随深度的变化趋势不明显，其原因有待进一步分析。吴涛(1997)认为台北凹陷西山窑组顶面现今 R_o 分布在0.4%~0.8%，八道湾组顶面现今 R_o 分布在0.6%~1.0%(图2-5)。赵红静(2013)据实测数据分析指出，小草湖洼陷所取样品埋深在2245~3407m，R_o 为0.45%~0.65%，处于未成熟到低成熟演化阶段；丘东洼陷所取样品埋深在2647~5104m，R_o 为0.51%~0.90%，处于低成熟到成熟演化阶段；胜北洼陷所取样品埋深在2069~5004m，R_o 为0.50%~0.59%，处于低成熟演化阶段(图2-6)。

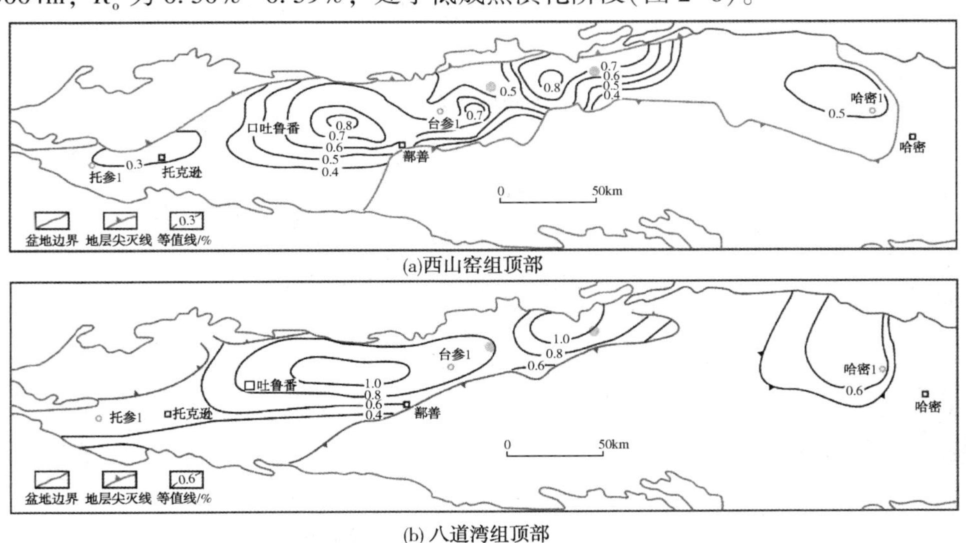

图2-5 吐哈盆地西山窑组顶部和八道湾组顶部镜质体反射率 R_o 值分布

（据吴涛，1997；Ni，2015；修改）

由于台北凹陷煤系烃源岩整体成熟度不高，可以用岩石可溶有机质生物标志化合物参数表征成熟度，如常用的甾烷异构化参数。C_{29} 甾烷 $20S/(20S+20R)$ 和 C_{29} 甾烷 $\beta\beta/(\beta\beta+\alpha\alpha)$ 参数显示，研究区大部分烃源岩已处于成熟演化阶段，并且部分样品已经达到演化平衡终点；低成熟样品主要来自胜北洼陷，如葡14、火8、火9等井(图2-7)。

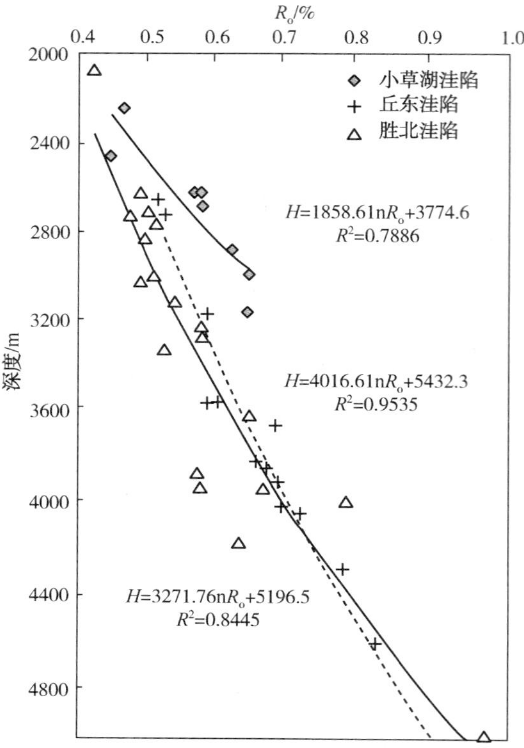

图 2-6　台北凹陷不同洼陷烃源岩镜质体反射率 R_o 随深度变化(赵红静，2013)

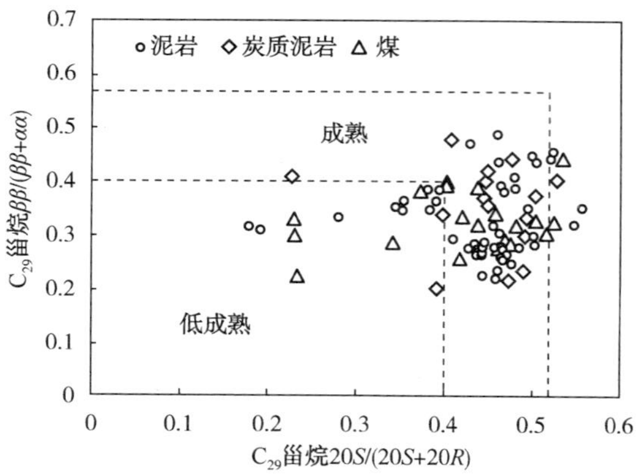

图 2-7　台北凹陷烃源岩 C_{29} 甾烷 $20S/(20S+20R)$ 和 $\beta\beta/(\beta\beta+\alpha\alpha)$ 判别成熟度

第三节　烃源岩有效性评价

有效烃源岩是指既能生成油气又能将油气排出的岩石，它在某种程度上控制着盆地中源外油气藏的分布，有机质含量高是有效烃源岩的特征，它们在埋藏过程中受温度和压力等作用生成并排出烃类并形成商业油气藏(Hunt，1996；金强，2001)。烃源岩能否有效排烃是形成工业性油气藏的基础，对油气的源外成藏具有明显的控制作用，而烃源岩的有效性与有机质丰度、类型和成熟度以及构造等地质因素均有密切关系。

对于一定区域的一套烃源岩来说，有机质类型可能大体接近，生烃量就主要与有机质丰度和成熟度有关。一般成熟度越高，生烃量越大；当某套烃源岩达到一定成熟阶段时，能否大量生烃又主要取决于有机质丰度。烃源岩中发育大量微孔隙，矿物表面和孔隙内壁等提供了吸附表面积，烃源岩生成的烃类需要满足自身吸附、孔隙水溶解、油溶解和毛细管封堵等多方面的内部残留，只有生烃量大于残留烃量，多余的烃类才会从烃源岩中排出。对于某种有机质类型的烃源岩，随着成熟度增高逐渐进入生油气阶段，就要求有机质丰度必须达到一定的标准，否则生烃量不足以满足自身残留，就不会有烃类排出，即所谓的有效烃源岩有机质丰度下限，这不同于烃源岩生烃潜力评价标准。排烃临界条件受烃源岩生烃能力、残留烃能力和排烃作用三方面因素控制。不同地区、不同层位的烃源岩在岩性、有机质类型、生油气相态等方面有很大不同，不可能用统一的标准进行评价，但可作为重要参考。

油气源对比是确定烃源岩对油气藏实际贡献的最直接的方法，通过油气源对比搞清含油气盆地中石油、天然气、烃源岩之间的成因联系，圈定有效烃源岩范围，但不易具体到地球化学指标的具体数值上。此外，还可以通过生烃模拟实验、数值模拟、烃源岩地球化学参数特征等方法，评价烃源岩生排烃条件。庞雄奇(2001)应用地质分析与数值模拟相结合的方法研究煤系烃源岩排烃门限，认为煤岩进入排气门限最早，排油门限的早晚取决于煤中稳定组分的相对含量；炭质泥岩排油困难，进入排气门限通常较晚；煤系泥岩排气门限也早于排油门限。卢双舫(2000)利用生烃量减去残烃量的方法研究了煤系源岩排烃门限，结果表明，煤系泥岩的排烃门限随有机质生烃潜力的增强而变早，随有机质丰度的升高而变浅，但丰度升高到一定程度之后，对排烃门限的影响已不明显；随地温梯度的升高，排烃门限深度也变浅，但成熟度门限升高；煤系泥岩的排气门限一般早于排油门限。高岗(2012)提出用泥岩 *TOC* 含量与生烃转化率参数(“A”/*TOC*,%)、

S_1/TOC(mg HC/g TOC)的关系，建立湖相有效烃源岩 TOC 下限值的判定方法，并据此对鄂尔多斯盆地陇东地区上三叠统延长组、准噶尔盆地和三塘湖盆地二叠系芦草沟组等湖相泥岩排烃源岩进行判别，判别效果较好。该方法在使用时，要求烃源岩的母质特征与热演化程度接近；由于气态烃的散失，所用参数主要反映烃源岩生液态烃特征，主要用于油源岩的判别。陈建平(2014)通过统计分析渤海湾、松辽、酒泉青西凹陷、泌阳凹陷等13个大中小型盆地/凹陷的15000余个湖相烃源岩样品在自然热演化过程中热解生烃潜力指数的变化，认为各类湖相烃源岩生排油特征基本一致，随着成熟度的增高，排油效率逐渐增高，但湖相Ⅲ型有机质烃源岩排烃效率明显低于Ⅰ、Ⅱ型有机质烃源岩，生油窗阶段累积排烃效率仅为50%左右，主要生排烃阶段在镜质组反射率 R_o 为0.8%～1.2%时；控制湖相烃源岩排烃量和排烃效率的主要因素是有机质丰度、类型和成熟度，而盆地类型、断裂发育程度、烃源岩沉积环境、输导层条件等因素均不影响烃源岩排烃。

本书主要采用生烃模拟实验、数值模拟与传统烃源岩地球化学评价相结合的方法，对台北凹陷煤系烃源岩有效性进行评价。低成熟样品生烃热模拟实验，是重现烃源岩生烃演化过程的重要方法。生烃模拟实验可采用全岩、干酪根或沥青等作为实验材料，实验理论基础为有机质热演化的时间—温度补偿原理。生烃模拟实验体系可分为开放体系、半开放体系和封闭体系，开放体系可以近似认为烃类是直接从有机质(或干酪根)上经热降解形成，用于研究干酪根初次裂解生烃过程，且是边生边排的生排烃模式；封闭体系中除上述生烃过程之外，还包括原油二次裂解生气过程，用于高-过成熟阶段烃源岩生烃模拟研究。对于台北凹陷煤系烃源岩现今的成熟演化阶段可知，油气主要为干酪根热降解成因，不存在干酪根或者原油二次裂解过程。因此，选取了代表性的低成熟度的泥岩、炭质泥岩和煤岩心样品，采用开放模拟实验体系，结合数值模拟、参考前人建立的各类计算模型，对油气在烃源岩内部的残留量进行计算。

一、生排烃模拟实验

开放体系热模拟实验中，流动的惰性气体作为载体介质将热解产物排出，进入分析装置后定量化。常用的实验设备有Rock-Eval-Ⅱ型热解仪和热解气相色谱仪(PY-GC)等。开放体系热模拟实验中的热解产物产生后直接进入定量分析装置，不存在二次裂解作用的影响，可以近似认为，烃类是直接从有机质(或干酪根)上经初次裂解形成(Jarvie，2007；胡国艺，2014)。

1. 实验样品

实验样品的选取是生烃模拟实验的基础，一般在盆地边缘选取低成熟度的露头样品。这些样品受到了长期的风化淋滤，且沉积环境与凹陷区烃源岩可能差异明显，使其代表性降低。本次在台北凹陷不同洼陷、不同层位选取了成熟度相对较低的岩心样品，包括2个泥岩样品、1个炭质泥岩样品和2个煤样品；其基本地化参数见表2-9，样品具有成熟度低、有机碳含量高的特点，满足热解生烃模拟实验的要求。

表2-9 台北凹陷水西沟群动力学实验样品基本地化参数表

井名	温深1	勒15	萨东2	火9	红台202
深度/m	3910.7	2791.06	4766.45	4015.5	3044.2
层组	J_1s	J_2x	J_1b	J_1s	J_2x
岩性	炭质泥岩	煤	泥岩	煤	泥岩
R_o/%	0.37	0.7	0.64	0.36	0.45
TOC/%	12.978	57.459	1.56	73.399	4.0994
S_1/(mg/g)	1.07	3.59	0.09	6.39	0.28
S_2/(mg/g)	33.27	82.78	0.83	154.27	9.2
HI/(mg/g)	256.36	144.07	53.205	210.18	224.42
T_{max}/℃	427	418	457	426	440

2. 烃源岩热解生烃实验

模拟实验中，分别以5℃/min、10℃/min、20℃/min的升温速率将样品从200℃恒速升温至600℃，实时记录产物量与加热时间的关系，后经累加并做归一化处理即可得到产烃率—温度关系曲线，用于标定有机质生烃的化学动力学模型。在相同的加热温度范围和升温速率条件下，以30℃的温度间隔收集热解产物并进行气相色谱分析（即PY-GC分析），从气相色谱图上定出各温度段气体（C_1~C_5）和液体（C_6^+）组分的相对含量，结合前一实验结果，即可得出不同升温速率条件下各温度点的生油量和生气量，进而可以得出产油率-温度和产气率-温度的关系，供标定有机质成油、成气的化学动力学参数之用。

烃源岩生烃动力学研究是指用化学反应动力学的手段来研究地质条件下低温、长时间的慢速反应过程。化学动力学研究由来已久，目前已经形成了多个描述有机质生烃演化的动力学模型，如总包反应、串联反应、平行反应和连串反应等，其中平行一级反应模型被广泛应用。前人开展了大量烃源岩样品生烃动力学模型研究，对比分析优化效果和不同类型有机质生烃动力学参数特征认为，以活化能符合离散分布的平行一级动力学模型模拟效果最好。因此，本研究中有机质成油、成气模型均采用干酪根平行一级反应动力学模型。

3. 实验结果分析

选取代表性样品在不同升温速率（5℃/min、10℃/min、20℃/min）条件下由实验所得的有机质成油、成气转化率和由所标定模型计算的相应条件下的理论转化率与温度的关系中可以明显看出，在不同的升温速率条件下，二者均表现了良好的吻合关系，表明模型标定的精确性，为下一步地质应用奠定了基础（图 2-8～图 2-10）。

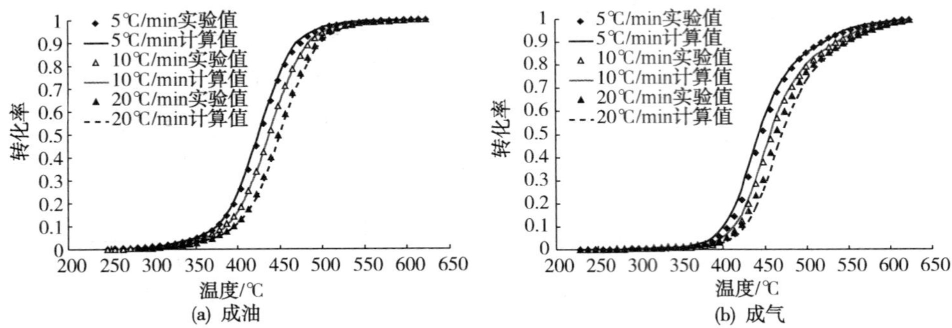

图 2-8 炭质泥岩有机质成油、成气温度与转化率关系图（温深 1 井，3910.7m）

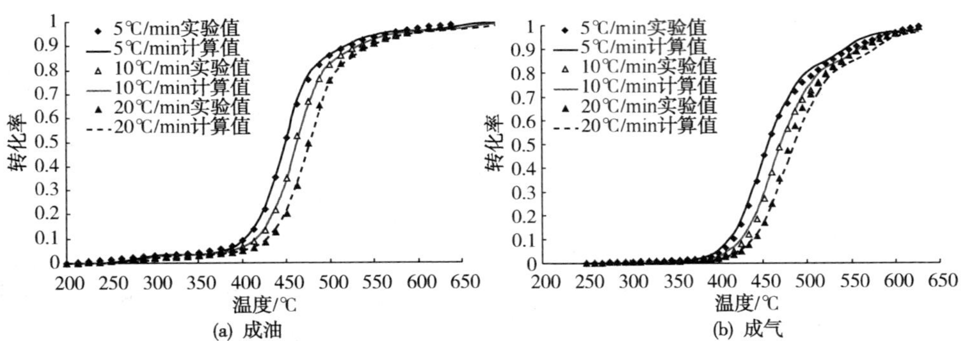

图 2-9 泥岩有机质成油、成气温度与转化率关系图（红台 202 井，3044.2m）

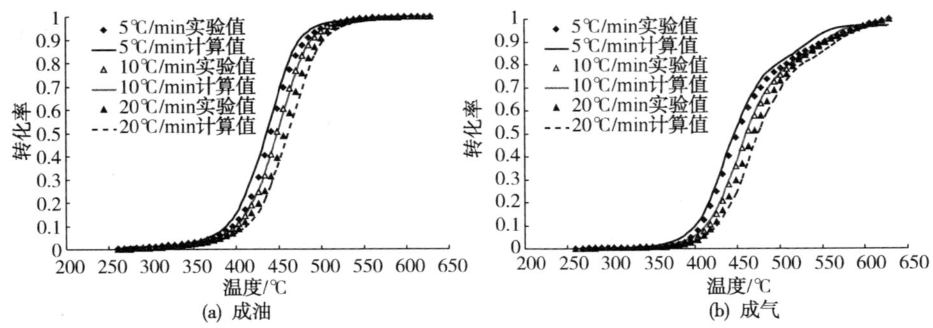

图 2-10 煤岩有机质成油、成气温度与转化率关系图（火 9 井，4015.5m）

在相同成熟度条件下，烃源岩的生烃活化能越低，其成烃转化率越高。实验分析表明，不同岩性样品的生油、生气活化能分布不同，而且同一岩性的烃源岩成油与成气转化率也不同。其中，泥岩、炭质泥岩和煤岩的成气活化能分布主峰均为200kJ/mol，次峰为210kJ/mol(图2-11～图2-13)；煤岩成油活化能分布为双峰型，220kJ/mol和210kJ/mol(图2-11)；炭质泥岩成油活化能分布主峰为220kJ/mol，其次为210kJ/mol(图2-12)；泥岩成油活化能分布具有明显的单峰特征，主峰为210kJ/mol(图2-13)。可见，三种岩性烃源岩的成气活化能均略低于其成油活化能，在大量生油之前可以先规模成气；泥岩的成油活化能整体分布要低于炭质泥岩和煤，所以泥岩可能是早期生油的主要物质。

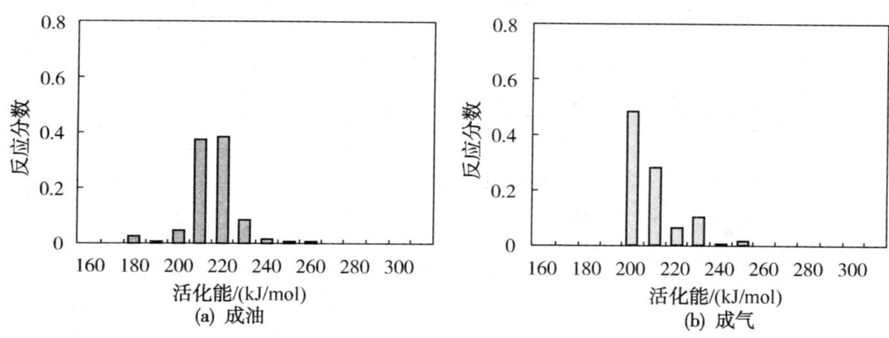

图2-11 水西沟群煤岩成油、成气反应活化能分布

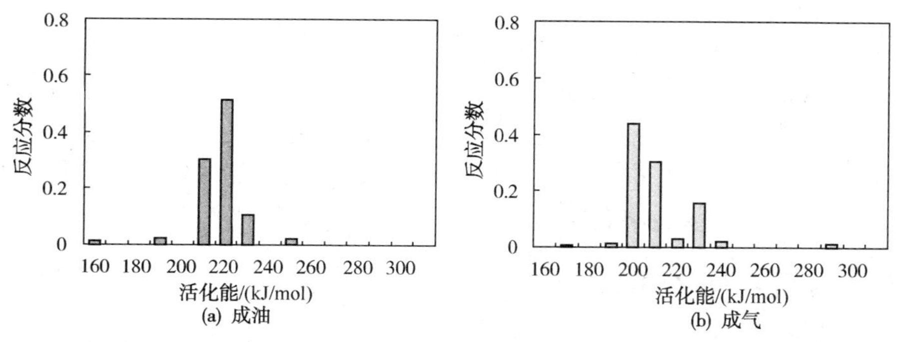

图2-12 水西沟群炭质泥岩成油、成气反应活化能分布

结合台北凹陷的沉积埋藏史和热史，利用所得的有机质成油成气化学动力学参数与转化模型，可定量表征不同岩性烃源岩成油、成气转化率与埋深的关系。数据分析显示，烃源岩成油转化率最高的是炭质泥岩，其次是泥岩，最后是煤；而成气最高的是炭质泥岩，其次是煤，最后是泥岩(图2-14)。

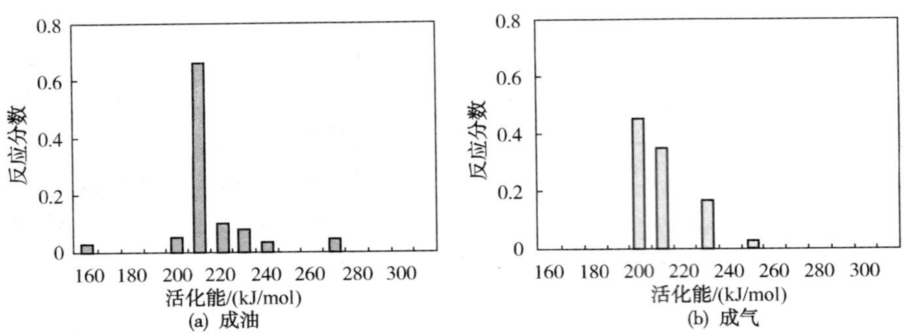

(a) 成油　(b) 成气

图 2-13　水西沟群泥岩成油、成气反应活化能分布

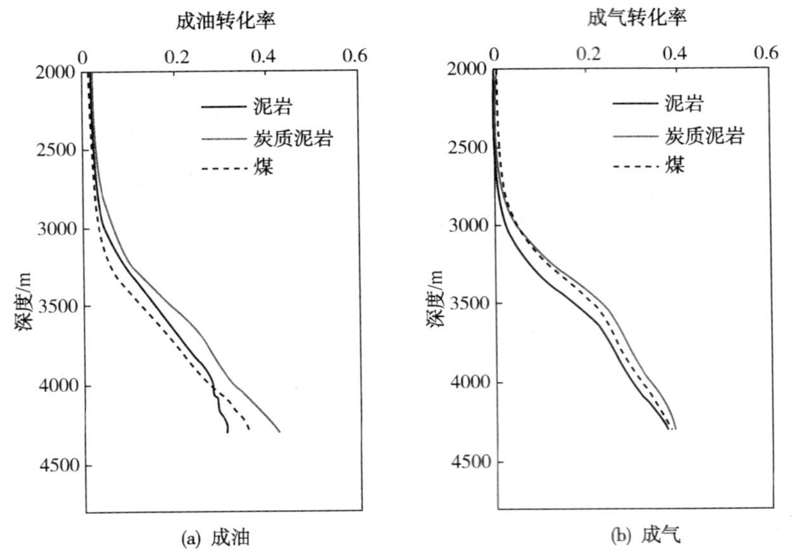

(a) 成油　(b) 成气

图 2-14　水西沟群不同类型烃源岩成油与成气转化率剖面

二、烃源岩有效性评价

烃源岩有效性评价不仅要考虑其生烃能力，还要考察其排烃能力，只有能生、排烃才可能对源外的储集层有油气贡献，成为有效烃源岩。烃源岩的生烃量主要取决于其有机质的丰度、类型和成熟度，而残烃量(包括吸附残留、孔隙容留、水溶、油溶等)，除与有机质性质有关外，还与烃源岩的孔隙度、岩石所处的温度、压力条件有关。根据生烃动力学模型及研究区的沉积埋藏史和热史，可通过数值模拟计算不同有机质丰度的泥岩和炭质泥岩的生油量、生气量。

1. 评价原理

不同类型烃源岩的有机质丰度、类型及经历的热演化程度均有所差异，即便同一层位的烃源岩其生、排烃程度也存在较大差异，从而造成有机质丰度与生烃潜力关系的混乱，以致最终难以确定有效烃源岩的有机质丰度下限标准。因此，从烃源岩生排烃的角度出发，建立不同类型有效烃源岩的下限标准，更具有现实意义。而长期以来，油气生成后的烃源岩排烃研究一直是一个有争议的话题。但以物质平衡法为基础的生烃潜力法研究排烃史是目前最为行之有效的方法。从物质平衡的角度出发，烃源岩的排烃量取决于岩石的生烃量和残烃量的相对大小，即 $Q_{排}=Q_{生}-Q_{残}$(庞雄奇，1993，2001)。本书从生烃量减去残烃量等于排烃量的思路出发，根据吐哈盆地台北凹陷水西沟群样品的化学动力学模型，计算出生油量、生气量，再根据泥质烃源岩残烃饱和量计算模型，计算了相应条件下的残油量、残气量，进而探讨烃源岩的有效性及其与有机质丰度和成熟度(埋深)的关系，评价烃源岩的有效性下限条件。

按照排烃门限控油、气理论，有效烃源岩必能有效排出油、气，而能否排出则取决于其生烃量和残烃量的相对大小，即生烃量大于残烃量时，才能有效排烃，否则只能以扩散、溶解等对成藏无效或者低效的形式排烃。生烃量取决于有机质的丰度、类型和成熟度，残烃量包括吸附残留、孔隙容留、水溶、油溶，其中吸附又可分为有机物质吸附和无机矿物吸附，这些都与有机质的丰度、类型、成熟度和孔隙度(Φ)及岩石所处的温度(T)、压力(P)条件有关。按照这一思路，结合本地区的实际地质情况，根据上述实验结果所标定得到的有机质初次降解成油、成气和油二次裂解成气的化学动力学模型及本地区地层的沉积埋藏史和热史，计算了不同有机质丰度、类型(生烃潜力)和成熟度(埋深)条件下，烃源岩的生油、生气量。同时，由业已建立的泥岩临界残烃饱和量计算公式，计算了相应条件下泥岩的残油、残气量。但应该注意到，虽然计算模型中通盘考虑了干酪根初次降解成油成气以及原油裂解成气过程，以水西沟群煤系烃源岩目前所处热演化阶段，不存在原油裂解成气过程。在有机质类型一定的前提下，烃源岩排烃与否与成熟度和有机质的丰度有关，在有机质丰度一定的情况下，则与其成熟度和有机质类型有关。

2. 残留油气模型的选取

1）残留油模型

氯仿沥青“A”/TOC 或者热解 S_1/TOC 与埋深或成熟度的关系可反映烃源岩生排烃之后的残留油剖面(庞雄奇等，1993，2001)。实验室中获取的氯仿沥青“A”和热解 S_1 数据分别经过轻烃补偿校正和重烃补偿校正后，作出与埋深的关系，分析数据点的外包络线或均值线可获取临界残留油量或平均残油量。

2）残留气模型

烃源岩中残留气主要以吸附、油溶和水溶等形式存在，需要分别从这三方面来讨论并建立有关的评价模型。

（1）吸附气模型。对于烃源岩吸附气量的评价，许多学者都已经做过这方面的研究，但是研究所得的数据多是在低压环境下得到的，而且实验的温度范围也比较窄，所得的数据不能应用到地质条件下。我国学者欧成华(2000，2002)曾测定了砂岩对甲烷的吸附量，但没有建立相应的预测模型。薛海涛等(2003)自行设计了岩石吸附天然气量测定装置，通过容量法开展了泥岩、灰岩和Ⅰ型、Ⅱ型有机质在不同温压条件下的吸附气测定，并据此建立了不同类型烃源岩和有机质吸附气量与演化阶段、温度、压力等参数的回归方程，可作为评价烃源岩吸附气量的基础，并进行了相应吸附气模型的选取与标定，建立了比较系统和完善的评价体系。对于Ⅲ型干酪根，张新民(1991)获取了煤岩的吸附甲烷气量数据并建立了吸附气模型。诚然，烃源岩、有机质均具有很强的非均质性，不同地区、不同时代的烃源岩差异显著，要想建立通用的计算模型仍然很有难度。考虑到台北凹陷煤系烃源岩类型多样，且有机质类型既有Ⅱ型也有Ⅲ型，研究中主要采用薛海涛(2003)建立的吸附气量计算模型。该模型以Langmuir甲烷吸附模型[式(2-1)]为理论基础，通过不同岩石或干酪根样品吸附天然气量测定值拟合确定相关参数[式(2-1)~式(2-3)]。

$$n=n_{max}\cdot\frac{a\cdot p}{1+a\cdot p} \tag{2-1}$$

其中，

$$n_{max}=A\cdot\frac{1}{T^2}+B\cdot\frac{1}{T}+C \tag{2-2}$$

$$\lg(\alpha)=X\cdot\frac{1}{T}+Y \tag{2-3}$$

式中，n 为吸附量，n_{max} 为最大吸附量，α 为吸附常数(它是温度的函数)，p 为气体压力，MPa，T 为温度(单位为K)，参数 A、B、C、X、Y 的数值见表2-10。

根据上面各计算公式和表2-10可以得到不同样品在不同温度、压力条件下的吸附气量计算值。

表2-10　吸附气模型参数(薛海涛，2003)

	A	B	C	X	Y
泥岩	3726900	-15148	17.6848	475.772	-6.65785
Ⅱ型干酪根	4773400	-21486.4	29.8466	116.618	-4.50999
Ⅰ型干酪根	174817	-392.414	1.99355	269.987	-3.20132

（2）水溶气计算模型。对于水溶气的评价，付晓泰(1996，1998，2000)做了系统的研究工作，如先后提出气体在水中的两种溶解机理——间隙填充和水合作用，推导出气体溶解度方程的一般形式；利用天然气组分的溶解度数据，标定了甲烷、乙烷、丙烷等的水合常数与温度的关系，建立了天然气组分的理论溶解度公式；考虑地层水盐度，提出了水分子与盐离子的理论配位模型，通过盐溶液中游离水体积分数与盐质量浓度关系，推导出与亨利定律和气体在纯水中溶解度方程具有良好相溶性的，更具普遍意义的气体溶解度计算基本方程等。本研究应用付晓泰(1996，1998，2000)建立的水溶气计算模型，进行泥岩和炭质泥岩中水溶气的计算。

（3）油溶气模型。对于油溶气量的评价，国外已经做了很多的研究(Standing，1947；Vazquez，1980)，但是由国外原油样品数据拟合出来的经验公式不一定适用于我国原油(薛海涛，2004)。我国学者韩布兴等(1990)曾研究过甲烷在克拉玛依稠油中的溶解度，并提出用基团贡献法计算甲烷在稠油中的溶解度，但是没有建立一个比较通用的模型来计算天然气在原油中的溶解度。薛海涛等(2001，2005)通过自行设计的天然气溶解度测定装置，测定了不同温度、压力状态下(装置可在室温至80℃、常压至25MPa范围内进行控制)，甲烷、二氧化碳、氮气在原油中的溶解度实验数据，并从理论上探讨了气体在原油中的溶解机理；在此基础上，综合考虑影响气体溶解的其他因素，推导出气体在原油中的摩尔溶解度理论方程和气油比的理论方程，理论计算值与实验结果有很好的一致性。

3. 烃源岩有效性评价

1)泥岩

（1）生烃模拟评价。由于研究区泥岩有机质类型与成熟度并无太大差别，分析样品的差异也较小。因此，重点分析有机质丰度对泥岩烃源岩有效性的影响。通过系列实验与模型计算研究发现，对于*TOC*为0.5%的泥岩，其生油量、生气量，在埋深小于4500m之前，始终小于残油量、残气量；按趋势线下延，估计要到埋深至少大于5000m处，其生烃量才可能大于残烃量[图2-15(a)]。因此，此类泥岩只有成熟度达到很高，才可能作为有效烃源岩，水西沟群埋深如此之大的泥岩也很少。*TOC*为1.2%的泥岩，在埋深约4500m处，首先达到了生气量与残气量的平衡点，而油的平衡点还需要更大的埋深[图2-15(b)]。而*TOC*为2.0%的泥岩，在埋深约4350m处，达到了生气量与残气量的平衡点，而油的平衡点在埋深约4500m处还未达到[图2-15(c)]。而对于*TOC*为2.5%的泥岩，在埋深约4200m处，首先达到了生气量与残气量的平衡；在埋深约4500m处，达到了生油量与残油量的平衡点[图2-15(d)]。

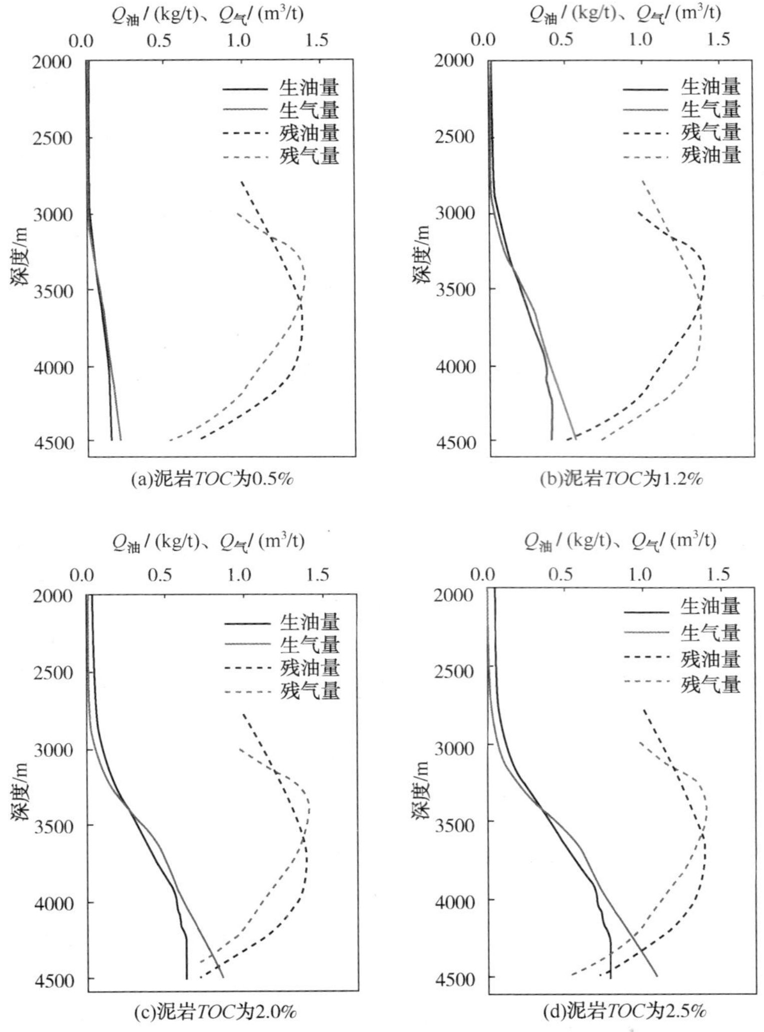

图2-15 水西沟群不同有机质丰度泥岩生油气量与残留油气量模型演化剖面

以上分析可见，泥岩有机质丰度越高，出现生气量与残气量的平衡点埋深越浅；埋深条件相同时，出现平衡点所需的有机质丰度是原油高于天然气。结合台北凹陷水西沟群煤系烃源岩埋深条件，泥岩*TOC*为1.2%可作为有效气源岩的评价下限标准；泥岩*TOC*为2.5%，可作为有效油源岩评价的

下限标准。

(2) 地球化学参数评价。由前文可知，有效烃源岩指烃源岩生成的烃类可以满足自身吸附，并且能够排出烃类的烃源岩。热解参数 S_1 可以定量表征烃源岩中残留的游离态烃类，因此，可通过讨论 S_1 与 TOC 之间的关系求取有效烃源岩的有机质丰度下限值。依据 TOC 与热解参数 S_1 散点关系，S_1 随 TOC 增加而增加，理论上可划分为三个阶段(图 2-16)：

平缓低值段：有机质丰度低，生成的烃量还难以满足自身各种形式的残留吸附，更不会发生排烃过程。

线性增加段：随有机质丰度增加，残烃量快速增加，但仍没有达到饱和，所有生成的烃类主要以吸附状态存在于烃源岩中。

稳定高值段：表明当有机质的丰度达到一定的临界值之后，所生成的烃能够满足烃源岩各类形式的残留需要，丰度更高时所生成的更多的烃应该都已经被排出，对应的有机碳临界点为有效烃源岩的下限值。

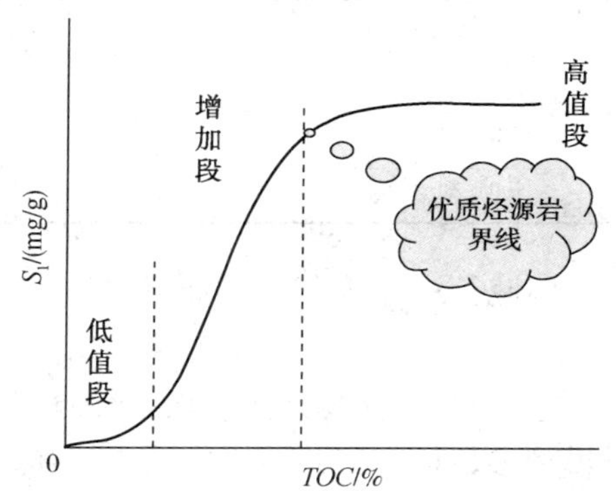

图 2-16 有效烃源岩确定原理图

由于吐哈盆地台北凹陷水西沟群烃源岩样品放置时间较长，实际测得的热解 S_1 值明显偏低，不能直接反映地层中烃类的真实含量，进而不能准确反映烃源岩性质，所测得的结果只不过是地层中残留烃类的一部分，而相当一部分轻烃组分在钻井、取样和保存过程中以及在分析过程中损失。同时，由于样品种类不同、存放时间不同使其分析结果也千差万别，所有这些因素都将直接影响实验分析数据的可信度。因此，本次研究对热解 S_1 值进行了轻烃校正。

S_1 是由 Rock—Eval 仪分析得出，是指岩样加热不超过 300℃时挥发出的烃类，代表岩石中可抽提游离烃含量，也称为可溶烃，基本上是 $C_7 \sim C_{33}$ 的烃类，岩心中的轻烃(C_{6-13}或 C_{6-14})已有较多的散失，热解分析得到的 S_1 并不能代表地下岩石中 S_1 的原始含量。同时，以往的研究表明，热解分析得到的 S_2 中仍然有部分可溶烃的贡献。因此，需要对 S_1 代表的可溶烃进行恢复(卢双舫，2017)。S_1 恢复公式如下：

$$S_{1原始}=S_{1实测}+S_{1重烃}+S_{1轻烃} \tag{2-4}$$

式中，$S_{1原始}$为岩石中原始可溶烃量，mg/g；$S_{1实测}$为热解分析法实测 S_1，mg/g；

$S_{1重烃}$为 S_2 中的可溶烃，mg/g；$S_{1轻烃}$为岩心样品放置时损失的轻烃，mg/g。

① $S_{1重烃}$恢复方法。取烃源岩样品，做热解实验得到 S_1、S_2，另取同一烃源岩样品进行氯仿沥青“A”抽提，对抽提后岩样进行热解实验得 S_2'，则 S_2 与 S_2'的差值(ΔS_2)即为进入 S_2 中的重质组分游离烃，$\Delta S_2/S_1$ 为重烃恢复系数，受有机质类型影响，不同类型泥岩 $\Delta S_2/S_1$ 值不同，见表 2-11。

表 2-11　S_1 重烃恢复系数表(据王安乔，1987)

烃源岩类型	$\Delta S_2/S_1$(平均值)	烃源岩类型	$\Delta S_2/S_1$(平均值)
Ⅰ型	1.93	$Ⅱ_C$ 型	4.92
$Ⅱ_A$ 型	2.89	Ⅲ型	0.83
$Ⅱ_B$ 型	4.28		

因此，$S_{1重烃}$恢复公式如下：

$$S_{1重烃}=S_1\times\Delta S_2/S_1 \tag{2-5}$$

② S_1 轻烃恢复方法。根据烃源岩 PY-GC 实验结果对其各组分进行组分动力学模型参数标定，并根据地质条件升温速率进行地质外推，计算得出烃源岩在不同演化阶段生成的烃类中各种组分所占比例，假定生烃、排烃和残烃中烃的组成成分近似相同，即可得到残留烃中轻烃占重烃($S_1+\Delta S_2$)的比例。因此，根据组分动力学方法可以得出不同演化阶段泥岩中轻烃的恢复系数($K_{轻烃}$)，该值随成熟度变化趋势近似 U 型(图 2-17、表 2-12)。

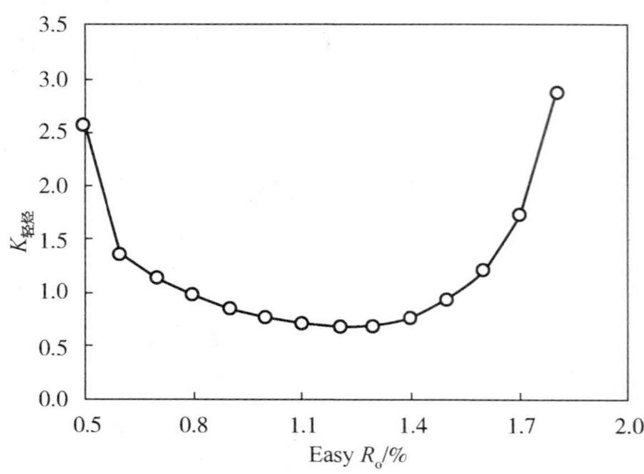

图 2-17　不同演化阶段 S_1 轻烃恢复系数($K_{轻烃}$)变化

表 2-12 不同演化阶段 S_1 轻烃恢复系数表

R_o/%	S_1 轻烃恢复系数	R_o/%	S_1 轻烃恢复系数
0.5	2.5535	1.2	0.6747
0.6	1.3402	1.3	0.6962
0.7	1.1350	1.4	0.7650
0.8	0.9930	1.5	0.9380
0.9	0.8460	1.6	1.2049
1.0	0.7784	1.7	1.7251
1.1	0.7202	1.8	2.8677

$S_{1轻烃}$恢复公式如下：

$$S_{1轻烃}=(S_1+\Delta S_2)\times K_{轻烃} \tag{2-6}$$

最终 $S_{1原始}$与 $S_{1实测}$关系表达如下：

$$S_{1原始}=S_{1原始}+S_{1原始}\times\Delta S_2/S_{1原始}+(S_{1原始}+\Delta S_2)\times K_{轻烃} \tag{2-7}$$

③ 评价结果。针对台北凹陷水西沟群煤系泥岩，应用恢复后的 S_1 值探讨了与有机碳 *TOC* 的关系，二者具有明显的三分性特征(图 2-18)。随着有机碳含量的增加，S_1 先缓慢增加，继而急剧增加，最后趋于不变。当其从缓慢增加变为急剧增加时，才有可能烃类从烃源岩排出，这个拐点对应 *TOC* 约为 1.2%，结合生烃动力学分析，泥岩 *TOC* 为 1.2%可为有效气源岩的有机质丰度下限。当 S_1 由急剧增加趋于不变时，表明液态游离烃类可以大量排出，泥岩作为有效油源岩的 *TOC* 标准可为 2.5%(图 2-18)。定义 $I_{HC}=S_1/TOC\times100$，表示单位质量有机碳对应的生烃量，相当于残余生烃转化率。对研究区泥岩样品分析表明，在双对数坐标系下，I_{HC} 与 *TOC* 关系散点图的上包络线呈峰型，即随 *TOC* 增大先增大，而后减小，对应最大值的 *TOC* 值约为 2.5%。*TOC* 大于 2.5%时，单位有机碳对应的 S_1 迅速下降(图 2-19)，表明之后发生了液态烃类的大量排出，泥岩 *TOC* 为 2.5%是可以有效排油的临界有机质丰度下限。

泥岩 *TOC* 与氢指数、生烃潜力相关关系分析表明，当泥岩 *TOC* 大于 1.2%时，氢指数和生烃潜量均开始出现相对高值，即氢指数首次出现大于 150mg/g 的泥岩样品，生烃潜量开始出现大于 2mg/g 的样品(图 2-20)。当 *TOC* 大于 2.5%时，氢指数大于 150mg/g、生烃潜量大于 2mg/g 的泥岩样品可占该部分样品的 80%左右(图 2-21)。可见，地质条件下泥岩 *TOC* 为 1.2%和 2.5%应该也是泥岩生排烃性能发生变化的转折点。综合分析，可将台北凹陷水西沟群泥岩作为有效气源岩的 *TOC* 评价标准定为 1.2%；作为有效油源岩的 *TOC* 标准定为 2.5%，且有机质类型应以 II_2 型及以上为主，氢指数>150mg/g *TOC*。

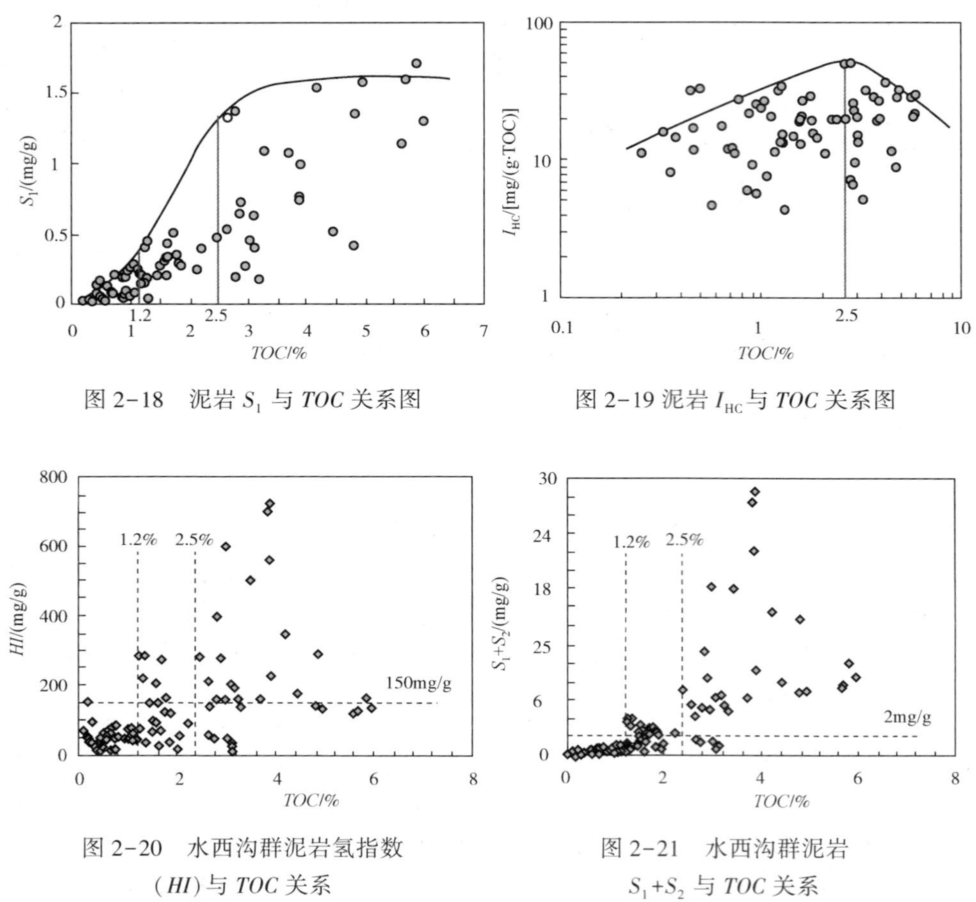

图 2-18　泥岩 S_1 与 TOC 关系图

图 2-19 泥岩 I_{HC} 与 TOC 关系图

图 2-20　水西沟群泥岩氢指数（HI）与 TOC 关系

图 2-21　水西沟群泥岩 S_1+S_2 与 TOC 关系

2）炭质泥岩

地球化学特征分析表明，炭质泥岩的有机碳含量(>6%)、氢指数、生烃潜量普遍较高，有机质类型也均为Ⅱ$_2$ 型；而且炭质泥岩氢指数高于 150mg/g 时，与生烃潜量(S_1+S_2)表现出较好的正相关性(图 2-22)。成油、成气转化率分析显示，炭质泥岩均高于煤和泥岩。对水西沟群炭质泥岩氢指数下限值为 150mg/g，*TOC* 最小为 6.0%时，通过生烃动力学标定及计算分析表明，在大约埋深 4000m 时，炭质泥岩的生油量及生气量均开始大于相应的残油量和残气量(图 2-23)。因此，研究区的炭质泥岩大部分可作为有效烃源岩。地球化学和生烃动力学分析均显示炭质泥岩是一类非常好的煤系烃源岩，在煤成烃过程中应该占有重要的地位。

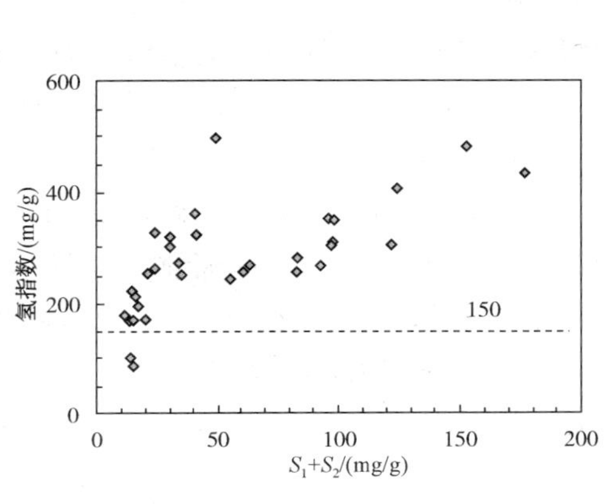

图 2-22　水西沟群炭质泥岩氢指数与 S_1+S_2 关系图

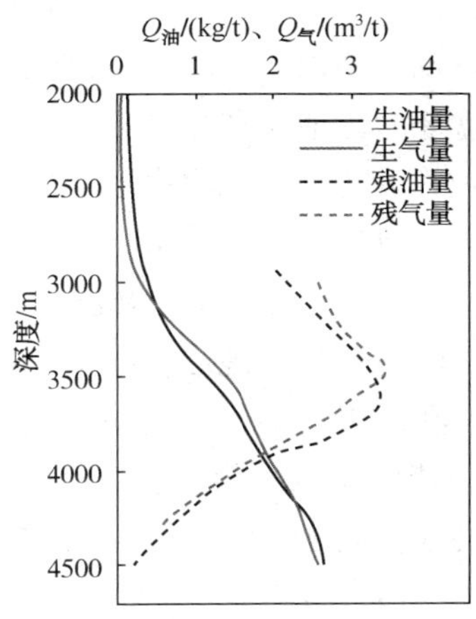

图 2-23　水西沟群炭质泥岩生油气量与残留油气量演化剖面

3）煤岩

由于煤的残留烃量计算模型适用性较差，研究结果与地质实际往往不符，在此不予讨论。煤作为烃源岩能够生油、生气是肯定的，关键是能否有效排烃，而对此研究薄弱，不同学者有不同看法。究竟煤岩能否作为有效油气源岩或者什么类型的煤能作为有效油气源岩，还应以油气源对比的实际结果为主要参考。众所周知，煤是有机质含量极其丰富的岩石，尽管其生烃潜量很大，但同时也对生成的烃类具有很强的吸附作用。因此，在对煤岩的生烃潜力评价标准取值时，要重点考虑煤对烃类的吸附性质。煤系烃源岩中，煤岩的生排烃能力评价是难点，前人对此也进行了大量的研究讨论。

（1）煤生烃性能研究。对于煤与油气关系的认识与讨论由来已久，可追溯到 18 世纪，俄罗斯学者罗蒙诺索夫首先提出煤与油气生成有关（罗蒙诺索夫，1958）。随后的一段时期，人们相继在煤层中发现了石油。在英国有许多煤矿区发现有石油，如希罗普郡布鲁克达拉煤区的石油，采出后立即呈固态沥青焦油状态，油的颜色呈浅褐色；在英国的兰开夏，英格兰东、中部煤区都发现有石油（胡社荣，2003）。因此，英国学者 Craig 坚持含煤岩系能生油的观点，我国学者谢家荣一直赞成 Craig 的这一观点，他早在 1922 年就将煤层列入油源岩范畴，并在后来的书中同意煤层有可能作为油源岩的观点（谢家荣，1934；胡社荣，2003）。煤系成烃理论产生于 20 世纪 40~70 年代，德国学者在 20 世纪 40 年代指出煤在成煤作用过程中能生气，而且气能从煤中运移出来，并在煤系地层中或者外部储层中聚集成藏，但未意识到煤成油，创立了纯朴的煤成气理论（史训知，

1985；戴金星，2001)。20世纪60年代后期，在澳大利亚吉普斯兰盆地含煤岩系内发现了油田，Books等认为石油来自含煤岩系，Thompson等认为印度尼西亚一些盆地的异地煤和与之相关的油页岩是烃源岩；指出煤中壳质组对成油有重要贡献，并以此为例说明煤不仅能成气还可以形成煤成油田，形成了煤成油理论以及壳质组成油观点，丰富了煤成烃理论，继而在引发了煤成油研究热潮(Brooks，1967，1969；Thompson，1985)。20世纪70年代，戴金星发现煤系成烃以气为主，以油为辅的总规律，指出成煤作用全过程中成烃分为3期即前干气期、气油兼生期和后干气期；在长焰煤至瘦煤阶段的气油兼生期(相当腐泥型源岩"生油窗")，成烃是以气为主、以油为辅；煤生油的内在因素是含有较高丰度的壳质组，其含量高于7%时就具备形成煤成油田的基本条件(戴金星，1979，1980，2018，2019等)。

吐哈盆地煤成油研究始于1989年，台参1井于中侏罗统三间房组测试获得工业油气流，油源研究证实其来于下侏罗统八道湾组煤系(翟光明，2016)。进而吸引了众多专家学者，投入到煤成油机理、成藏机制研究中。程克明(1994)指出煤成油(oil from coal)系指煤及煤系泥岩内集中和分散的陆源有机物质中，其富氢组分(壳质组、基质镜质体等)，在弱氧化及弱还原条件下，在煤化作用的同时所生成的液态烃类；吐哈盆地中、下侏罗统发育的煤属于腐殖煤，其显微组分组成以镜质组为主，其次为壳质组加腐泥组(壳质组一般为6%~8%)，惰性组分一般为10%~20%，基质镜质体在镜质组中占有较高比例，一般可占全煤的20%~40%，最高可达70%(三道岭煤矿)；这种基质镜质体普遍具有荧光性，在某些样品中还见有基质镜质体向沥青质体(煤成油的表征)过渡的现象，在基质镜质体中还有较多的壳屑体，是较有利的生油母质。基质镜质体的成因，除了来源于高等植物木质纤维组织的强烈的凝胶化产物外，低等生物及其他类脂化合物通过细菌降解等途径也参与了基质镜质体的形成。程克明等(2002，2004)曾利用^{13}C NMR波谱研究煤及煤系泥岩干酪根的油、气潜力，油、气潜力碳是制约各类源岩倾油倾气性的主控因素，吐哈盆地中、下侏罗统的煤、炭质泥岩和泥岩，尽管其成烃母质类型均为Ⅲ型(腐殖型)，但由于其干酪根脂构碳中油潜力碳质量分数大于气潜力碳质量分数，故在干酪根生烃演化的"液态窗"阶段以生油为主。

王飞宇(1997)利用共聚焦激光显微镜和透射电镜对吐哈盆地侏罗系煤进行超微层次有机岩石学分析，发现微米级以下超微类脂体普遍存在于无结构镜质体和一些粗粒体之中；在镜质体反射率R_o为0.5%~0.7%时，煤中超微类脂体数量一般为8%~12%，其光性演化明显领先于壳质组形态组分孢子体和角质体，是吐哈盆地侏罗系煤中重要的生油组分。赵长毅(1997，1999)认为，高等植物木质纤维组织在正常凝胶化作用条件下形成的典型镜质体，其化学结构主要由具短脂肪链与含氧官能团联结的芳香网络结构组成，不是成油的主要母质；吐哈盆地煤中基质镜质体由于生物化学阶段细菌等微生物的强烈改造作用，使得其先质得以“改良”，形成富氢镜质体，有生成液态烃的能力，虽然单位体积的基质镜质体生成液态烃能力较壳质组低，但其在煤中的高含量则大大弥补了单位生烃量低的不足，而成为煤成烃贡献最主要组分。结合显微组分荧光演化性质特征、核磁共振波谱特征及显微组分 Py-GC 油气演化性质，建立了煤成油演化模式(注：由于各显微组分分离纯度影响，生烃量作了校正)，显微组分生油能力大小顺序为孢子体、角质体、基质镜质体、木栓质体和丝质体，基质镜质体生油能力为孢子体的一半；进入生油高峰早晚顺序为基质镜质体、角质体、木栓质体、孢子体；煤成油具两个阶段，其成油主峰在 R_o 为 0.3%～0.8%期间，具有早期成烃特征(图 2-24)。卢双舫等(1995，1997)从化学动力学理论的角度研究表明，由于不同的显微组分内在组成、结构、化学键型的差别，决定了其成烃的平均活化能及活化能分布范围的差别，从而导致不同的显微组分的成烃门限、油窗范围宽窄不一；正是这种显微组分成烃模式、阶段的差异性和不同地区煤岩组成的变化性，使得不同地区煤岩的成烃阶段、模式表现出明显的差别。

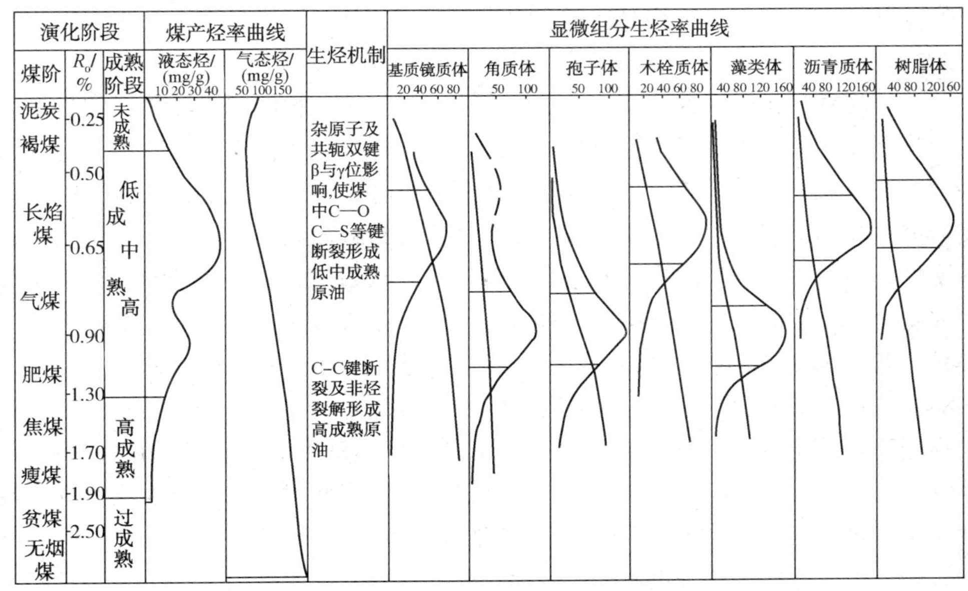

图 2-24 吐哈盆地煤与显微组分成烃演化模式(赵长毅，1997)

孙旭光(2002)在高纯度煤岩显微组分分离富集的基础上，应用透射式显微傅里叶红外光谱技术(Micro-FTIR)，对吐哈盆地侏罗纪煤中的主要组分的结构组成进行了测定表明，藻类体主要由长链脂族结构组成，芳香结构含量相对较少；角质体和基质镜质体中含有较丰富的芳香结构以及长链脂族结构；而丝质体则主要由芳香结构组成，脂族结构含量很少；对于吐哈盆地煤成油，由于藻类体主要由长链脂族结构组成，并且生烃潜力也高，因此其具有高的液态烃产率，丝质体的产油率最小、角质体和镜质体的液态烃产率中等。陈建平(2017)从吐哈盆地侏罗纪煤中分离富集了藻类体、孢子体、角质体、镜质体、基质镜质体和丝质体 6 种主要显微组分，进行了热解及热模拟实验并对产物热解油分别进行了碳同位素组成等分析显示，煤系有机质中藻类体的生油潜力最高，生成的液态烃类的碳同位素组成最轻；孢子体、角质体等陆源富氢组分生烃潜力低于藻类体，生成的液态烃类的碳同位素组成重于藻类体生成的液态烃类，与煤系含油气盆地中原油的碳同位素组成基本一致；镜质体和基质镜质体的生油潜力相对较低，其生成的液态烃类的碳同位素组成比一般煤系原油重得多，而且这些组分本身对液态烃具有较强的吸附力；丝质体等惰性组分生烃潜力极低，不可能成为生油组分；结合其产物与煤系原油的对比分析指出，煤系含油气盆地中的原油不可能由某一种显微组分生成，也不可能全部由藻类体、孢子体这样的富氢组分生成，更不可能完全由镜质体和基质镜质体这类相对贫氢的组分生成，应该是这些显微组分生成产物的混合物，如吐哈盆地侏罗系原油。

(2) 煤生烃排驱问题。在煤成油研究中，核心和关键问题仍然是煤的生油能力、排油能力及其影响因素。煤成油的排驱是指煤在热成熟作用过程中，生成的烃类物质在某种动力的驱动下从煤层母体排出至输导层的过程(赵长毅，1999)。受研究手段的限制，以及地质因素的复杂性所导致的煤系源岩组成的非均质性和多变性，使得煤成油气的排驱问题尚未取得统一认识(黄第藩，1999)。对于煤烃源岩生排油问题的认识可归纳为 4 种观点：①煤系有机质只能生气，基本不能生油；②煤能生成可观数量的液态烃类，但难以排出(Durand 1983；Kreuser，1988)；③煤不但能生油，也能排油，但需要较为苛刻的条件(刘德汉，1986)；④煤层不仅能排油，而且比泥岩、页岩更易、更早排出液态石油(Huc，1986)。从基本理论和勘探实际分析，煤能够生油已基本取得共识，对煤成油能否从煤系地层排出这一问题，由于不同学者所选取的研究实例不同，研究方法、手段有别，研究中所作的某些假设不一，因而，研究所得基本结论仍存在分歧，不同观点都有具体的实例和有说服力的证据。

程克明(1997)研究认为，煤中微孔对烃类的吸附阀值为86mg/g，煤生烃必需大于该值才有烃类排出，结合煤的孔隙分布随煤化作用的变化规律、煤中各类水分的变化规律以及煤岩孔隙发育对烃类的吸附规律指出，煤成油气的最有利排驱时期应在 R_o 为0.8%以前。戴卿林(1998)利用未混油或混油源岩样品，通过控制含油量、温度、压力、时间和含水量等实验条件，系统开展了煤在各种条件下的排油效率及机理实验表明，煤成油可以排出其母源，排油系数约5%~25%，但在同等条件下，明显低于湖相泥岩约10%。赵长毅(1998，1999)认为，煤所生烃类排出母体一方面取决于煤所具有的固有内在属性，它包括两个含义：其一是煤原始生烃潜力，它决定了煤中烃类达到含油饱和度的难易程度；其二是煤分子排列格架及分子质点表面性质，它决定了烃类储存空间大小与烃类流动的难易程度。另一方面，外生地质营力的存在是煤层发生排烃作用的必要条件，适当的构造挤压应力及存在通过源岩的输导层(如断裂、层理面、剥蚀面等)以便形成差异应力，为烃类排驱与运移提供了外在条件。从吐哈盆地煤成油典型实例分析认为，烃分子与煤孔隙表面质点相互作用是煤成油排驱的主要制约因素；煤孔隙分布特征及生烃潜力是制约煤成油排驱的内在因素，构造挤压剪切应力是煤成油排驱的外在动力；煤成油排驱具有较泥质岩更大的地质色层效应，其最有利排驱时期应是 R_o 为0.9%以前；相互连通的孔隙网络及裂隙与输导层如断层相连，构成了烃类网络中心的烃类排驱运移出母体的主要通道(赵长毅，1998，1999)。吐哈盆地煤成油的排驱亦正是煤内在属性与外部构造挤压力共同作用的结果。

4. 有效泥岩烃源岩测井识别

由于单井取心有机碳测试分析数据有限，且炭质泥岩和煤烃源岩的评价也不重在 *TOC*，而在含氢量(如氢指数)。受水西沟群不同岩性煤系烃源岩互层分布的影响，常用的烃源岩测井评价方法受到一定限制。因此，本书对炭质泥岩和有效煤烃源岩进行测井识别，是在校正岩性的基础上，精细刻画测井参数，建立测井解释图版。研究中采用了自然伽马(GR，API)，声波时差(AC，μs/m)，密度(DEN，g/cm³)和深侧向电阻率(RD，Ω·m)四条常规测井曲线。用深侧向电阻与自然伽马相除(RG=RD/GR，$\Omega \cdot m \cdot API^{-1}$)作为一条重构曲线。结合研究区内重点井现有分析化验资料和测井数据，通过有机碳含量确定岩性(泥岩 *TOC* 小于6%；炭质泥岩 *TOC* 介于6%~40%；煤 *TOC* 大于40%)，建立岩性和有效烃源岩识别交汇图版(图2-24)。

该图版可以识别出作为有效气源岩的泥岩、炭质泥岩、煤和砂岩等岩性。图2-25(a)用自然伽马和声波时差交汇区分岩性大类，分为砂岩、煤、炭质泥岩和泥岩，其中泥岩和炭质泥岩处于同一区域。对于图 2-25(a)不能分开的岩性，采用图 2-25(b)区分，通过自然伽马和重构曲线——深侧向电阻率与自然伽马相除，区分泥岩和炭质泥岩。对于泥岩，通过图 2-25(c)用密度识别一般泥岩和 *TOC* 大于 1.2%的泥岩，*TOC* 大于 1.2%的泥岩其密度值小于 2.2g/cm^3。各岩性有效源岩的测井识别值域如下(表 2-13)。

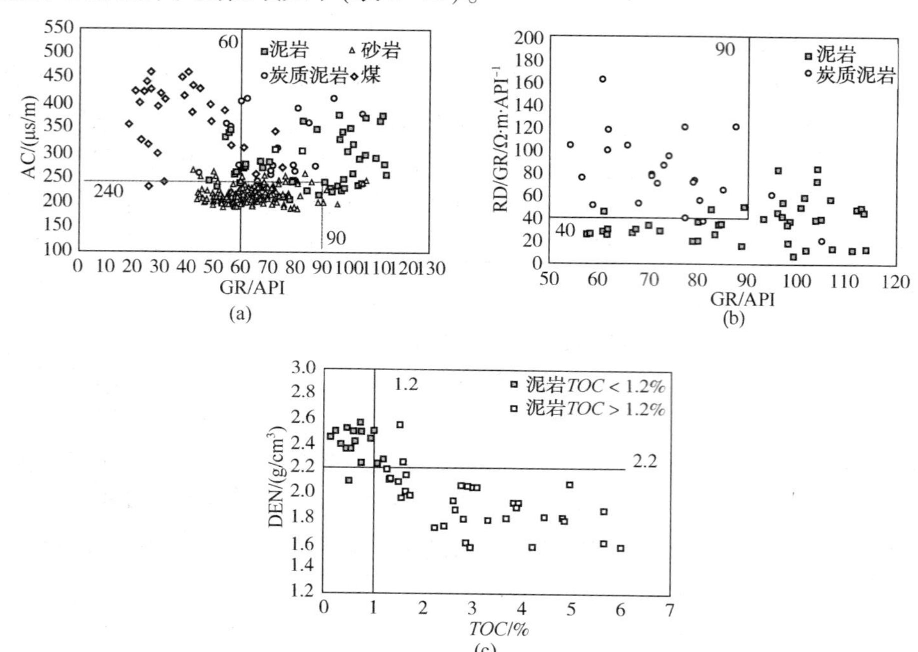

图 2-25 水西沟群有效烃源岩测井岩性识别图版

表 2-13 水西沟群各岩性对应的测井参数值域

<table>
<tr><th>测井项目
岩性</th><th>GR/API</th><th>AC/(μs/m)</th><th>DEN/(g/cm^3)</th><th>RD/GR/Ω · m · API^{-1}</th></tr>
<tr><td>一般泥岩</td><td colspan="2" rowspan="2">GR>90
或 GR>60 且 AC>240</td><td>>2.2</td><td rowspan="2">RG>0 或 RG<40</td></tr>
<tr><td>泥岩 TOC>1.2%</td><td><2.2</td></tr>
<tr><td>炭质泥岩</td><td>60<GR<90</td><td>>240</td><td>—</td><td>RG>40</td></tr>
<tr><td>煤</td><td>GR<60</td><td>AC>240</td><td>—</td><td>—</td></tr>
<tr><td>砂岩</td><td>GR<85</td><td>AC<240</td><td>—</td><td>—</td></tr>
</table>

以此图版为基础，对本研究区重点井进行了有效烃源岩岩性识别，结果显示识别效果较好，有效源岩分布与岩心、岩屑实测 *TOC* 及全烃气测显示有较好的吻合性(图 2-26、图 2-27)。在此基础上，对钻遇西山窑组、下侏罗统煤系烃源

岩的重点单井开展了不同岩性有效烃源岩的测井识别，并进行了厚度统计(表2-14、表2-15)。

表 2-14　台北凹陷八道湾组有效源岩厚度统计

井名	有效源岩厚度统计/m			井名	有效源岩厚度统计/m		
	煤岩	炭质泥岩+有效泥岩	有效源岩		煤岩	炭质泥岩+有效泥岩	有效源岩
东深 2	14.8	25.0	39.8	照 4▲	11.3	57.9	69.2
吉 2	6.8	21.6	28.3	大步 2▲	6.0	33.7	39.7
吉 3▲	36.0	9.2	45.3	疙 14▲	6.2	19.3	25.5
吉深 1▲	20.3	8.1	28.4	火 803	44.0	61.2	105.2
鄯科 1	21.0	21.5	42.5	连 4-s	17.5	20.5	38.0
温深 1	6.0	12.2	18.3	泉 2	23.4	30.0	53.7
核 2	10.0	8.3	18.0	连 27	11.0	10.2	21.2
红旗 2▲	55.0	38.9	93.9	葡北 22▲	29.5	45.0	74.5
勒 15	27.3	60.1	87.3	恰深 1	17.5	24.4	41.9
陵深 2	9.0	78.5	87.5				

表 2-15　台北凹陷西山窑组二段有效源岩厚度统计

井名	有效源岩厚度统计/m				井名	有效源岩厚度统计/m			
	煤岩	炭质泥岩	有效泥岩	有效源岩		煤岩	炭质泥岩	有效泥岩	有效源岩
东深 2	41.6	27.8	17.8	87.1	柯 24	45.0	41.0	35.3	121.0
吉 2	21.0	20.0	22.5	63.5	勒 15	80.3	21.8	25.6	128.0
吉 3	19.0	22.5	15.8	57.3	陵深 2	21.8	7.0	8.0	36.8
吉深 1	31.3	40.1	41.0	112.0	照 4	87.5	55.3	58.6	201.0
鄯科 1	21.0	27.3	20.5	68.7	疙 14	17.5	21.0	40.3	78.8
温深 1	15.8	8.7	9.3	33.8	疙 18	38.3	20.3	61.8	120.0
核 2	70.6	24.8	12.6	108.0	红台 21	13.8	11.3	22.5	47.6
红旗 2	40.5	40.3	42.5	123.0	火 803	6.0	3.5	3.0	12.5
柯 19	108.0	113.0	65.3	286.0	连 4-s	25.5	11.3	21.3	58.0
柯 23	90.8	92.8	82.0	266.0	连 27	14.8	7.2	9.5	31.5
柯 24	45.0	41.0	35.3	121.0	葡北 22	6.7	19.8	41.3	67.8
勒 15	80.3	21.8	25.6	128.0	恰深 1	35.8	64.9	51.5	152.0
陵深 2	21.8	7.0	8.0	36.8	泉 2	6.50	21.0	65.5	93.0

续表

井名	有效源岩厚度统计/m				井名	有效源岩厚度统计/m			
	煤岩	炭质泥岩	有效泥岩	有效源岩		煤岩	炭质泥岩	有效泥岩	有效源岩
照 4	87.5	55.3	58.6	201.0	连 4-s	25.5	11.3	21.3	58.0
疙 14	17.5	21.0	40.3	78.8	连 27	14.8	7.25	9.5	31.5
疙 18	38.3	20.3	61.8	120.0	葡北 22	6.7	19.8	41.3	67.8
红台 21	13.8	11.3	22.5	47.6	恰深 1	35.8	64.9	51.5	152.0
火 803	6.0	3.5	3.0	12.5	泉 2	6.5	21.0	65.5	93.0

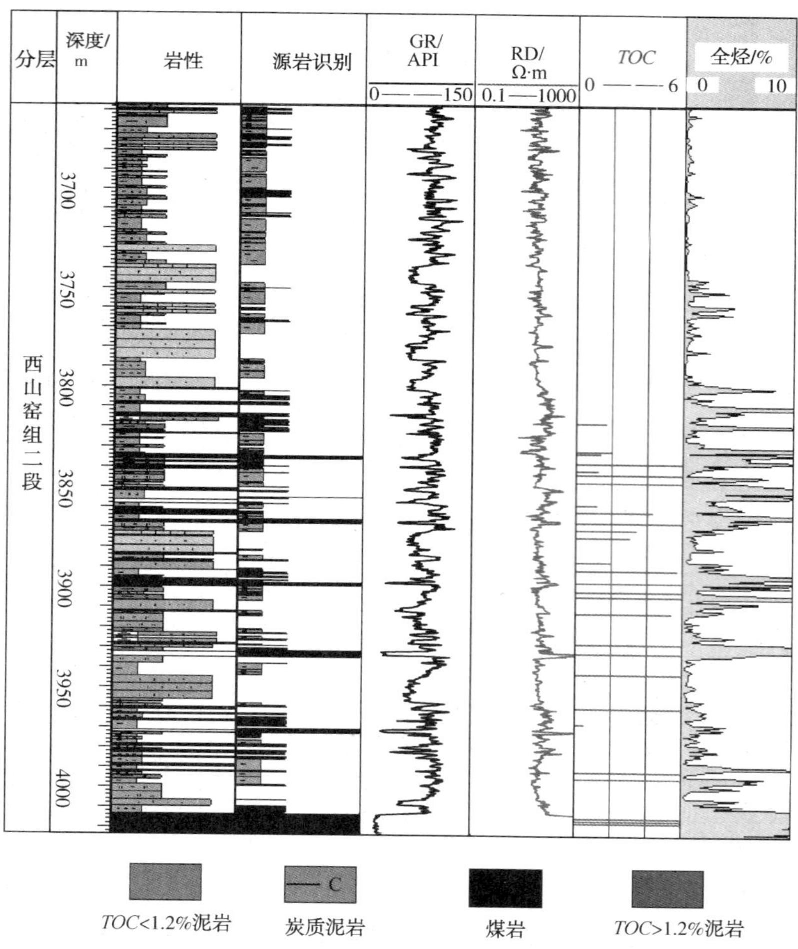

图 2-26　台北凹陷吉 3 井烃源岩测井识别

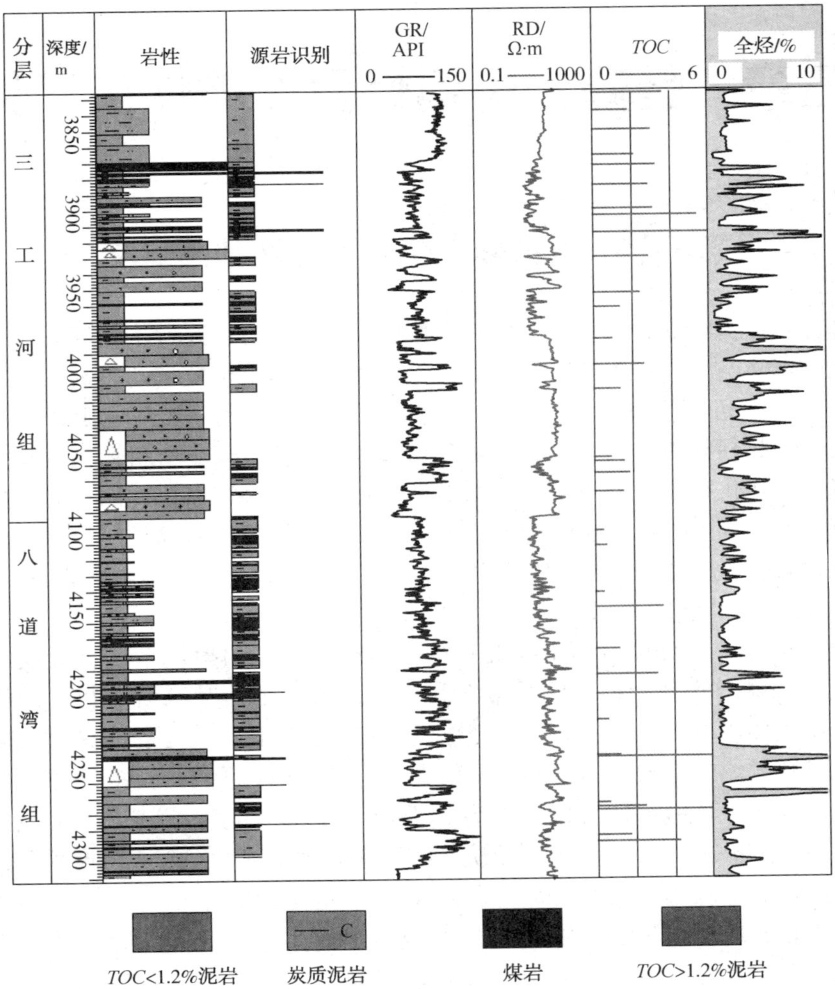

分层 深度/m 岩性 源岩识别 GR/API 0—150 RD/Ω·m 0.1—1000 TOC 0—6 全烃/% 0 10

三工河组 八道湾组

3850 3900 3950 4000 4050 4100 4150 4200 4250 4300

TOC<1.2%泥岩 炭质泥岩 煤岩 TOC>1.2%泥岩

图 2-27 台北凹陷照 4 井烃源岩测井识别

第三章　烃源岩可溶烃分子地球化学特征

第一节　生物标志化合物参数地质意义

烃源岩抽提可溶有机质中蕴含着大量地质信息，可以通过生物标志化合物特征体现。自20世纪60年代以来，随着各种现代分离鉴定技术的发展，尤其是色谱-质谱-计算机联用技术的引入，使生物标志化合物的鉴定与应用研究得到迅速发展。饱和烃和芳香烃生物标志化合物参数已成功应用于有机质生源构成、沉积环境、热演化程度等地质研究，本书主要对烃源岩可溶有机质的饱和烃馏分进行分析。饱和烃生物标志化合物包括正构烷烃、无环异戊二烯类烷烃、甾烷和萜烷等多种化合物，其中反映有机质沉积环境、生源构成的参数及其地质意义如下。

Pr/Ph(姥鲛烷/植烷)：姥鲛烷和植烷是最为常见的植烷系列类异戊二烯烷烃，主要来源于光合生物中叶绿素a和紫硫细菌中细菌叶绿素a和b的植醇侧链。在还原环境下，植醇经脱水加氢形成植烷，在氧化环境下，经植烷酸脱羧最终转化成姥鲛烷。一般而言，*Pr/Ph*值<0.5代表强还原性的膏盐沉积环境，在0.5~1.0为还原环境；在1.0~2.0为弱还原—弱氧化环境，大于2.0者见于偏氧化环境(卢双舫，2017)。由于姥鲛烷、植烷来源的多样性、受成熟度等因素的影响，Peters等(2005)认为*Pr/Ph*值在0.8~3.0范围内时用于解释沉积环境需慎重，小于0.8指示与蒸发岩和碳酸盐岩沉积有关的咸水、高盐环境，大于3.0指示氧化、弱氧化环境下的陆源高等植物生源输入。此外，Pr/nC_{17}-Ph/nC_{18}也可以用来判断母质类型和沉积环境。

萜烷类是一系列具有环状结构的异戊二烯类化合物，热稳定性和抵抗微生物降解的能力较强。三环萜烷化合物在油和沉积物中广泛分布，并且其碳数一般以C_{19}~C_{30}为主，对其来源有不同的看法，但目前基本认为以藻类生源为主。C_{24}四环萜烷生源专属性未定，细菌中可能存在一个独立的合成途径，藿烷类化合物和陆源有机质也可能是其重要来源(Grice等，2001；Peters，2005)。藿烷类属于五环三萜烷，通常含有27~35个碳原子，主要来源于原核生物或细菌，细菌藿烷四醇是藿烷类化合物的重要前身物，常用化合物有三降藿烷(*Tm*)、三降新藿烷(*Ts*)、伽马蜡烷等。*Ts/Tm*既反映母源输入也反映成熟度变化，*Ts/Tm*随成熟度

增加而增高；在相似的成熟情况下，在煤系烃源岩中普遍富含 *Tm*，而 *Ts* 含量很低。伽马蜡烷也是五环三萜，与藿烷不同的是 E 环为六元环，可表征沉积环境中的水体分层，通常认为是咸水还原环境的标志物，广泛分布于碳酸盐岩和盐湖相原油和沉积物中(Moldowan，1985；傅家谟，1986)。

甾烷类化合物的共同特征是包含有一个四环的碳环结构，同时具有三个烷基侧链，碳数范围一般在 C_{27}~C_{30}；常用指标参数有 C_{27}–C_{28}–C_{29} 甾烷分布、孕甾烷系列等。通常认为，水生生物富含 C_{27} 和 C_{28} 甾烷，高含量的 C_{29} 甾烷可以指示高等植物生源(Czochanska，1988)，但不能把 C_{29} 甾烷简单地作为陆源有机质输入的标志，如在缺乏陆生植物的前泥盆纪沉积物中或生成的原油中，含有丰富的 C_{29} 甾烷，可以源于褐藻及许多绿藻。

孕甾烷(C_{21})和升孕甾烷(C_{22})属于短侧链甾烷类化合物，对其成因尚有不同认识。黄第藩(1989)根据柴达木盆地古近系盐湖相油、岩的地球化学资料，证明孕甾烷主要来自生油岩有机质的热降解，在高成熟阶段，可由高碳数甾烷的热裂解形成；潘志清、黄第藩等(1991)在华北晋县高硫原油和含硫膏泥岩中检测出丰富的孕甾烷和升孕甾烷，认为代表喜盐细菌的输入和细菌在成岩作用早期对原始沉积有机质改造的结果。妥进才(2003)研究塔里木盆地三叠系烃源岩中高含量的孕甾烷、升孕甾烷以及长链三环二萜烷系列，认为在其沉积环境中有机质生源构成中应该有相当数量的低等水生生物的贡献。从研究区泥岩、炭质泥岩和煤中孕甾烷和升孕甾烷相对含量与成熟度参数关系分析，数据点的外包络线有随 C_{29} 甾烷 20*S*/(20*S*+20*R*) 和 C_{29} 甾烷 $\beta\beta/(\beta\beta+\alpha\alpha)$ 增高而增高的趋势，但高值区仍有较多样品孕甾烷和升孕甾烷相对含量较低(图 3-1)；还应注意到孕甾烷和升孕甾烷相对含量较高的均为泥岩，炭质泥岩和煤中含量很低，这应该与泥岩沉积环境、沉积有机质构成有关。因此，对于台北凹陷煤系烃源岩，孕甾烷和升孕甾烷的形成受沉积环境和生源影响要强于热演化成熟度的影响。

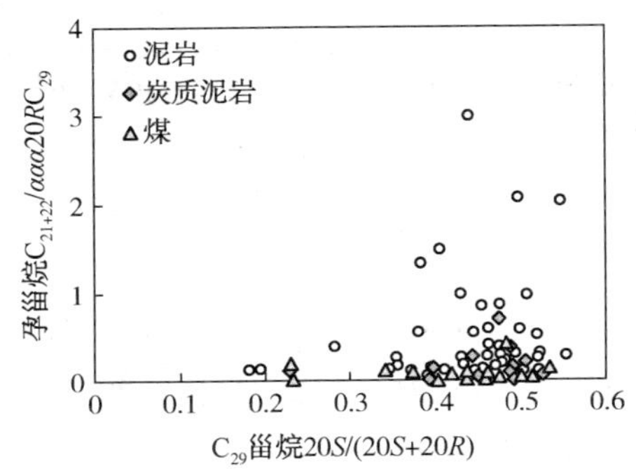

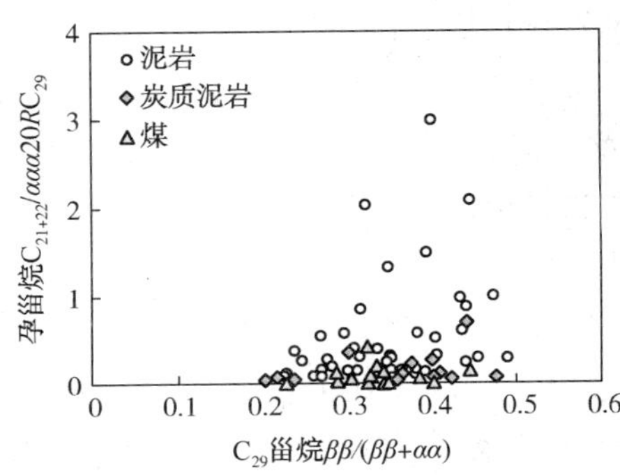

图 3-1 孕甾烷(C_{21})和升孕甾烷(C_{22})相对含量与成熟度参数关系

第二节　煤系烃源岩特征分类

一、泥岩分类

根据泥岩饱和烃生物标志化合物组成特征，依据反映泥岩有机质生源构成与沉积环境的指标参数，如孕甾烷、升孕甾烷相对含量、规则甾烷 $\alpha\alpha\alpha20RC_{27}$、$\alpha\alpha\alpha20RC_{28}$、$\alpha\alpha\alpha20RC_{29}$分布形态、三环萜烷相对含量等参数对煤系烃源岩进行分类。本研究共分析泥岩样品 59 件，其中西山窑组泥岩 43 件，下侏罗统泥岩 16 件（八道湾组 6 件，三工河组 10 件）。可将研究区泥岩分为 A、B、C、D 四种类型。

1. A 类泥岩

A 类泥岩 Pr/Ph 分布在 0.49～2.80，平均为 1.13；规则甾烷 $\alpha\alpha\alpha20RC_{27}$、$\alpha\alpha\alpha20RC_{28}$、$\alpha\alpha\alpha20RC_{29}$呈较典型的“V”字型，规则甾烷 $\alpha\alpha\alpha20RC_{27}/C_{29}$ 介于 0.54～1.42，平均为 1.92；孕甾烷与升孕甾烷相对含量高，（孕甾烷+升孕甾烷）/ $\alpha\alpha\alpha20RC_{29}$规则甾烷介于 0.27～1.49，平均为 0.77；含有一定量的伽马蜡烷，伽马蜡烷指数（伽马蜡烷/C_{30}藿烷）介于 0.05～0.18，平均为 0.11；三环萜烷含量高，三环萜烷/五环萜烷介于 0.17～1.80，平均为 0.75；煤系烃源岩三降藿烷 Tm 含量一般较高，但本类泥岩相比较为最低的，在成熟度相近时，主要反映高等陆源植物生源，Tm/Ts 介于 1.86～11.27，平均为 4.66（图 3-2）。以上反映本类泥岩沉积环境还原性相对较强，水体有一定的盐度和还原性，有机质中低等生源贡献较多。但本类烃源岩在现有分析岩心样品中数量较少，本类泥岩共有 11 件，占泥岩样品总数的比例为 18.6%；其中，西山窑组 6 件，占西山窑组泥岩样品的 14.0%；下侏罗统 5 件，占下侏罗统泥岩样品的 31.3%。可见，该类泥岩在下侏罗统发育程度较高。

本类泥岩区分于其他泥岩的特征为规则甾烷 $\alpha\alpha\alpha20RC_{27}$、$\alpha\alpha\alpha20RC_{28}$、$\alpha\alpha\alpha20RC_{29}$呈较典型的“V”字型，$Pr/Ph$ 值最低，三环萜烷与孕甾烷、升孕甾烷相对含量最高。

2. B 类泥岩

B 类泥岩 Pr/Ph 分布在 0.95～2.60，平均为 1.69；规则甾烷 $\alpha\alpha\alpha20RC_{27}$、$\alpha\alpha\alpha20RC_{28}$、$\alpha\alpha\alpha20RC_{29}$呈反“L”字型，规则甾烷 $\alpha\alpha\alpha20RC_{27}/C_{29}$介于 0.20～0.65，平均为 0.38；孕甾烷与升孕甾烷相对含量较高，（孕甾烷+升孕甾烷）/$\alpha\alpha\alpha20RC_{29}$规则甾烷介于 0.23～0.85，平均为 0.48；伽马蜡烷含量较低，伽马蜡烷指数介于

0.03~0.08，平均为0.06；三环萜烷含量较高，三环萜烷/五环萜烷介于0.11~0.39，平均为0.25；三降藿烷 Tm 含量增高，Tm/Ts 介于6.46~31.58，平均为18.36(图3-3)。以上反映本类泥岩沉积环境还原性减弱，沉积水体为淡水环境，有机质中低等生源贡献也较第一类泥岩减少。本类泥岩共有12件，占泥岩样品总数的比例为20.3%；其中，西山窑组泥岩8件，占西山窑组样品的18.6%；下侏罗统4件，占下侏罗统泥岩样品的25.0%。可见，该类泥岩在下侏罗统发育程度较西山窑组占有一定优势。

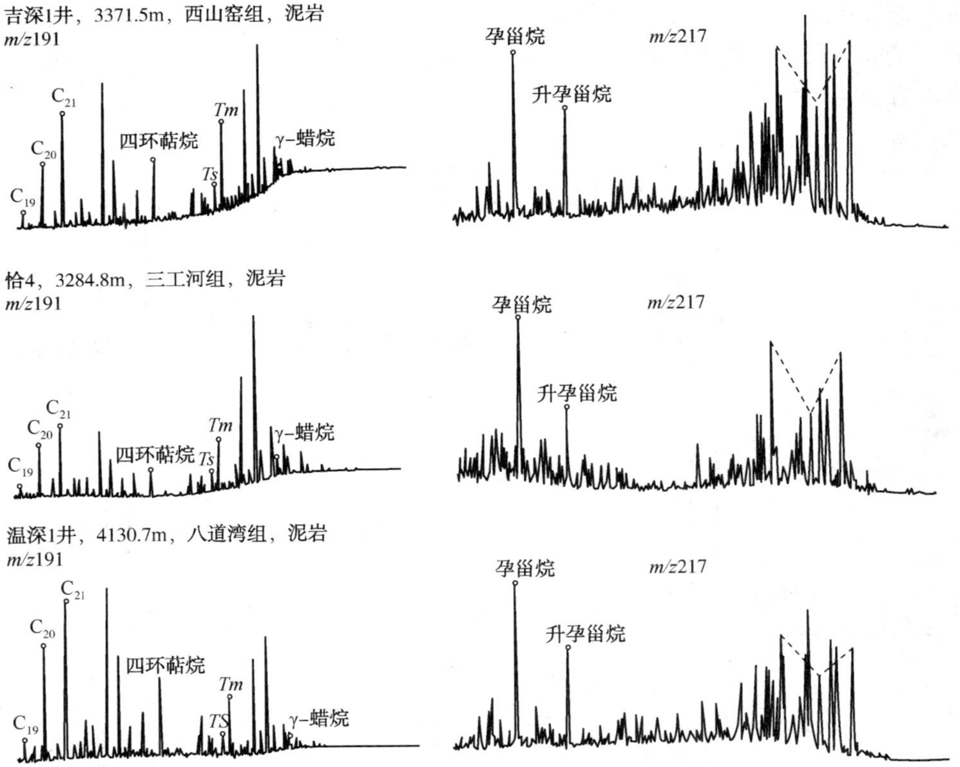

图3-2 水西沟群A类泥岩饱和烃 m/z191和 m/z217质量色谱2图

本类泥岩区分于其他泥岩的特征为，具有规则甾烷 $\alpha\alpha\alpha 20RC_{27}$、$\alpha\alpha\alpha 20RC_{28}$、$\alpha\alpha\alpha 20RC_{29}$呈近"V"字型或反"L"型与三环萜烷、孕甾烷、升孕甾烷含量相对较高的组合特征。

3. C类泥岩

C类泥岩 Pr/Ph 分布在1.32~4.73，平均为3.11；C类泥岩规则甾烷

$\alpha\alpha\alpha20RC_{27}$、$\alpha\alpha\alpha20RC_{28}$、$\alpha\alpha\alpha20RC_{29}$呈反“L”字型，规则甾烷 $\alpha\alpha\alpha20RC_{27}/C_{29}$介于0.13~0.87，平均为0.37；孕甾烷与升孕甾烷相对含量较低，(孕甾烷+升孕甾烷)/$\alpha\alpha\alpha20RC_{29}$规则甾烷介于0.10~0.38，平均为0.18；伽马蜡烷含量较低，伽马蜡烷指数介于0.02~0.10，平均为0.05；三环萜烷含量较低，三环萜烷/五环萜烷介于0.06~0.19，平均为0.12；三降藿烷 *Tm* 相对含量较第三类更高，*Tm*/*Ts* 介于7.35~45.32，平均为20.07(图3-4)。以上反映本类泥岩沉积环境为氧化性—弱氧化性，沉积水体为淡水环境，有机质以高等陆源植物占主导。本类泥岩共有19件，占泥岩总数的比例为32.2%；其中，西山窑组泥岩13件，占西山窑组泥岩样品的30.2%；下侏罗统泥岩6件，占下侏罗统泥岩样品的37.5%。可见，该类泥岩在总泥岩样品中占有较大比例，且在下侏罗统发育程度较西山窑组仍占有一定优势。

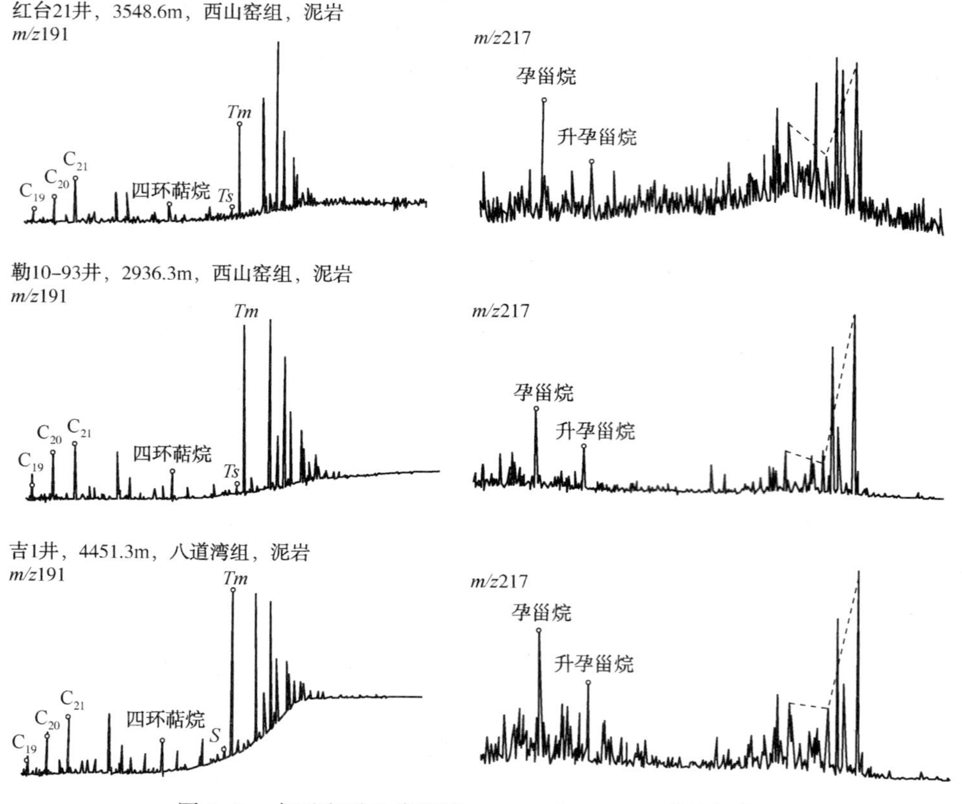

图3-3　水西沟群B类泥岩 $m/z191$ 和 $m/z217$ 质量色谱图

本类泥岩区分于其他泥岩的特征为，较高的 *Pr*/*Ph* 值，含有一定量的三环萜烷与孕甾烷、升孕甾烷，但相对含量较低。

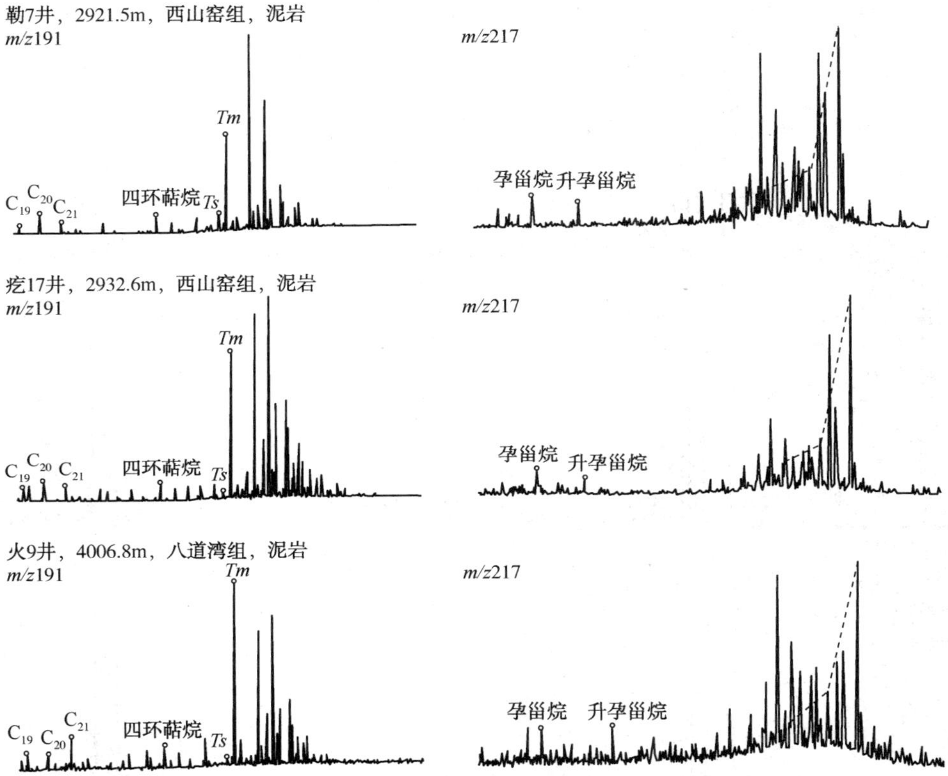

勒7井，2921.5m，西山窑组，泥岩

m/z191 m/z217

Tm

C_{19} C_{20} C_{21} 四环萜烷 Ts

孕甾烷 升孕甾烷

疙17井，2932.6m，西山窑组，泥岩

m/z191 m/z217

Tm

C_{19} C_{20} C_{21} 四环萜烷 Ts

孕甾烷 升孕甾烷

火9井，4006.8m，八道湾组，泥岩

m/z191 m/z217

Tm

C_{19} C_{20} C_{21} 四环萜烷 Ts

孕甾烷 升孕甾烷

图 3-4 水西沟群 C 类泥岩 m/z191 和 m/z217 质量色谱图

4. D 类泥岩

D 类泥岩 *Pr/Ph* 分布在 1.79～7.79，平均为 4.18；规则甾烷 $\alpha\alpha\alpha 20RC_{27}$、$\alpha\alpha\alpha 20RC_{28}$、$\alpha\alpha\alpha 20RC_{29}$呈反“L”字型，规则甾烷 $\alpha\alpha\alpha 20RC_{27}/C_{29}$介于 0.07～0.22，平均为 0.15；基本不含孕甾烷与升孕甾烷、伽马蜡烷和三环萜烷；三降藿烷 *Tm* 含量最高，*Tm/Ts* 介于 6.39～60.42，平均为 24.76(图 3-5)。以上反映本类泥岩沉积环境为弱氧化性—氧化性，沉积水体为淡水环境，有机质中低等生源贡献很少，以高等陆源植物为主。本类泥岩共有 17 件，占泥岩总数的比例为 28.8%；其中，西山窑组泥岩 16 件，占西山窑组泥岩样品的 28.8%；下侏罗统泥岩只有 1 件，占下侏罗统泥岩样品的 6.3%。可见，该类泥岩在总泥岩样品中也占有较大比例，且在西山窑组发育程度较下侏罗统明显偏高。

本类泥岩区分于其他泥岩的特征为，高 *Pr/Ph* 值，基本不含三环萜烷与孕甾烷、升孕甾烷，高 *Tm/Ts* 值。

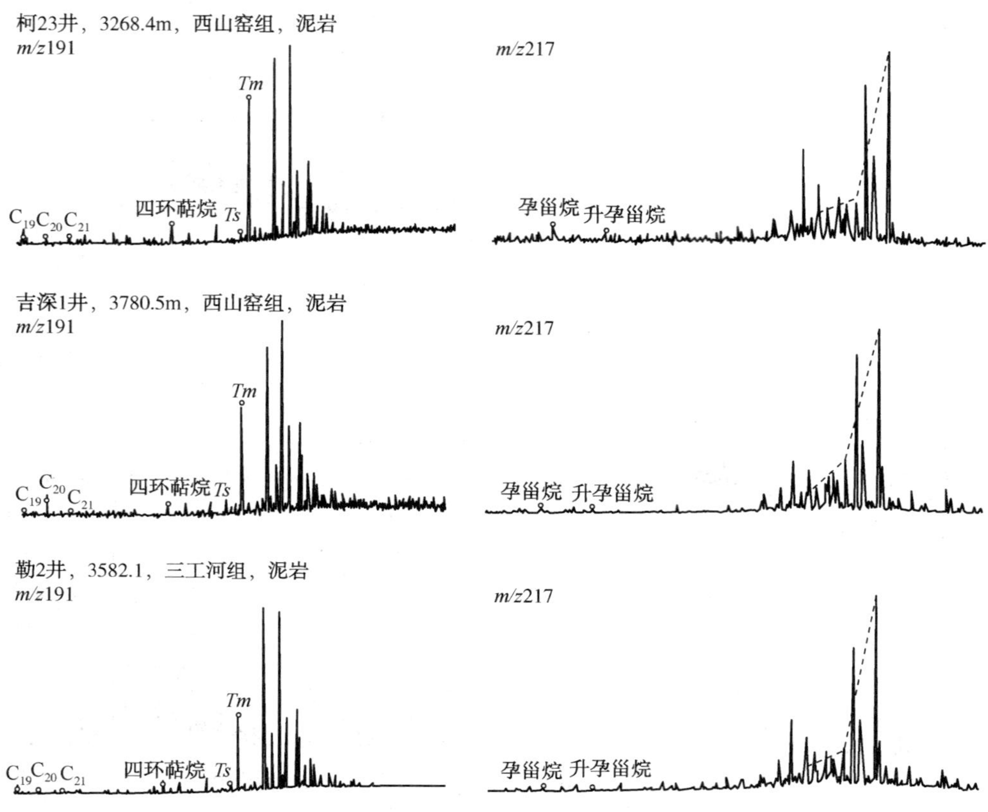

图 3-5 水西沟群 D 类泥岩 *m/z*191 和 *m/z*217 质量色谱图

不同类型泥岩的地球化学特征见表 3-1。其中，A 类泥岩 *TOC* 分布于 0.4%~2.0%，平均为 0.9%；氢指数介于 14~164mg/g，平均为 70mg/g；B 类泥岩 *TOC* 分布于 0.7%~1.9%，平均为 1.2%；氢指数介于 32~284mg/g，平均为 93mg/g，按泥岩评价标准，可作为有效气烃源岩；C 类泥岩 *TOC* 分布于 0.6%~5.7%，平均为 2.2%；氢指数主要介于 34~351mg/g，平均为 140mg/g，按泥岩评价标准，可作为有效气烃源岩，部分也可以作为有效油源岩；D 类泥岩 *TOC* 分布于 1.0%~5.8%，平均为 2.4%；氢指数主要介于 51~395mg/g，平均为 136mg/g，按泥岩评价标准，可作为有效气烃源岩，多数也可以作为有效油源岩。对比发现，由 A 类泥岩到 D 类泥岩，*TOC* 和氢指数均呈增高趋势；同时，对应的 *Pr/Ph* 也不断变大，平均值分别为平均为 1.13、1.69、3.11 和 4.18。

表 3-1　水西沟群不同类型泥岩地球化学特征

类型	Pr/Ph	TOC/%	氢指数/(mg/g)
A 类	0.49~2.80* 1.13(11)	0.4~2.0 0.9(11)	14~164 70(11)
B 类	0.95~2.60 1.69(12)	0.7~1.9 1.2(12)	32~284 93(12)
C 类	1.32~4.73 3.11(19)	0.6~5.7 2.2(19)	34~351 140(19)
D 类	1.79~7.79 4.18(17)	1.0~5.8 2.4(17)	51~395 136(17)

注：* 最小值~最大值/平均值(样品数量)。

二、炭质泥岩分类

本次共分析炭质泥岩样品 16 件，全为岩心样品。其中，西山窑组岩样 12 件，下侏罗统样品 4 件。炭质泥岩饱和烃生物标志化合物具有规则甾烷 $\alpha\alpha\alpha20RC_{27}$、$\alpha\alpha\alpha20RC_{28}$、$\alpha\alpha\alpha20RC_{29}$呈反“L”型，*Tm* 相对含量高于 *Ts*，基本不含伽马蜡烷等共同特征。根据 *Pr/Ph* 值、孕甾烷、升孕甾烷相对含量、三环萜烷相对含量等，可将其划分为三种类型。

1. Ⅰ类炭质泥岩

Ⅰ类炭质泥岩 *Pr/Ph* 值介于 2.20~5.96，平均为 4.55；基本不含孕甾烷、升孕甾烷和三环萜烷(图 3-6)；以上特征反映出本类炭质泥岩沉积于氧化性较强的水体环境，有机质生源为以陆源高等植物为主。本类炭质泥岩占总样品的约 50%，且均为西山窑组样品。本类炭质泥岩岩区分于其他炭质泥岩的特征为，高 *Pr/Ph* 值，基本不含孕甾烷、升孕甾烷与三环萜烷。

2. Ⅱ类炭质泥岩

Ⅱ类炭质泥岩 *Pr/Ph* 值介于 2.09~4.67，平均为 3.69；含有较少量的孕甾烷、升孕甾烷和三环萜烷，其中，(孕甾烷+升孕甾烷)/$\alpha\alpha\alpha20RC_{29}$规则甾烷介于 0.03~0.27，平均为 0.13；三环萜烷/五环萜烷介于 0.02~0.19，平均为 0.10(图 3-7)。以上反映本类炭质泥岩沉积水体环境较第一类沉积环境氧化性降低，有机质生源中有一定量低等生物的贡献。本类炭质泥岩的数量较多(6 件)，主要为下侏罗统样品(4 件)。本类炭质泥岩岩区分于其他炭质泥岩的特征为，具有较低的 *Pr/Ph* 值，含有一定数量的孕甾烷、升孕甾烷与三环萜烷。

3. Ⅲ类炭质泥岩

Ⅲ类炭质泥岩数量最少，仅为西山窑组 2 件样品，不具有普遍意义。其 *Pr/Ph* 值分别为 1.26 和 1.56，具有较高的孕甾烷、升孕甾烷和三环萜烷含量(图 3-8)。

可见，有少量炭质泥岩沉积于覆水相对较深的弱还原环境，水生生源相对较多。

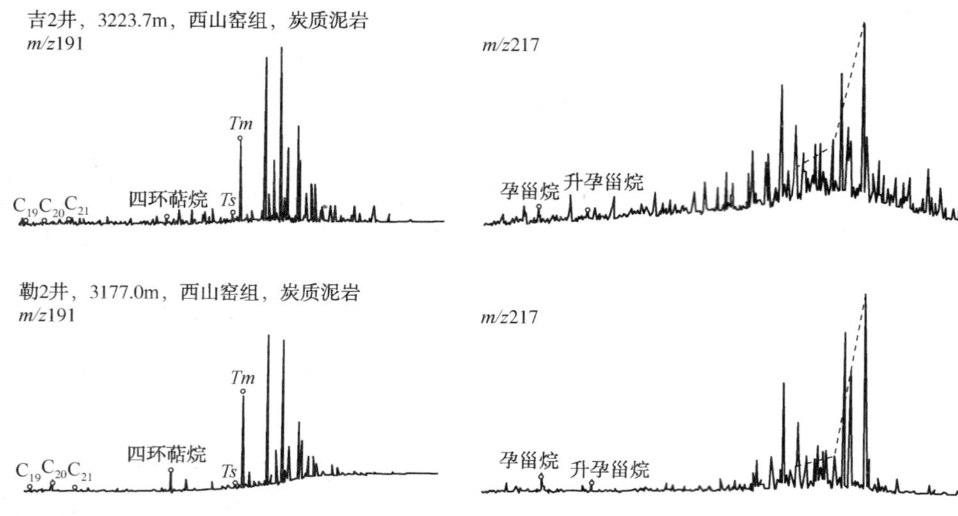

图 3-6　水西沟群 I 类炭质泥岩 m/z191 和 m/z217 质量色谱图

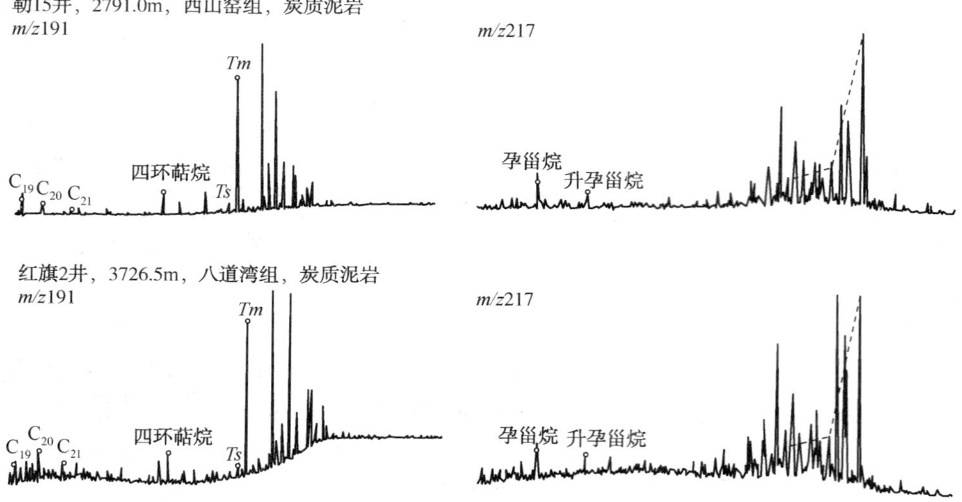

图 3-7　水西沟群 II 类炭质泥岩 m/z191 和 m/z217 质量色谱图

三、煤岩分类

本研究共分析煤岩样品 30 件，为了统计分析，选取了一些岩屑样品，共 11 件。其中，西山窑组煤样 23 件，下侏罗统八道湾组煤样 7 件。煤岩饱和烃生物

标志化合物具有规则甾烷 $\alpha\alpha\alpha20RC_{27}$、$\alpha\alpha\alpha20RC_{28}$、$\alpha\alpha\alpha20RC_{29}$呈较典型的反"L"型，*Tm* 相对含量远远高于 *Ts*，较高含量的四环萜烷，很低的伽马蜡烷含量等共同特征。但根据 *Pr/Ph* 值、孕甾烷、升孕甾烷相对含量、三环萜烷相对含量等，可将煤岩分为三种类型。

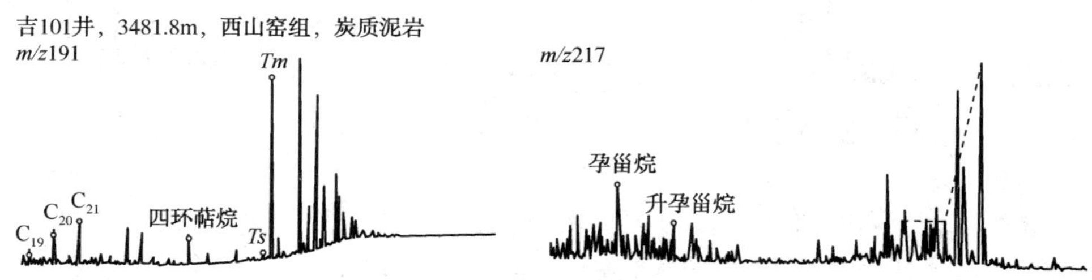

图 3-8 水西沟群Ⅲ类炭质泥岩 *m/z*191 和 *m/z*217 质量色谱图

1. I 类煤岩

I 类煤岩 *Pr/Ph* 值介于 4.30～12.38，平均为 6.22；基本不含孕甾烷、升孕甾烷和三环萜烷(图 3-9)，反映本类煤岩沉积于氧化性较强的水体环境，有机质生源为高等植物。本类煤岩是煤的主要类型，西山窑组 65.0%的样品与下侏罗统 86%的样品为该类型，西山窑组取样较多，具有一定的代表性，下侏罗统取样少、井位局限，但依然能够说明此类煤在煤烃源岩占主导。本类煤岩区分于其他煤岩的特征为，高 *Pr/Ph* 值，基本不含孕甾烷、升孕甾烷与三环萜烷。

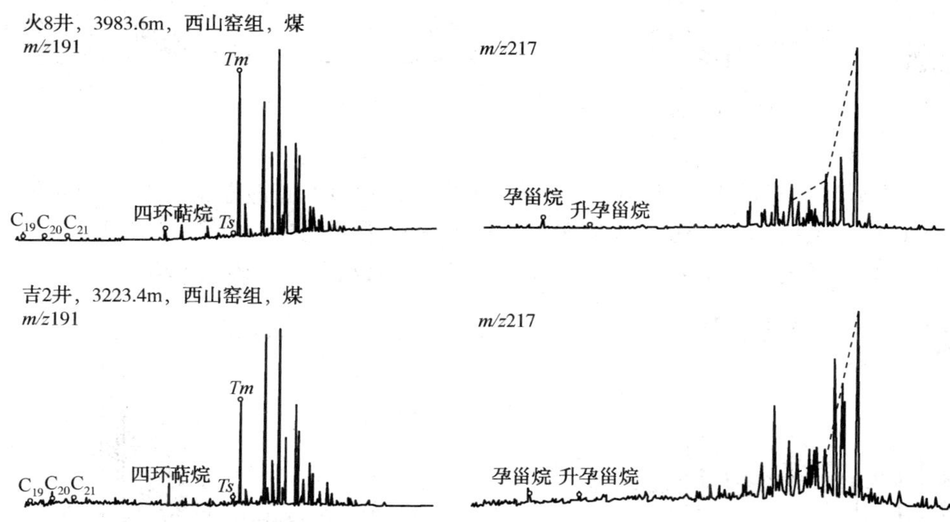

图 3-9 水西沟群 I 类煤岩 *m/z*191 和 *m/z*217 质量色谱图

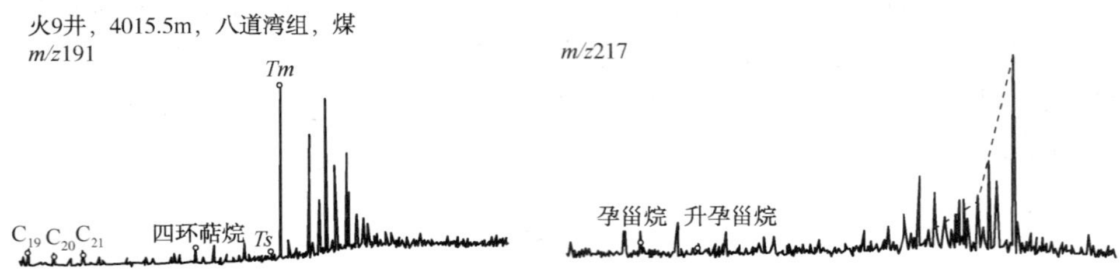

图 3-9　水西沟群 I 类煤岩 m/z191 和 m/z217 质量色谱图(续)

2. Ⅱ类煤岩

Ⅱ类煤岩 *Pr/Ph* 值介于 1.69~3.64，平均为 2.65；含有较少量的孕甾烷、升孕甾烷和三环萜烷，其中，(孕甾烷+升孕甾烷)/$\alpha\alpha\alpha 20RC_{29}$规则甾烷介于 0.08~0.23，平均为 0.12；三环萜烷/五环萜烷介于 0.04~0.06，平均为 0.05(图 3-10)。以上反映本类煤岩沉积水体环境较第一类煤岩氧化性减弱，有机质生源中有一定量低等生物贡献。本类煤岩的数量较少，分析样品主要集中在西山窑组。本类煤岩区分于其他煤岩的特征为较低的 *Pr/Ph* 值，含有一定数量的孕甾烷、升孕甾烷与三环萜烷。

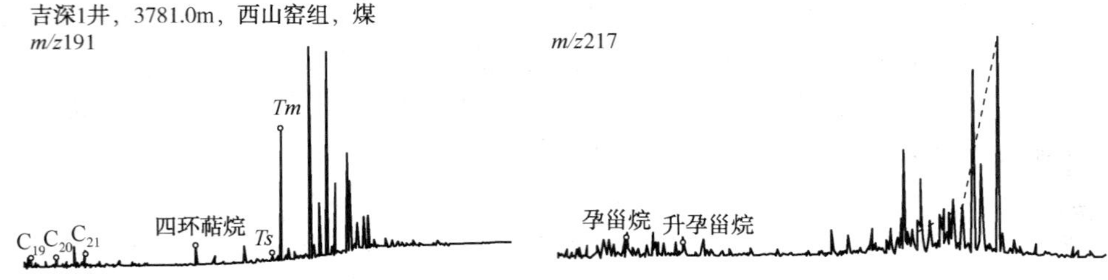

图 3-10　水西沟群Ⅱ类煤岩 m/z191 和 m/z217 质量色谱图

3. Ⅲ类煤岩

Ⅲ类煤岩数量最少，仅为西山窑组 3 个样品，不具有普遍意义。其 *Pr/Ph* 值分别为 0.95、1.72 和 1.86，具有较高的孕甾烷、升孕甾烷和三环萜烷含量(图 3-11)。可见，也有极少量煤岩沉积于覆水相对较深的弱还原环境。

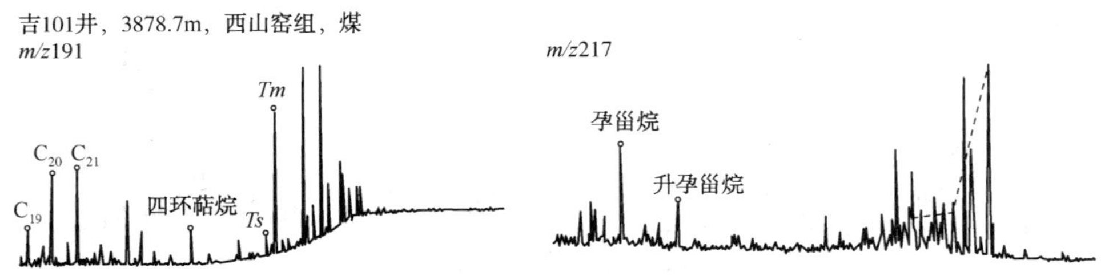

图 3-11　水西沟群Ⅲ类煤岩 m/z191 和 m/z217 质量色谱图

前人对三环萜烷与四环萜烷的生物来源尚有不同认识，但从台北凹陷水西沟群煤系烃源岩的饱和烃生物标志化合物分析看，三环萜烷与四环萜烷应具有一定的同源关系，如A类泥岩、B类泥岩与Ⅲ类炭质泥岩、Ⅲ类煤岩都具有相对较高丰度的三环萜烷和四环萜烷，而D类泥岩、Ⅰ类炭质泥岩和Ⅰ类煤岩都具有很低丰度的三环萜烷和四环萜烷；尤其是在多数的煤和炭质泥岩样品中，三环萜烷与四环萜烷不甚发育，只在少数泥岩、煤和炭质泥岩中富集。所以，二者可能都指示菌藻类生源。从样品分布比例看，菌藻类生源含量高的煤岩所占比例很少，以高等植物生源占绝对优势的腐殖煤为主，即Ⅰ类煤岩(西山窑组65.0%的样品，下侏罗统86%的样品)。而且，本次分析的泥岩样品，也以高等植物生源为主的C类和D类泥岩居多。

第四章　煤系烃源岩发育条件

第一节　煤系泥岩发育条件

烃源岩的形成条件包括烃源岩的沉积水体环境、有机质生源构成、有机质受到的细菌改造作用、有机质沉积后的保存条件、地层的沉积速率等。沉积环境是影响烃源岩地球化学特征、有效烃源岩分布的重要因素，沉积物的分子生物标志化合物则记录了古环境性质及其演化信息，在古环境的重建方面已经较为成熟。而这些因素同样可体现在无机元素参数组合上，这就为从古环境角度研究烃源岩形成条件开辟了一条新途径。由于西山窑组烃源岩样品数量较多，区域覆盖性较强，可以客观反映其烃源岩形成环境；而下侏罗统岩性样品少且区域覆盖性不强。因此，本书主要通过找出下侏罗统烃源岩与西山窑组烃源岩形成环境上的异同，对比分析下侏罗统烃源岩形成条件与控制因素。为便于研究，统计分析时将三工河组与八道湾组合并为下侏罗统。

一、有机质生源构成

1. 甾烷系列化合物特征

甾烷化合物主要来源于地质历史时期的真核生物体，$\alpha\alpha\alpha 20RC_{27}$、$\alpha\alpha\alpha 20RC_{28}$、$\alpha\alpha\alpha 20RC_{29}$规则甾烷的相对含量关系，可以反映烃源岩的有机质生源构成。台北凹陷水西沟群泥岩中，均以代表高等陆源植物输入的$\alpha\alpha\alpha 20RC_{29}$规则甾烷占优势；但下侏罗统泥岩的$\alpha\alpha\alpha 20RC_{27}$规则甾烷相对含量要略高于西山窑组(图 4-1)。$\alpha\alpha\alpha 20RC_{27}/(C_{27}+C_{28}+C_{29})$参数值显示，八道湾组泥岩分布在 0.11~0.42，平均为 0.24；三工河组泥岩分布在 0.05~0.45，平均为 0.24；西山窑组泥岩分布在 0.06~0.43，平均为 0.18，明显低于下侏罗统泥岩。可见，泥岩有机质生源均以陆源高等植物为主，但下侏罗统泥岩有机质中低等水生生物含量略微高一些。

2. Pr/nC_{17}与Ph/nC_{18}特征

通常情况下，沉积环境与有机质类型相似的烃源岩具有相似的Pr/nC_{17}与Ph/nC_{18}比值。在Pr/nC_{17}与Ph/nC_{18}关系图版中，只有西山窑组和三工河组各一个样品落在Ⅱ型干酪根范围内，其余样品大多数在Ⅲ型干酪根范围，只有较少一

部分在混合型干酪根范围(图 4-2)。因此，三个组的泥岩样品均主要发育于氧化—弱氧化的沉积环境，均以陆源高等植物为主要生源，与甾烷系列化合物组成得出的结论类似。

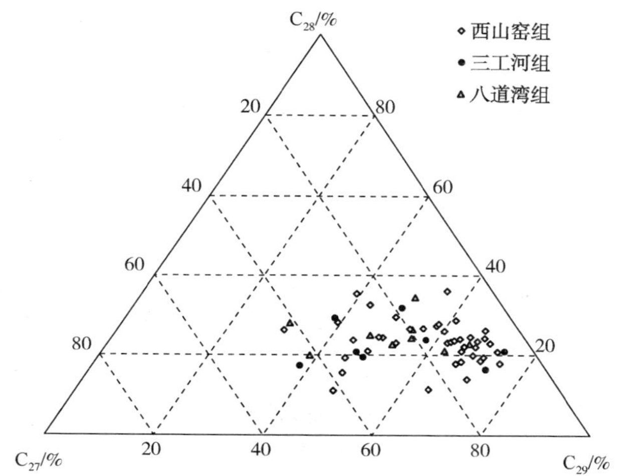

图 4-1 水西沟群泥岩 $\alpha\alpha\alpha 20R(C_{27}-C_{28}-C_{29})$ 规则甾烷相对含量

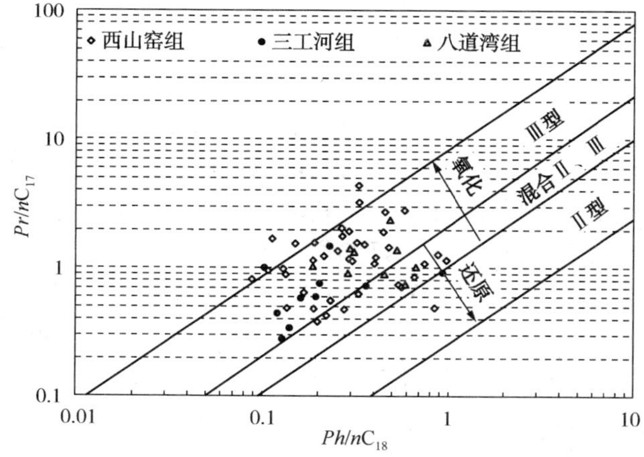

图 4-2 水西沟群泥岩 Pr/nC_{17} 与 Ph/nC_{18} 关系

3. 干酪根碳同位素组成特征

干酪根碳同位素组成可以反映烃源岩有机质的生源构成类型。西山窑组泥岩的干酪根碳同位素组成分布在-24. 7‰~-21. 8‰，平均值为-23. 2‰；三工河组泥岩的干酪根碳同位素组成分布在-26. 2‰~-22. 2‰，平均值为-24. 4‰；八道湾组泥岩的干酪根碳同位素组成分布在-25. 9‰~-22. 2‰，平均值为-24. 7‰；

对比可以发现，下侏罗统三工河组和八道湾组泥岩干酪根碳同位素组成相似，均较西山窑组轻(图4-3)，即三工河组和八道湾组泥岩有机质的形成环境与生源构成相似，而与西山窑组存在差异，下侏罗统泥岩有机质的低等生源贡献较西山窑组多，这与有机质类型分析的结果一致。

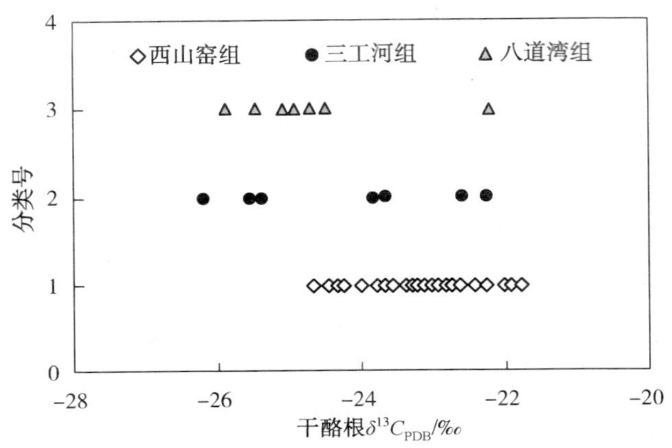

图4-3 水西沟群泥岩干酪根碳同位素组成对比

4. 族组分碳同位素组成特征

在正常条件下，烃源岩氯仿沥青“A”族组分的稳定碳同位素组成饱、芳、非、沥依次变重，但受地质因素的影响，会发生不同程度的倒转现象(张文正，1989；张爱云，1992)。研究区三工河组和八道湾组泥岩发生了部分倒转，即$\delta^{13}C_{芳香烃}>\delta^{13}C_{沥青质}>\delta^{13}C_{非烃}>\delta^{13}C_{饱和烃}$，芳香烃碳同位素最重，与对应的干酪根碳同位素接近(图4-4)。陈践发(1992)研究陕甘宁盆地侏罗系延安组煤系烃源岩指出，芳香烃比非烃要略微富集重碳同位素，可能是成岩过程芳构化作用的结果。分析显示，西山窑组泥岩有一个样品与下侏罗统泥岩相似，两个属于正常碳同位素组成序列，另一个样品碳同位素序列为$\delta^{13}C_{沥青质}>\delta^{13}C_{非烃}>\delta^{13}C_{饱和烃}>\delta^{13}C_{芳香烃}$，且组分碳同位素均低于干酪根碳同位素(图4-4)，可见西山窑组泥岩整体的沉积环境、生源构成等不同于下侏罗统泥岩，且变化幅度较大。有机质中不同组分的碳同位素组成不同，脂类化合物相对于木质素、果胶等会明显富集轻碳同位素(Defines，1980；陈践发，1992)。烃源岩抽提有机质中的饱和烃主要由类脂化合物生成，下侏罗统泥岩的饱和烃碳同位素轻于西山窑组，所以下侏罗统泥岩成烃先质中类脂化合物等较西山窑组多，这种类脂化合物先质的来源可以是藻类，也可以是生物先质遭受降解形成。

5. 正构烷烃单体烃碳同位素组成特征

在正构烷烃单体烃碳同位素组成上，西山窑组泥岩整体要重于下侏罗统泥

岩；在碳数高于25以后，碳同位素组成明显分为两部分，下侏罗统泥岩明显变轻，西山窑组泥岩一个样品变轻，其余两个逐渐变重(图4-5)。煤系烃源岩有机质中混有腐泥组分时，腐殖型干酪根生成的饱和烃正构烷烃单体碳同位素组成会出现随碳数增加而变轻的独特现象(王大锐，1997；Akinlua，2011)。因此，下侏罗统泥岩中腐泥组分较多，而西山窑组泥岩只有个别样品的腐泥组分增多。

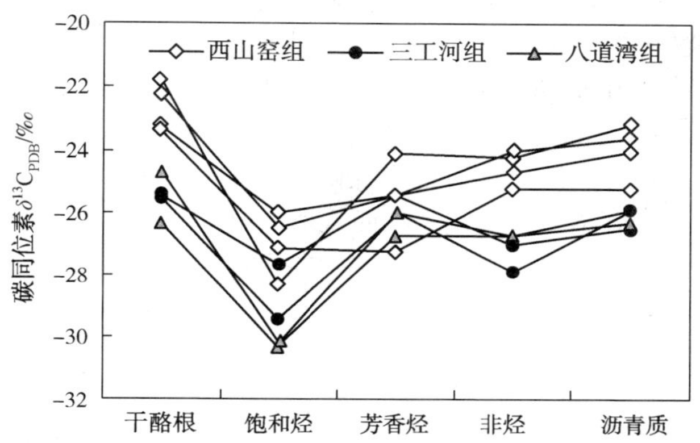

图4-4 水西沟群泥岩干酪根和族组分碳同位素组成对比

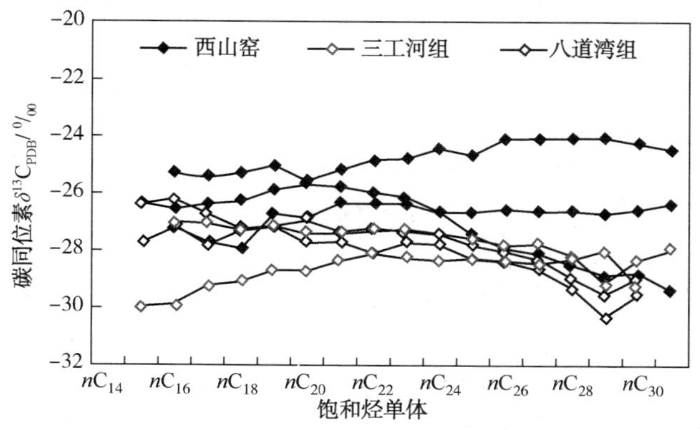

图4-5 水西沟群泥岩正构烷烃单体烃碳同位素组成

多项烃源岩生源构成参数综合分析可得出，台北凹陷水西沟群泥岩有机质生源构成中，下侏罗统泥岩较西山窑组泥岩低等生源贡献多。

二、沉积古环境

烃源岩的沉积古环境研究主要分析影响烃源岩形成的古气候、古盐度、氧化还原性等环境参数。

1. 古气候

古气候是烃源岩沉积的宏观地质环境，会对植物种属、生长繁盛程度等产生影响，进而影响烃源岩的形成。前人对台北凹陷早、中侏罗世古气候研究表明，主要属于有季节性分化而干旱期较短的温暖潮湿环境(李华明，2000)。微量元素 *Sr/Cu* 可以指示湖盆的古气候，*Sr/Cu* 介于 1.3~5.0 为温湿气候，大于 5.0 为干热气候，一般认为 Ti 元素的相对富集指示干旱炎热的气候环境(邓宏文，1993；钱利军，2012)。研究区泥岩的 *Ti/Al* 比值分布相似，表明 Ti 的富集情况相似；但西山窑组泥岩 *Sr/Cu* 比值介于 0.8~10.9，平均为 4.4；下侏罗统泥岩 *Sr/Cu* 比值介于 1.8~4.9，平均为 3.3；西山窑组泥岩 *Sr/Cu* 比值高于 4.0 的样品比例高于下侏罗统泥岩(图 4-6)。可见，整体上两套烃源岩均沉积于温湿的气候环境，但西山窑组泥岩的沉积具有一定干、湿环境交替的现象，而八道湾温湿沉积环境持续性更好一些。

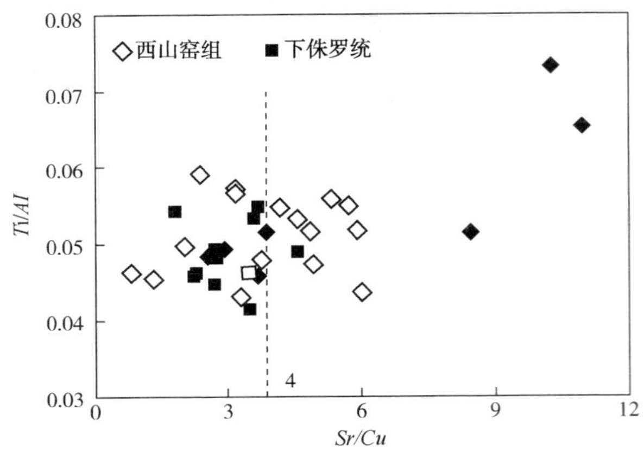

图 4-6 水西沟群泥岩 *Sr/Cu* 比值与 *Ti* 富集系数交汇图

2. 古盐度

无机地球化学参数中，Sr、Ba、Rb 元素是判别沉积水体盐度的重要标志。一般认为，*Sr/Ba* 比值大于 1 表示咸水环境，*Sr/Ba* 比值小于 1.0 表示淡水环境(钱利军，2011)。研究区西山窑组泥岩 *Sr/Ba* 比值介于 0.16~0.34，平均为 0.23；下侏罗统泥岩 *Sr/Ba* 比值介于 0.17~0.30，平均为 0.23，均低于 1.0。伽马蜡烷指数是指示水体分层、水体盐度常用的有机地球化学参数，研究区泥岩样品的低伽马蜡烷指数也指示沉积水体为淡水环境(图 4-7)。在伽马蜡烷指数、*Sr/Ba* 比值交汇图中，两套泥岩样品分布比较集中，数值的分布范围较为一致，可见两套泥岩的沉积水体盐度无明显差异，均为淡水环境。

3. 氧化还原性

1) 无机地球化学参数

众所周知，微量元素 V、Ni 含量以及 V/Ni 是区分海陆相原油常用的标志，

元素 V/(V+Ni)值可反映沉积水体的氧化还原性。腾格尔(2004, 2005)按照其在海洋水柱中的分布形式系统地总结了海相有机质微量元素的特征。其中，营养型元素(C、N、O、Si、P、Cr、Ni、Cu、Zn、Ba 等)在海洋中的分布受生物化学反应控制，但各元素对古生产力的反映程度存在差异；缺氧型元素主要是过渡族的亲铁、亲硫元素，如 V、Ni、Cr、Mn、Mo、Cd、Cu、Zn、U 等，它们在氧化和缺氧条件下具有明显不同的地球化学行为；V、Ni、Mo、Cu、U 等微量元素是指示沉积水体氧化还原性质的常用参数。Hatch(1992)建立了应用 V/(V+Ni)比值，通过反映水体分层性强弱反映氧化还原特性的指标。但对于台北凹陷水西沟群煤系烃源岩发育环境，尤其是当前取心资料发育的位置，均达不到水体分层的程度，因此，不采用此指标。Mo、V、U 等作为氧化还原敏感微量元素，来源单一，沉积、埋藏之后不易发生迁移转化，在沉积岩中的含量受沉积环境的氧化还原性影响明显；当 V、U 富集，Mo 不富集时，可指示沉积环境具有一定还原性(钱利军，2012)。研究中以水西沟群泥岩平均值为背景值，分析各元素的富集情况。分析可见，西山窑组泥岩各项参数与泥岩的平均值接近，而下侏罗统泥岩 V、U 与平均值相似，而 Mo 略显不富集(表 4-1)，该指标显示下侏罗统泥岩沉积环境的缺氧程度要略强于西山窑组泥岩。

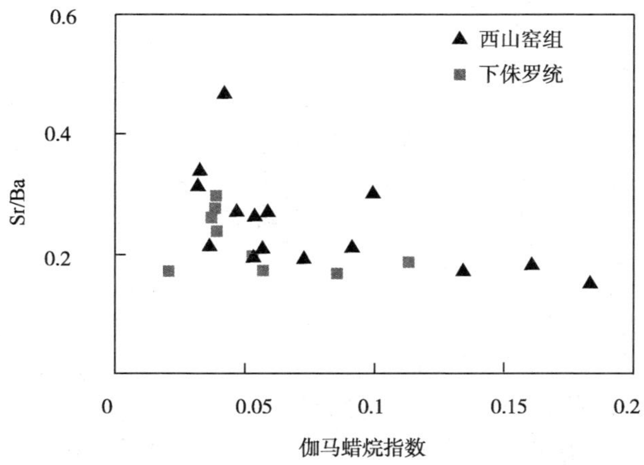

图 4-7 水西沟群泥岩 Sr/Ba 比值与伽马蜡烷指数关系

表 4-1 水西沟群泥岩 V、U、Mo 元素含量

项目	V/(μg/g)	U/(μg/g)	Mo/(μg/g)
所有泥岩	79.4~170.0 (118.4)	2.0~4.9 (3.1)	0.4~2.8 (1.2)
西山窑组泥岩	79.4~170.2 (118.3)	2.0~4.9 (3.2)	0.4~3.9 (1.3)

续表

项目	V/(μg/g)	U/(μg/g)	Mo/(μg/g)
下侏罗统泥岩	102.1~140.2 (118.7)	2.3~3.6 (3.0)	0.5~1.0 (0.7)

注：分子为数值分布范围，分母为平均值，括号内为样品数量。

2）有机地球化学参数

在烃源岩成熟度相近的条件下，*Pr/Ph* 值可以指示有机质沉积环境的氧化还原性，比值越大，则古环境沉积水体的氧化性越强。西山窑组泥岩 *Pr/Ph* 值分布在 0.5~7.8，平均为 3.0，表明沉积环境氧化性较强；三工河组与八道湾样品数量较少，将二者合并为下侏罗统进行统计分析显示，两套地层泥岩的 *Pr/Ph* 值主要分布在 1~5，但下侏罗统泥岩 *Pr/Ph* 值在 1~3 的分布频率较高，而在 3~5，西山窑组泥岩所占比例略偏高(图 4-8)，表明下侏罗统泥岩沉积环境较西山窑组泥岩氧化性偏弱。

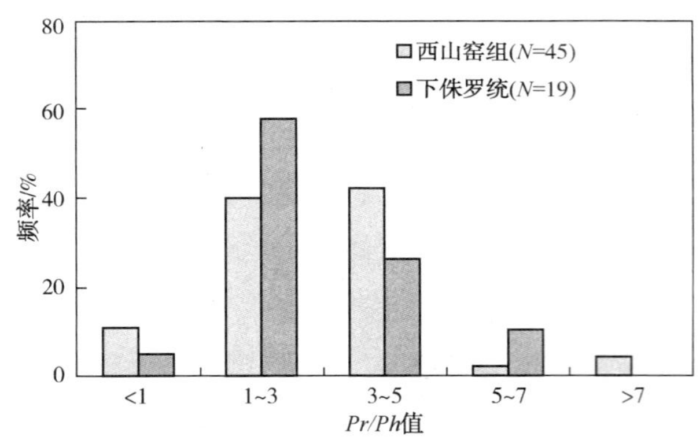

图 4-8　水西沟群泥岩抽提物 *Pr/Ph* 值分布

烃源岩中杂环芳香烃组成及其相对含量与沉积环境的氧化还原性有一定的关系。二苯并噻吩(硫芴)与二苯并呋喃(氧芴)化学结构相似，前者含硫，高含量可指示沉积环境的还原性；后者含氧，高含量可指示沉积环境的氧化性(卢双舫，2017)。研究区水西沟群煤系泥岩样品中，氧芴相对含量明显占优势，表明泥岩沉积环境以氧化性为主，在本参数上基本无差异(图 4-9)。

综上所述，两套泥岩沉积时的气候环境、水体盐度基本一致，但沉积水体的氧化还原性方面有一定的差别。就目前实验样品分析，台北凹陷水西沟群泥岩以偏氧化环境下的陆源有机质生源输入为主，但下侏罗统弱氧化环境下的泥岩中，低等生源贡献要较西山窑组泥岩高，进而也表明两套泥岩中有机质富集机制还是存在一定的差异。

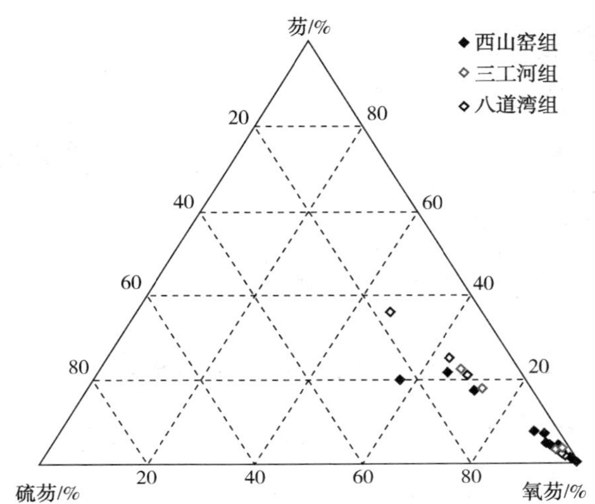

图 4-9 水西沟群泥岩抽提物中芴、氧芴、硫芴相对含量三角图

三、泥岩有机质富集机制

泥岩作为烃源岩，不仅要具有较高的有机质丰度，还要具有一定的富氢程度，前者主要决定烃源岩的生烃量，后者则主要决定烃源岩的生烃性质。因此，高有机质丰度与高氢指数是优质烃源岩两个基本特征。烃源岩有机质富集机制的研究主要考虑有机质的供给能力、保存条件和沉积速率等因素。

1. 有机质供给条件

1）有机地球化学分析

台北凹陷水西沟群沼泽环境的发育，为各类烃源岩的形成提供了较为充足的有机质来源。对于典型湖相泥质烃源岩，较低的 *Pr/Ph* 值对应弱氧化—还原环境，有利于有机质的沉积保存。但对本区西山窑组泥岩研究发现，正常坐标系下，泥岩有机质丰度与 *Pr/Ph* 值有较好的正相关关系，在双对数坐标系下，正相关关系更为明显(图 4-10)，即在统计意义上，西山窑组高有机质丰度泥岩往往对应着较高的 *Pr/Ph* 值。*Pr/Ph* 值作为常用的地球化学参数，可以反映烃源岩的沉积环境，也可以指示有机质生物来源。泥岩 *TOC* 与 *Pr/Ph* 值呈正比，说明西山窑组泥岩有机质以偏氧化环境下的高等植物输入为主。

分析 $\alpha\alpha\alpha 20RC_{27}$、$\alpha\alpha\alpha 20RC_{29}$ 甾烷相对含量与泥岩 *TOC* 关系发现，泥岩 *TOC* 与 $\alpha\alpha\alpha 20RC_{29}$ 甾烷相对含量具有一定的正相关性，高有机质丰度泥岩多对应较高的 $\alpha\alpha\alpha 20RC_{29}$ 甾烷含量；而与 $\alpha\alpha\alpha 20RC_{27}$ 甾烷含量间则相反，二者具有一定的负相关性(图 4-11)。以上分析可以说明，台北凹陷西山窑组泥岩有机质主要以沼泽环境的高等植物输入为主，是西山窑组泥岩中有机质富集的控制的因素之一。

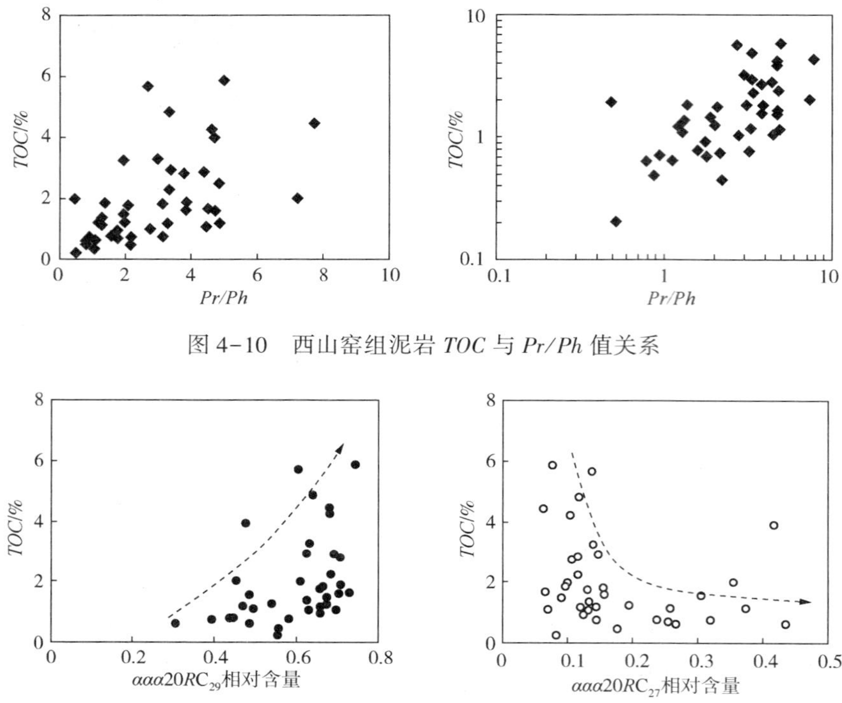

图 4-10 西山窑组泥岩 *TOC* 与 *Pr/Ph* 值关系

图 4-11 西山窑组泥岩 *TOC* 与 $\alpha\alpha\alpha20RC_{27}$ 甾烷、$\alpha\alpha\alpha20RC_{29}$ 规则甾烷相对含量关系

而对于下侏罗统现有泥岩岩心样品，由于数量较少，泥岩 *TOC* 与 *Pr/Ph* 值关系(图 4-12)、*TOC* 与 $\alpha\alpha\alpha20RC_{27}$ 甾烷、$\alpha\alpha\alpha20RC_{29}$ 甾烷含量关系不甚明显，但整体上具有与西山窑组泥岩类似的关系(图 4-13)。可见，沼泽环境的发育对伴生泥岩有机质的富集具有重要意义，沼泽环境为煤系泥岩提供了主要的高等植物来源。

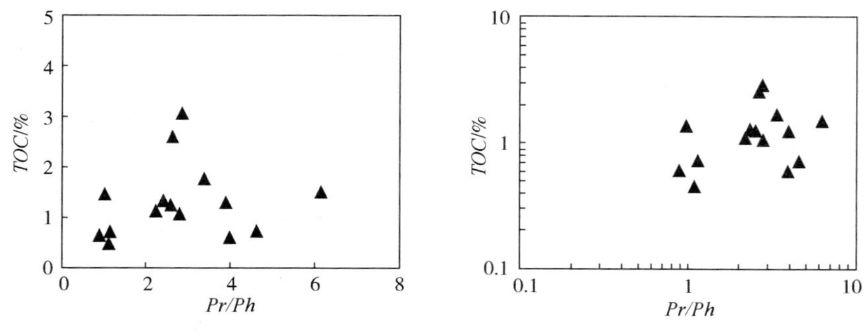

图 4-12 下侏罗统泥岩 *TOC* 与 *Pr/Ph* 值关系

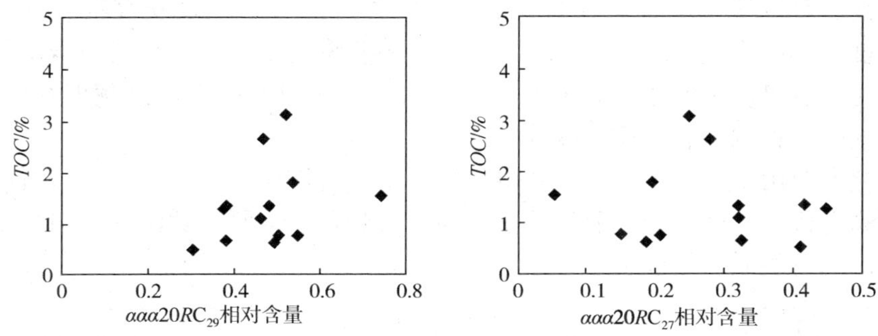

图 4-13 下侏罗统 *TOC* 与 $\alpha\alpha\alpha 20RC_{27}$ 甾烷、$\alpha\alpha\alpha 20RC_{29}$ 规则甾烷相对含量关系

2）无机常量元素分析

烃源岩中常量元素铁(Fe^{2+})的相对含量可指示沉积水体的氧化还原性质，也可定性指示沉积环境的低等生源生产力，一般认为湖相泥岩中，高含量的 Fe^{2+} 往往与优质烃源岩发育环境相对应(徐同台，2003)。对泥岩铁含量做归一化处理，去除陆源物质的影响，分析泥岩 *TOC* 与 Fe^{2+} 相对含量的关系，西山窑组泥岩有机质丰度随 Fe^{2+} 的富集程度增强而降低(图 4-14)，而下侏罗统泥岩中二者则呈正相关关系(图 4-15)，表明西山窑组泥岩的有机质的富集受偏氧化性的沼泽环境控制，而下侏罗统泥岩具有一定湖相泥岩有机质富集机制的特征，受水体的还原性影响比较明显。

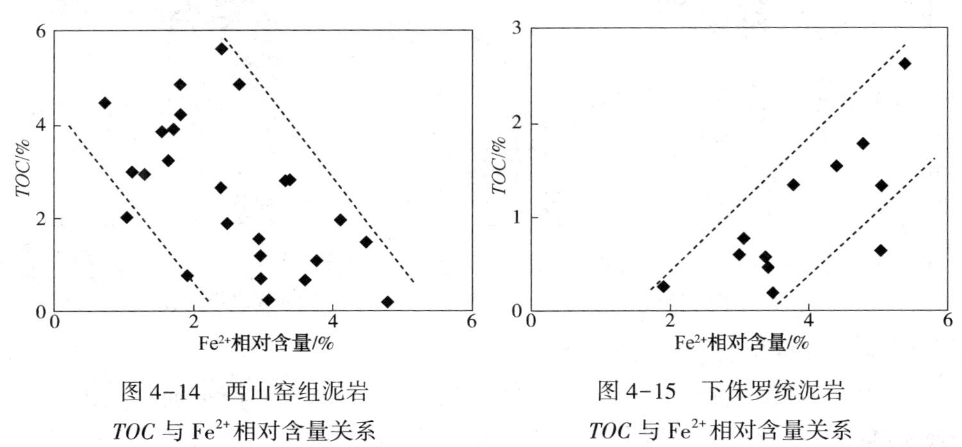

图 4-14 西山窑组泥岩 *TOC* 与 Fe^{2+} 相对含量关系

图 4-15 下侏罗统泥岩 *TOC* 与 Fe^{2+} 相对含量关系

3）地质剖面分析

对西山窑组泥岩密集取样分析显示，当泥岩与大套煤岩共生时，其有机质丰度并不高，如吉 5 井西山窑组二段底部发育厚度约 30m 的煤层，其下部紧邻的泥岩有机质丰度普遍低于 2%，甚至低于 1%(图 4-16)。而与薄煤层(或炭质泥岩)

互层的泥岩有机质丰度普遍提高，如柯 191 井西山窑组二段发育紧邻的三套煤岩，厚度分别约为 1.0m、1.25m 和 1.0m，再下部还发育一套炭质泥岩层，与其伴生的泥岩有机质丰度普遍大于 2%(图 4-17)。可见，薄煤层的频繁互层发育，有利于期间沉积泥岩有机质丰度的提高。

因此，西山窑组中发育连续的厚煤层或不发育煤层，均不利于泥岩有机质的富集，高有机质丰度泥岩主要发育于与薄煤层频繁互层共生的沼泽环境，受控于沼泽相的高有机质供给能力。

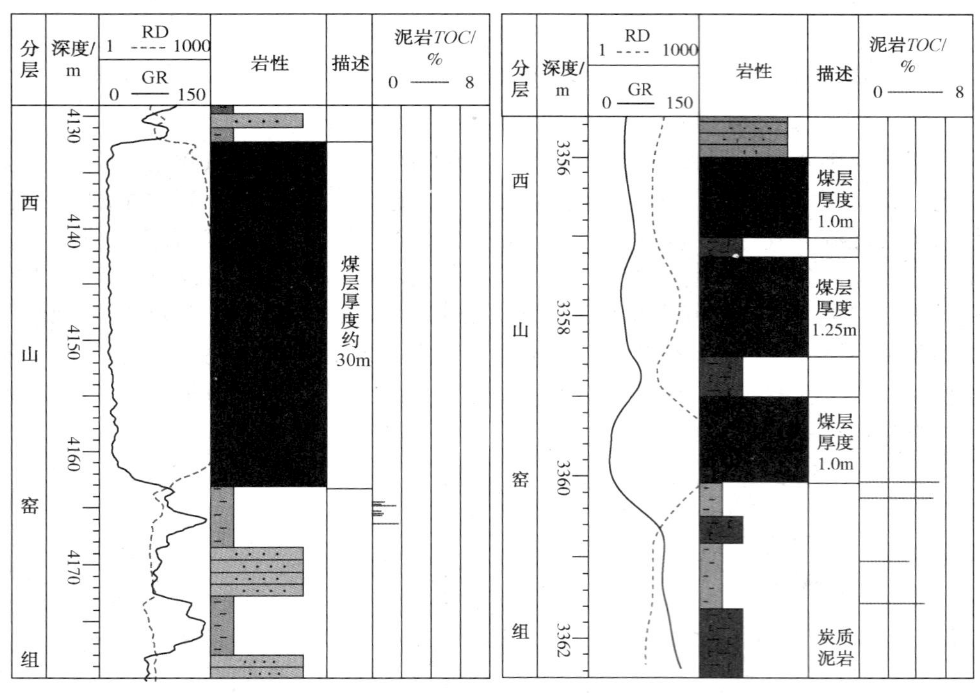

图 4-16　西山窑组与厚煤层伴生的泥岩有机质丰度分布

图 4-17　西山窑组与薄煤层伴生的泥岩有机质丰度分布

2. 沉积稀释作用

海相沉积中沉积速率与烃源岩有机质丰度的关系主要有两种观点：其一，沉积速率越高，烃源岩有机质丰度越高，认为沉积速率越大，烃源岩中有机质被降解的时间越短，有机质丰度越高；反之，有机质与氧气接触时间越长，烃源岩有机质丰度越低(Heath，1977；Muller，1979；Henrichs，1987)。其二，沉积速率越高，越不利于烃源岩有机质的富集，即高沉积速率不利于烃源岩形成；相关学者认为高沉积速率带来的大量碎屑物质会稀释烃源岩中的有机质，沉积速率越

高，烃源岩有机质丰度越低；如黑海中高沉积速率的地区烃源岩有机质丰度明显低，认为高沉积速率下烃源岩有机质丰度低，优质烃源岩一般发育于低沉积速率地区，尤其是沉积速率小于 1cm/ka 的深海沉积中(Louth，1988；Arthur，1998)。沉积速率与烃源岩有机质丰度不是简单的线性关系，沉积稀释作用主要受地层沉积速率的控制，前人研究研究表明，沉积速率一般在 3～15cm/ka 时，最有利于有机质的富集(侯读杰，2011)。丁修建(2015)研究二连盆地湖相沉积中沉积速率与烃源岩有机质丰度的关系认为，沉积速率低于 5cm/ka 时，氧化环境中沉积速率与有机质丰度为明显的正相关关系，随着沉积速率的增高有机质丰度明显增大；还原环境中沉积速率与有机质丰度相关性差，沉积速率对烃源岩有机质丰度影响较小；沉积速率高于 5cm/ka 时，古生产力低的湖盆中沉积速率与有机质丰度为明显的负相关关系，古生产力大的湖盆中沉积速率与有机质丰度相关性差，沉积速率对烃源岩有机质丰度影响较小。

台北凹陷受博格达山逆冲推覆作用影响较大，北部山前带地区一些井的地层厚度异常，可能有地层重复的影响。所以，选取地层界限特征明显，没有地层重复的探井，计算了单井沉积速率和对应的泥岩 *TOC* 均值。研究区西山窑组沉积速率基本均大于 5cm/ka，沉积速率在 10～12cm/ka 时，*TOC* 出现高值，沉积速率再增加，*TOC* 会显著下降(图 4-18)。这说明，西山窑组整体的沉积速率很高，在沉积速率达到 10cm/ka 之前，泥岩中有机质逐渐富集，表明此阶段偏氧化环境下，较高的沉积速率有利于有机质的快速埋藏保存；当沉积速率高于 12cm/ka 后，泥岩中有机质逐渐被稀释，不利于有机质的富集。钻穿下侏罗统的探井较少，岩心分析数据也不足，未能分析。

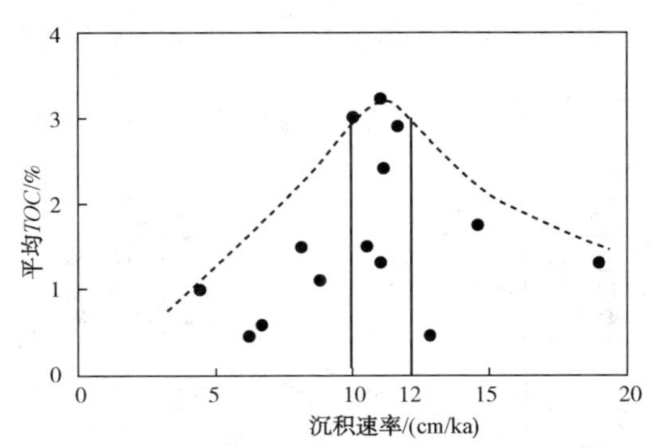

图 4-18　台北凹陷西山窑组沉积速率与泥岩 *TOC* 关系

四、泥岩有机质富氢机制

泥岩有机质的富氢程度是反映泥岩有机质类型、倾油气性的指标，可以用氢指数(*HI*)来表征。

1. 有机地球化学分析

研究发现，台北凹陷西山窑组泥岩的氢指数与 Pr/Ph 值表现出与泥岩有机质丰度极其类似的关系(图 4-19)；高氢指数泥岩样品多对应于高 $\alpha\alpha\alpha20RC_{29}$ 甾烷含量和低 $\alpha\alpha\alpha20RC_{27}$ 甾烷含量(图 4-20)。所以，西山窑组泥岩的富氢组分含量也受到偏氧化环境、高等植物输入为主的沼泽环境制约。Tissot(1984)在研究高蜡石油成因时指出，其油源岩形成于覆水较浅的湖泊或滨浅海地区，沉积有机质周期性暴露于空气中，受到氧化或微生物改造作用，纤维素可被分解、木质素可被真菌改造，而保存下来的是相对稳定的富氢类脂组分。

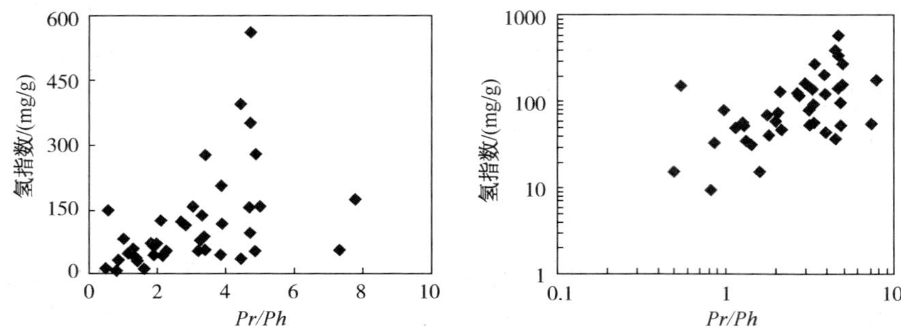

图 4-19 西山窑组泥岩氢指数与 Pr/Ph 值关系

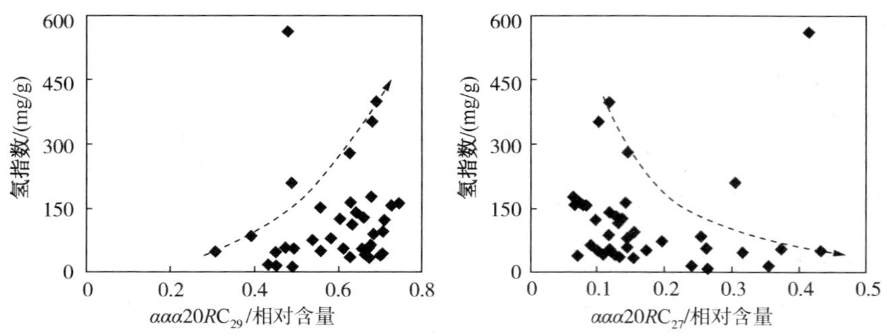

图 4-20 西山窑组泥岩氢指数与 $\alpha\alpha\alpha20RC_{27}$、$\alpha\alpha\alpha20RC_{29}$ 规则甾烷相对含量关系

而对于下侏罗统泥岩则不同，高氢指数泥岩并不与较高的 Pr/Ph 值相对应(图 4-21)，同时，高氢指数泥岩对应着较低的 $\alpha\alpha\alpha20RC_{29}$ 甾烷含量和较高 $\alpha\alpha\alpha20RC_{27}$ 甾烷含量(图 4-22)。这表明，下侏罗统泥岩的富氢机制与西山窑组泥岩有差别，即下侏罗统泥岩中低等生源贡献比重，可能是影响其富氢程度的主要原因。

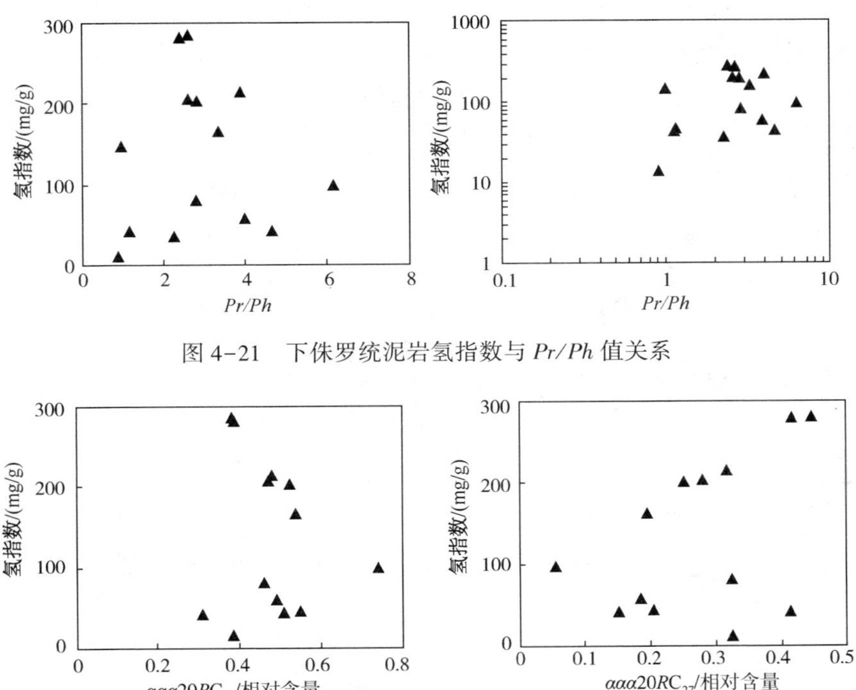

图 4-21　下侏罗统泥岩氢指数与 *Pr/Ph* 值关系

图 4-22　下侏罗统泥岩氢指数与 $\alpha\alpha\alpha20RC_{27}$、$\alpha\alpha\alpha20RC_{29}$规则甾烷相对含量关系

2. 无机常量元素分析

依然采用常量元素铁(Fe^{2+})进行分析。分析显示，西山窑组泥岩氢指数随 Fe^{2+}的富集程度增强而逐渐降低(图 4-23)；下侏罗统泥岩中，二者则呈较好的正相关关系，与西山窑组明显不同(图 4-24)。这表明，西山窑组煤系泥岩有机质的富氢受偏氧化性的沼泽环境控制，而下侏罗统泥岩具有一定湖相泥岩有机质富氢机制的特征，受水体的还原性影响比较明显。

结合沉积相研究成果分析显示，西山窑组滨湖沼泽相沉积的泥岩，其机质丰度高，而且氢指数也较高，是西山窑组较高质量泥岩发育的主要沉积相带。因此，西山窑组泥岩是在偏氧化环境下，陆源高等植物充分供给，且受到次生改造，富氢组分增加，形成较高质量的泥岩烃源岩。

总之，对于西山窑组煤系泥岩，其有机质丰度、富氢程度主要受控于沼泽环境；下侏罗统岩心样品主要采自盆地斜坡部位，也是沼泽环境发育的主要区域，就现有岩心样品分析，其泥岩的有机质丰度、富氢程度的控制因素与西山窑组存在差异。在有机质生源构成上，下侏罗统泥岩中低等生源的贡献较西山窑组高。

低等生源有机质在泥岩中富集机理与陆源高等植物为主的有机质不同，受还原—弱还原环境下的低等生源供给影响更明显，水体变深、沉积环境偏还原时更为有利。因此，可以推测下侏罗统沉积时，水体较深的弱还原—还原环境，也可发育有机质类型较好，生烃潜力大的泥岩。

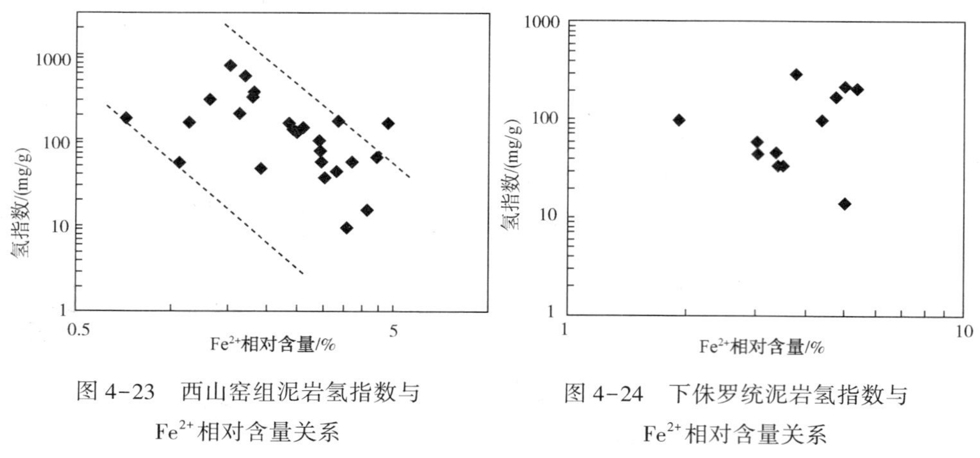

图 4-23　西山窑组泥岩氢指数与 Fe^{2+} 相对含量关系

图 4-24　下侏罗统泥岩氢指数与 Fe^{2+} 相对含量关系

第二节　炭质泥岩与煤发育条件

炭质泥岩与煤岩均形成于泥炭沼泽环境，钻井取心与单井岩性剖面也表明炭质泥岩多与煤层共生，煤岩发育的地区往往也是炭质泥岩发育区。因此，二者可以同时分析。

一、有机质生源构成

1. 甾烷系列化合物特征

下侏罗统炭质泥岩 $\alpha\alpha\alpha 20RC_{29}/(C_{27}+C_{28}+C_{29})$ 值分布在 0.57~0.71，平均值为 0.63；西山窑组炭质泥岩该参数值分布在 0.41~0.78，平均为 0.64。下侏罗统煤岩分布在 0.53~0.73，平均值为 0.65；西山窑组煤岩分布在 0.50~0.83，平均值为 0.67。两套烃源岩不同岩性在该参数上无明显差别。在 $\alpha\alpha\alpha 20RC_{27}$、$\alpha\alpha\alpha 20RC_{28}$、$\alpha\alpha\alpha 20RC_{29}$ 规则甾烷相对含量组成三角图上，其差异也不明显，均以代表陆源高等植物输入的 $\alpha\alpha\alpha 20RC_{29}$ 规则甾烷占优势，但下侏罗统炭质泥岩、煤岩的 $\alpha\alpha\alpha 20RC_{29}$ 规则甾烷相对含量要略低于西山窑组(图 4-25)。

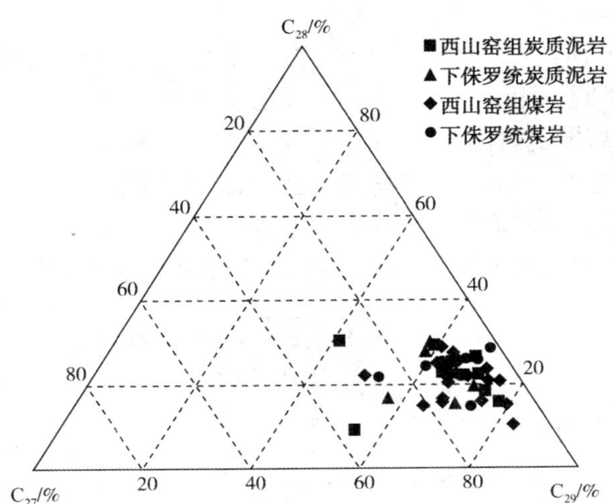

图 4-25 水西沟群炭质泥岩、煤岩 $\alpha\alpha\alpha 20R(C_{27}-C_{28}-C_{29})$ 规则甾烷相对百分含量

2. 干酪根碳同位素组成特征

西山窑组炭质泥岩的干酪根碳同位素 $\delta^{13}C_{PDB}$(‰)分布在-24.3‰~-21.6‰，平均值为-23.5‰；下侏罗统炭质泥岩的干酪根碳同位素 $\delta^{13}C_{PDB}$(‰)分布在-26.3‰~-23.5‰，平均值为-25.0‰(图 4-26)。西山窑组煤岩的干酪根碳同位素 $\delta^{13}C_{PDB}$(‰)分布在-24.4‰~-22.6‰，平均值为-23.6‰；下侏罗统煤岩的干酪根碳同位素 $\delta^{13}C_{PDB}$(‰)分布在-26.6‰~-23.8‰，平均值为-25.2‰(图 4-27)。对比可以发现，西山窑组炭质泥岩、煤岩干酪根碳同位素组成较下侏罗统偏重。这表明下侏罗统炭质泥岩、煤的生源构成、沉积环境与西山窑组存在一定差异。

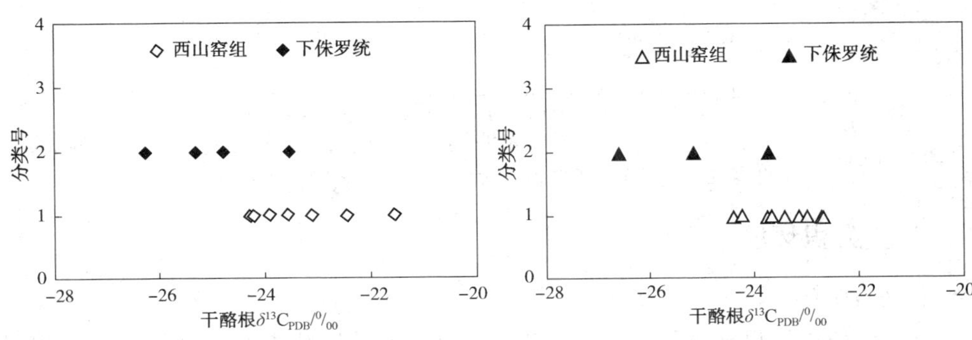

图 4-26 炭质泥岩干酪根碳同位素组成

图 4-27 煤岩干酪根碳同位素组成

3. 正构烷烃单体烃碳同位素组成特征

在正构烷烃单体烃碳同位素组成上，西山窑组炭质泥岩要明显重于八道湾组炭质泥岩，其中，八道湾组一个样品在正构烷烃碳数高于21以后，碳同位素明显变轻，而西山窑组炭质泥岩样品碳同位素略微变重(图4-28)。对于煤岩，随单体烃碳数增加，西山窑组煤岩的一个样品碳同位素组成基本保持不变，另一个样品碳同位素明显由轻变重；而八道湾组的样品具有变轻的趋势(图4-29)。这表明八道湾组炭质泥岩、煤岩有机质中低等生物形成的腐泥组分均较西山窑组多。

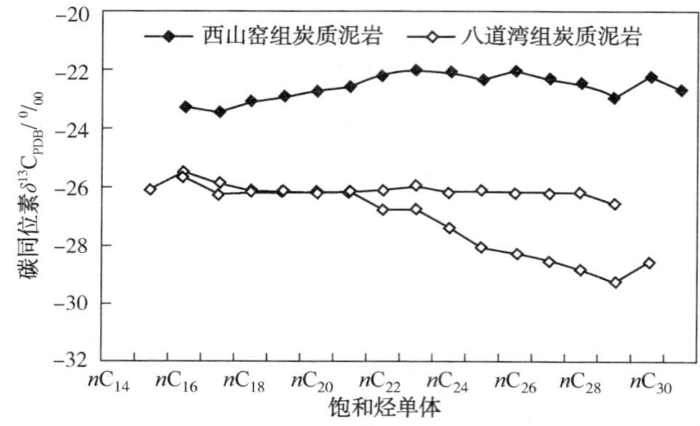

图4-28　水西沟群炭质泥岩正构烷烃单体烃碳同位素组成

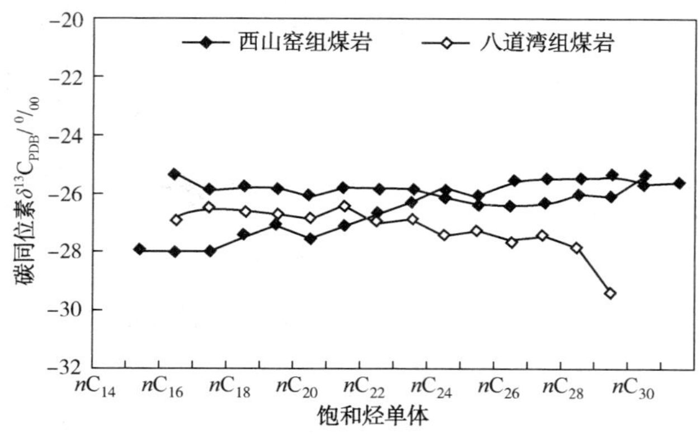

图4-29　水西沟群煤岩正构烷烃单体烃碳同位素组成

二、沉积环境

1. *Pr/Ph* 值特征

Pr/Ph 值可以反映沉积环境的氧化还原性，台北凹陷水西沟群的煤和炭质泥岩均具有高 *Pr/Ph* 特征(图4-30、图4-31)，沉积环境主体为强氧化环境。西山

窑组炭质泥岩 *Pr/Ph* 值主要分布在 3.0~5.0，平均为 3.9；下侏罗统炭质泥岩 *Pr/Ph* 值分布峰值不明显，平均为 3.5；西山窑组与下侏罗统炭质泥岩 *Pr/Ph* 值在 3.0~7.0 的分布频率较高，西山要组炭质泥岩 *Pr/Ph* 值分布较下侏罗统集中（图 4-30）。西山窑组煤岩 *Pr/Ph* 值分布在 1.0~9.3，平均为 4.5；下侏罗统煤岩 *Pr/Ph* 值分布在 2.0~12.4，平均为 6.4，下侏罗统煤岩的 *Pr/Ph* 值整体要高于西山窑组（图 4-31）。前文揭示，西山窑组煤岩氢指数平均为 238mg/g，下侏罗统煤岩氢指数平均为 289mg/g，也明显高于西山窑组。

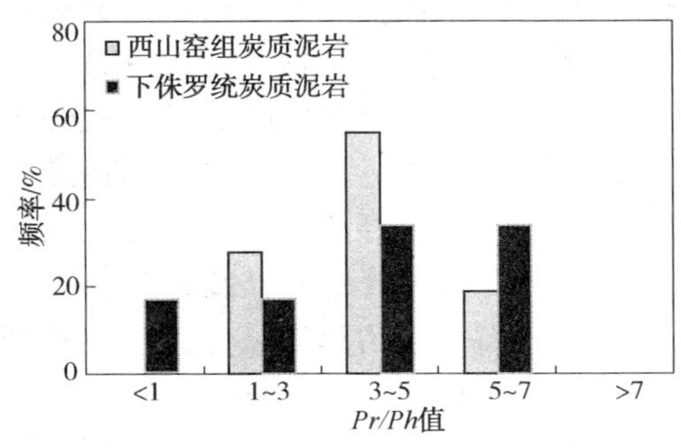

图 4-30　炭质泥岩 *Pr/Ph* 值分布

西山窑组煤岩
下侏罗统煤岩
频率/%
80
60
40
20
0
<1
1~3
3~5
5~7
>7
Pr/Ph值

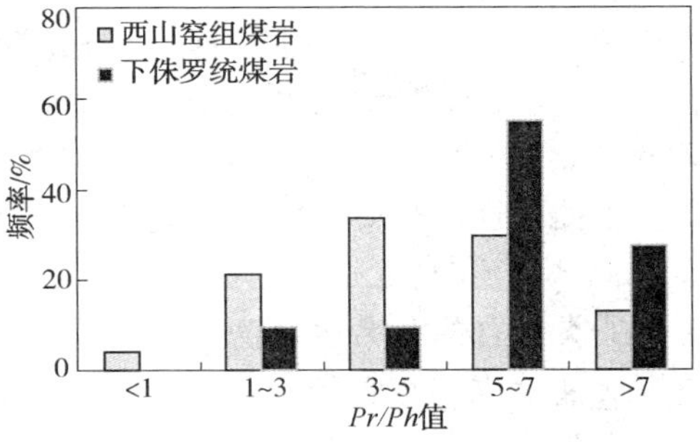

图 4-31　煤岩 *Pr/Ph* 值分布

2. Pr/nC_{17}与 Ph/nC_{18}特征

在炭质泥岩与煤岩的 Pr/nC_{17}与 Ph/nC_{18}关系图中，仅有西山窑组两个煤样和一个下侏罗统炭质泥岩样品落在Ⅱ型或混合型干酪根区域，其余所有样品均在Ⅲ型干酪根范围，以陆源高等植物生源输入为主，同时也说明三个组的炭质泥岩、煤岩样品均大多数沉积于氧化—弱氧化的沉积环境（图 4-32）。

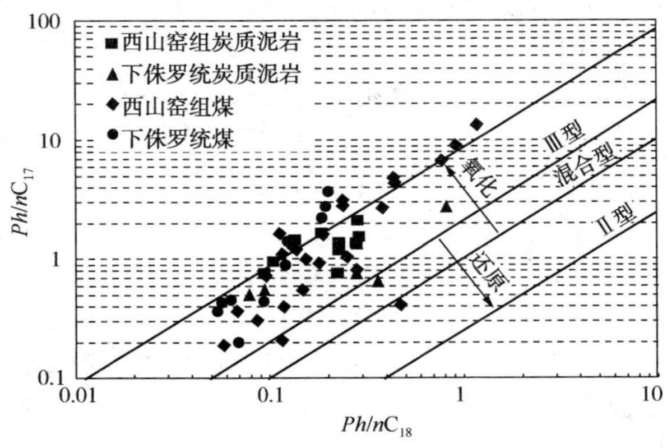

图 4-32　水西沟群炭质泥岩、煤岩样品 Pr/nC_{17}与 Ph/nC_{18}关系

第三节 煤系烃源岩发育特征

对于吐哈盆地煤系烃源岩发育条件的研究，赵长毅(1998，a，b)将煤层划分出四种煤相类型：干燥森林沼泽相、潮湿森林沼泽相、流水沼泽相及开阔水体沼泽相，沉积水介质条件从氧化到弱氧化—弱还原环境相似，再到还原环境，富氢显微组分含量不断增加，生油能力逐渐变好；开阔水体沼泽相应发育好生油煤，流水沼泽相是煤成油源岩发育的最有利相带。对应煤系泥岩，同样可以划分为上述四种沉积有机相，流水沼泽有机相的泥岩生烃能力最强(赵长毅，1998b)。从中可以看出，成烃最有利的泥岩和煤岩发育环境相似。孙永革(2002)认为成煤古环境对煤成烃生成具有控制作用，沼泽环境覆水越深，煤中有机质富氢程度越高，生油气性能越好，裂解产物表现为正构烷烃和正构烯烃相对含量增加，以低苯酚/辛烷值和高氢指数为特征；反之，煤中有机质氢含量越低，裂解产物以高含量酚类化合物和芳香烃为特征，生油气性能差；覆水型沼泽应是煤成烃，特别是煤成油生成的有利相带。程克明(2004)认为水进相煤由于其形成于还原环境，煤中类脂组分保存较好且含量较高，如煤中稳定组分及腐泥组分；水进相煤凝胶化作用较强，煤中镜质组含量较高，一般在70%~80%及以上，且其基质镜质体尤为发育；吐哈盆地中、下侏罗统煤中主要生烃贡献组分即为基质镜质体。在吐哈盆地煤系烃源岩形成条件研究中，众多学者都指出了生物化学阶段细菌等微生物对沉积有机质强烈降解改造作用，泥炭化作用过程中沼泽水愈还原，厌氧细菌愈发育，并对有机质的改造愈强烈，氢的富集程度亦愈高。基质镜质体由凝胶物(包括腐殖物质，特别是壳质体碎屑)转化而来，吐哈盆地煤系烃源岩干酪根基质镜质体内含自生石英，光性与沥青质体过渡，表明细菌等微生物的强烈降解改造作用，从而造成本区基质镜质体的富氢性质(赵长毅，1994)。因此，生物化学作用过程中，沼泽水介质的还原程度决定了煤的富氢性；另一方面，由于细菌的影响，沉积有机质中的硫氮和氧被消耗，可提高其高生烃潜量的各种显微组分(壳质组惰质组和镜质组)的相对丰度；细菌类脂物或微生物量很可能对陆源干酪根成烃更有意义(胡社荣，1997；赵长毅，1999；黄第藩，1999)。

通过本次研究可知，台北凹陷水西沟群煤系烃源岩发育于温暖潮湿的气候环境，沉积水体主要为弱氧化—氧化环境，有机质的供给以陆源高等植物为主；但下侏罗煤系统烃源岩，表现出与西山窑组不同的特性，即沉积环境的氧化性偏弱，低等生源贡献偏高，尤其是泥岩。台北凹陷在西山窑组沉积时期，湖盆地势平缓，沉积水体较浅，煤层厚度与分布变化可作为沉积水体深浅变化、沼泽环境发育的良好指标。根据现有单井岩性剖面，台北凹陷西山窑组煤层普遍发育，只

是靠近沉积中心区，煤层变少、变薄，在凹陷的边部煤层累计厚度大，表明凹陷区水体较深但也可有薄煤层的发育，不应有半深湖沉积的发育，最深处可能也只达到浅湖的水体深度。

台北凹陷下侏罗统（八道湾组为主）的沉积是在继承三叠系断陷湖盆基础上发展的，由于沉积水体变浅、植物繁盛，发育了沼泽环境，但台北凹陷下侏罗统煤层的发育，无论是累计厚度还是分布范围明显不及西山窑组。从泥岩类型分布看，A 类泥岩在下侏罗统发育频率最高，而典型滨湖沼相的 D 类泥岩发育很少。现有岩心分析，A 类泥岩 *Pr/Ph* 值最低，孕甾烷、升孕甾烷和三环萜烷相对含量最高，但有机质丰度也最低。产生这种现象的原因可能是，下侏罗统沉积时水体深度较西山窑组沉积时明显加深。三角洲前缘是煤层、炭质泥岩发育的主要部位。由于下侏罗统沉积时，地形较陡，滨湖沼泽相带发育较窄。同时，河流沼泽发育，河水对沼泽相有机质的携带能力增强，可将沼泽相中的高等植物碎屑（碎屑壳质体、基质镜质体等）带入湖盆的较深水区，导致在深洼区发育的泥岩，其有机质生源构成中，既包括原地的低等生物，还有随河流搬运而来的沼泽环境下的高等植物碎片。A 类泥岩有机质丰度偏低，可能是其高效的生排烃作用导致的。所以，下侏罗统沉积时期，推测在台北凹陷煤岩不发育的深洼区，可能发育丰度高、类型好的泥岩，可作为有效的油气源岩。

第五章　致密砂岩储层特征与评价

吐哈盆地台北凹陷中下侏罗统煤系致密砂岩油气勘探开发程度，在区域上并不均衡，部分地区储层段钻井取心、实验分析数据有限。因此，本部分仅对重点地区致密砂岩储层开展研究。台北凹陷水西沟群致密砂岩储层，自下而上主要发育于八道湾组、三工河组和西山窑组一段、二段。根据现有钻井取心资料，考虑到南北双向物源性质的影响，将各个洼陷分为南北两个部分，分层段进行对比分析。根据煤和炭质泥岩发育程度，吐哈盆地水西沟群储层分为两大类：含煤储层(J_1b、J_2x^{1+2})和弱含煤储层(J_1s)。含煤沉积体系的煤和炭质泥岩较发育，水质呈弱酸性；非含煤沉积体系沉积时，气候也相对干燥，水介质偏碱性，导致它们后来的埋藏成岩作用特征与孔隙演化有较大的差异性，表现在储层物性和孔隙结构上非或弱含煤砂岩储层好于含煤砂岩储层。

第一节　储层基本特征

一、储层岩石学特征

1. 八道湾组

小草湖洼陷没有取得八道湾组储层岩心样品，故只分析丘东洼陷和胜北洼陷。两个洼陷八道湾组致密砂岩储层的岩石粒度整体均较粗，以砂砾岩、中粗粒砂岩、不等粒砂岩为主，南北地区岩石类型无明显差异；丘东洼陷以长石岩屑砂岩为主，而胜北洼陷以岩屑砂岩为主[图 5-1(a)]，其岩石类型的明显差异，说明在八道湾组沉积时期，丘东洼陷与胜北洼陷物源体系存在一定差异。砂岩的分选整体较差-中等，磨圆普遍较差，颗粒以次棱状为主，表明砂体具有快速沉积的特征。

2. 三工河组

三工河组致密储层的岩石粒级整体也较粗，以中、粗砂岩为主，其次为砂砾岩、细砂岩。三工河组致密储层岩石类型在胜北洼陷与丘东洼陷或各洼陷的南北地区之间基本无差异，均以长石岩屑砂岩为主，含部分岩屑砂岩[图 5-1(b)]；石英平均含量为 29.3%～48.8%，长石平均含量为 11%～19.5%。三工河组砂岩

的分选性整体较八道湾组砂岩要好，以中等分选为主，磨圆依然较差，颗粒以次棱角状为主，表明砂体也是快速沉积。

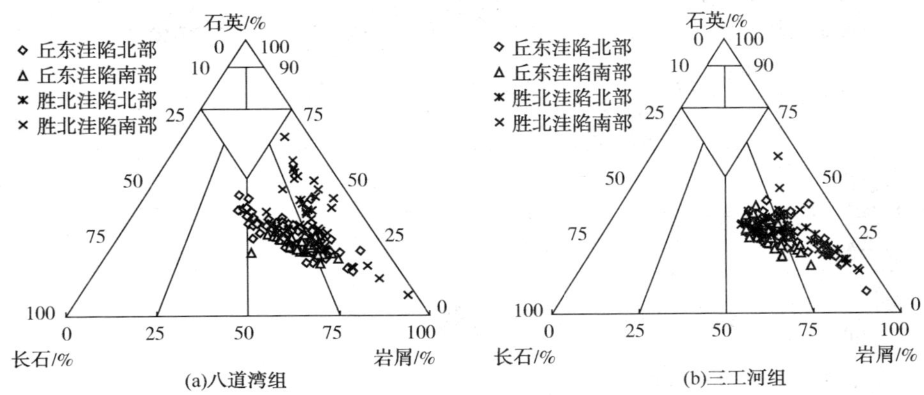

图 5-1　台北凹陷八道湾组、三工河组致密储层岩石成分组成三角图

3. 西山窑组

西山窑组一段储层，在小草湖洼陷、丘东洼陷南部与胜北洼陷南部(无北部样品)岩石学特征相似，主要为长石岩屑砂岩，其次为岩屑砂岩；而丘东洼陷北部地区则主要为岩屑砂岩[图 5-2(a)]。丘东洼陷南部地区西山窑组一段砂岩石英含量分布在12%～33%，平均为 26.3%；长石含量分布在 7%～36%，平均为 25.5%；岩屑含量分布在 38%～80%，平均为 48.2%。丘东洼陷北部地区西山窑组一段砂岩中石英含量分布在 2%～42%，平均为 30.2%；长石含量分布在 1%～34%，平均约为 19.1%；岩屑含量分布在 32%～96%，平均为 50.6%[图 5-2(a)]。西山窑组一段砂岩储层以中粗砂岩为主，其次为细砂岩、砂砾岩。台北凹陷各地区西山窑组二段储层岩石学特征并无明显差别，均以长石岩屑砂岩为主，其次为岩屑砂岩[图 5-2(b)]；西山窑组二段储层砂岩整体粒级较细，以细粒砂岩为主，其次为中粒砂岩。

总体上，吐哈盆地台北凹陷水西沟群致密砂岩储层岩石类型以长石岩屑砂岩为主，其次为岩屑砂岩；水西沟群砂岩储层具有岩石结构与成分成熟度低—中等，中—高泥质充填、低胶结物含量的特征，这些特征均不利于原生孔隙、次生溶蚀孔隙的保存，储层的抗压实能力较弱，这是煤系致密砂岩储层形成的重要因素(司学强，2014)。

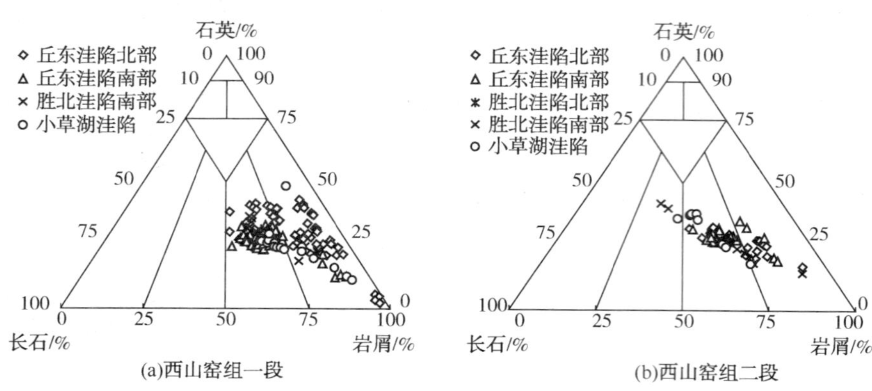

图 5-2　西山窑组一段、西山窑组二段储层岩石成分组成三角图

二、储层物性特征

1. 致密储层物性纵向分布特征

台北凹陷水西沟群致密砂岩储层普遍经历了较强的压实作用，原生孔隙已经大部分损失。孔隙度与深度关系分析显示，小草湖洼陷致密储层物性随埋深增加而逐渐变差，主要反映了压实减孔的效应；丘东洼陷储层物性随深度变化不明显，由于孔隙度数值集中分布于3%～9%，变化区间较窄，异常孔隙发育情况不明显；胜北洼陷致密储层孔隙度具有随深度变大而物性变好的趋势，体现了深部次生孔隙的形成对储层物性的改善作用(图 5-3)。

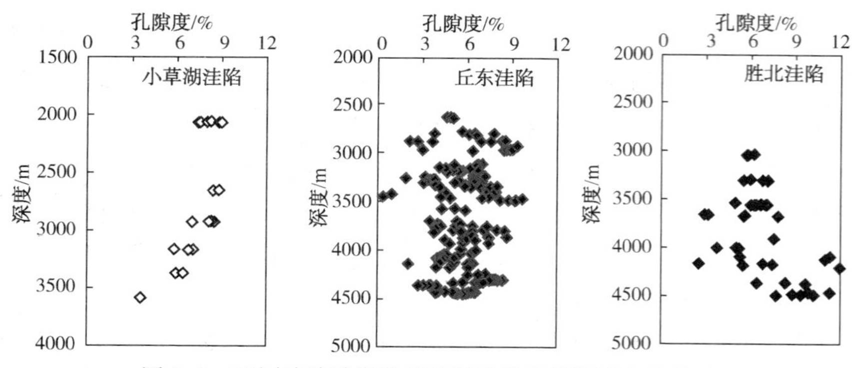

图 5-3　不同洼陷致密砂岩储层孔隙度随深度变化关系

2. 致密储层物性平面分布特征

由于各地区储层渗透率极低，大量常规测试数据的误差较大，因此，本部分只对孔隙度进行了统计分析。

1)八道湾组

台北凹陷八道湾组致密储层物性以胜北洼陷最好，但孔隙度分布不够集中，主要分布在5%~10%，平均为7%；然后是丘东洼陷北部地区，该地区储层物性数据主要来自鄯勒-红旗坎构造带，孔隙度在3%~6%的样品占58%，6%~9%的样品占39%，柯柯亚构造带无样品；再次是丘东洼陷南部的温吉桑地区，孔隙度在3%~6%的样品占80%，6%~9%的样品占20%，略差于丘东北部地区(图5-4)；小草湖洼陷没有数据，但根据图5-3的孔隙度变化趋势，推测若次生孔隙不发育，八道湾组储层物性应该很差。

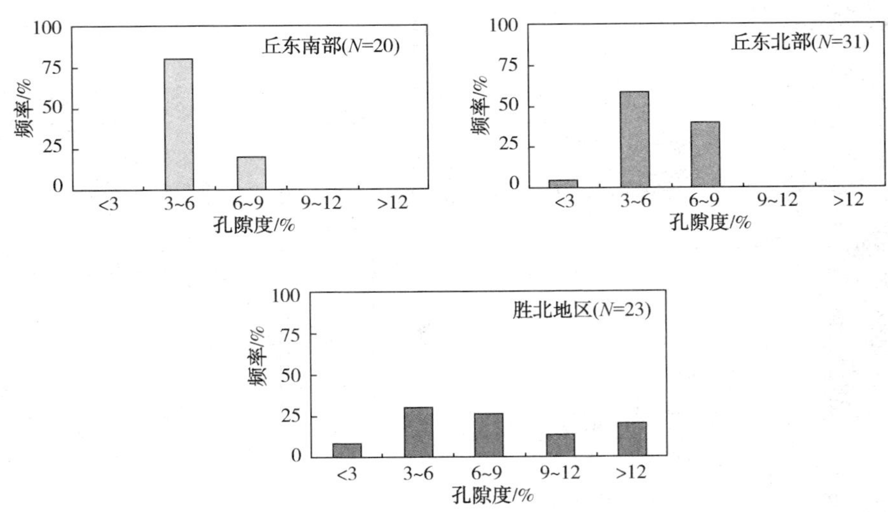

图5-4　不同地区八道湾组致密砂岩储层孔隙度分布

2)三工河组

台北凹陷三工河组致密储层物性仍以胜北洼陷最好，孔隙度主要分布在6%~9%，约33%的样品孔隙度大于9%；然后是丘东洼陷南部的温吉桑地区，80%的样品孔隙度在6%~9%；最后是以鄯勒-红旗坎构造带、柯柯亚构造带为代表的丘东北部地区，孔隙度分布在3%~6%的样品占38%，在6%~9%的样品占55%，略差于丘东洼陷南部地区(图5-5)。

3)西山窑组一段

台北凹陷西山窑组一段储层物性以小草湖洼陷最好，43%的样品孔隙度大于9%；然后丘东洼陷北部地区，孔隙度在3%~6%的样品占54%，6%~9%的样品占43%；最后是丘东洼陷南部的温吉桑地区，67%的样品孔隙度在3%~6%，其余分布在6%~9%(图5-6)；胜北洼陷数据很少，没有统计意义和代表性。

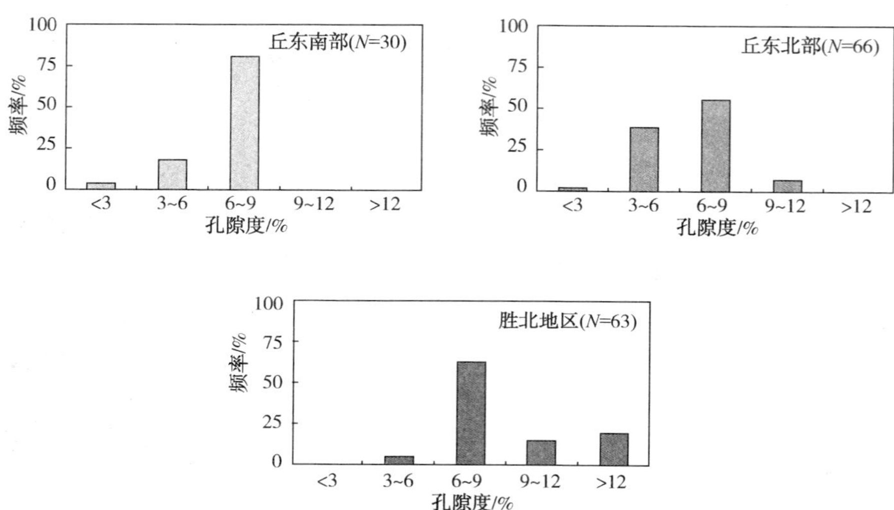

图 5-5　不同地区三工河组致密砂岩储层孔隙度分布

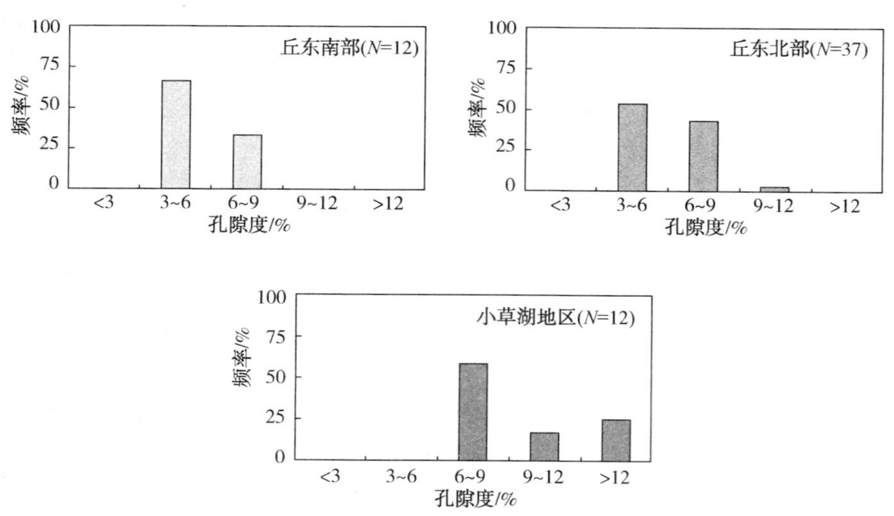

图 5-6　不同地区西山窑组一段致密砂岩储层孔隙度分布

4)西山窑组二段

台北凹陷西山窑组二段致密储层物性仍以小草湖洼陷最好，77%的样品孔隙度大于 6%；丘东洼陷北部地区与南部地区孔隙度分布相似，北部地区约 40%的样品孔隙度分别在 3%~6%和 6%~9%；南部地区约 30%的样品孔隙度在 3%~6%，约 45%的样品孔隙度在 6%~9%(图 5-7)；胜北洼陷数据很少，没有统计意义和代表性。

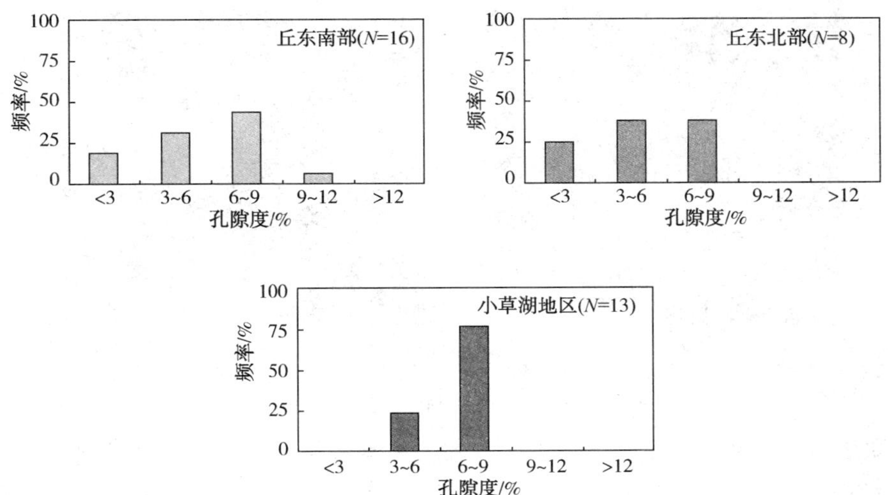

图 5-7 不同地区西山窑组二段致密砂岩储层孔隙度分布

三、储集空间类型

台北凹陷水西沟群致密砂岩储集空间类型主要包括宏观裂缝、微裂缝和各类微孔隙。宏观裂缝主要受构造部位的控制，一般在构造的高部位比较发育，构造下倾部位欠发育。宏观裂缝对改善储层渗透性和提高储层可改造性能具有重要意义；尤其是构造的高部位，裂缝张开度较大，可成为油气的有效储集空间和渗流通道。采用铸体薄片、扫描电镜、CT 扫描等技术手段对储层微观特征研究表明，研究区致密砂岩微观储集空间类型包括残余原生微孔隙、粒间溶蚀微孔隙、粒内溶蚀微孔隙、自生矿物晶间微孔隙和微裂缝，单个储集空间较小，多为微米—纳米级，肉眼观察岩石薄片面孔率极低。但由于微孔隙的数量多，总孔隙度可以较大，正是这些微孔隙、微裂缝构成了研究区致密砂岩储层储集空间的主体。

研究区致密砂岩储层中，微裂缝多是刚性颗粒受到不均衡压实作用或构造应力影响而发育的具有一定方向性的微细裂缝，可分为压碎微缝和构造微缝两大类，由于研究区较强的压实作用和构造活动，储层中的微裂缝比较常见（图 5-8）。这些微裂缝开启后可成为有效的储集空间，储层压裂改造后可能形成有效的流体渗流通道。岩石中石英、长石等脆性矿物含量越高，微裂缝越易形成，而岩石成熟度较低、塑性矿物含量高都不利于微裂缝的形成。各类微孔隙、微裂缝是否连通，连通性如何，直接影响致密储层的渗透性。

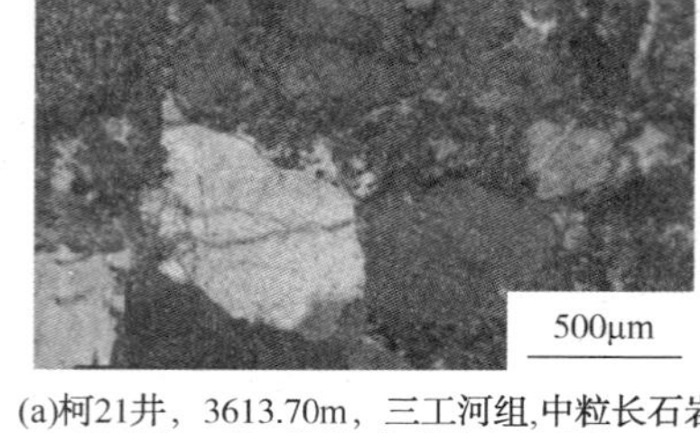

(a)柯21井，3613.70m，三工河组,中粒长石岩屑砂岩，岩石颗粒碎裂形成微裂缝(+)

(b)吉深1井，3862.30m，三工河组,细粒长石岩屑砂岩，岩石颗粒碎裂形成微裂缝(CT扫描)

图 5-8 水西沟群致密砂岩储层微裂缝特征

残余原生微孔隙主要发育于胜北洼陷，其次是丘东洼陷的南部斜坡地区。粒间溶蚀微孔隙和粒内溶蚀微孔隙不易区分，主要由烃源岩生烃过程产生的酸性流体对储层中长石、火山岩岩屑和碳酸盐胶结构等不稳定矿物的溶解形成，常见长石沿节理缝发生溶蚀、火山岩岩屑发生溶蚀(图 5-9)。研究区砂岩成熟度较低，使不稳定的岩屑和长石类矿物含量相对升高，在压实作用下，不利于原生孔隙的保存，但在成岩演化过程中为矿物溶蚀形成次生溶蚀孔隙提供了物质基础。对于台北凹陷埋深较大(多大于 4000m)、致密化严重的储层，次生溶蚀作用对改善储层物性具有重要意义。自生矿物晶间孔隙主要是自生黏土矿物晶间孔隙，其中自生高岭石晶型一般较好，呈书页状，晶间孔隙发育(图 5-10)；自生伊利石也可形成一定的晶间孔隙，但自生伊利石与自生高岭石产状不同、成因不同，其晶间微孔隙对储层物性的意义可能不大。此外，还包括一些特殊自生矿物形成的微孔隙，如钛铁矿等(图 5-10)。

(a)柯19井，3276.25m，西山窑组二段，中粒岩屑砂岩，长石沿节理缝溶蚀(+)

(b)吉3井，4127.50m，三工河组，细粒长石岩屑砂岩,岩屑溶蚀形成微孔隙(CT扫描)

图 5-9 水西沟群致密砂岩储层溶蚀微孔隙特征

(a)吉3井，4128.84m，三工河组,细粒长石岩屑砂岩，自生高岭石晶间微孔隙(扫描电镜)

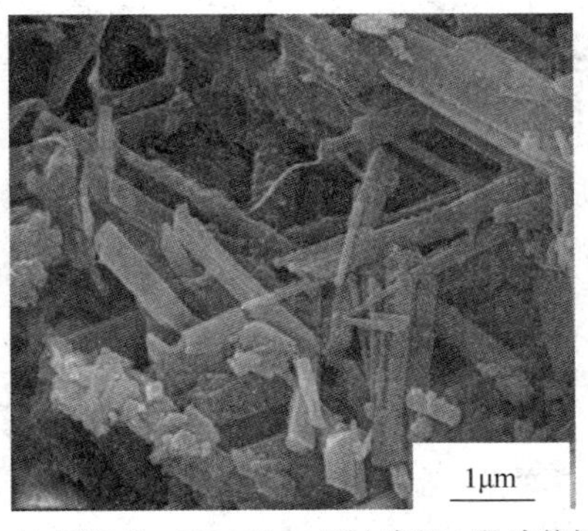

(b)吉深1井，3796.30m，西山窑组一段,中粒长石岩屑砂岩，钛铁矿晶间微孔隙(扫描电镜)

图 5-10 水西沟群致密砂岩储层晶间微孔隙特征

四、储集空间结构

1. 恒速压汞技术

恒速压汞技术是目前国际上用于岩石微观孔隙结构特征分析最先进的技术之一，它能够给出精确的孔隙、喉道、孔喉比大小及其含量分布等微观地质信息，提供孔隙和喉道的毛细管压力曲线，克服了常规压汞技术对应同一毛管压力曲线可能会有不同孔隙结构的缺陷，更适用于孔喉结构差别很大的特低、超低渗透储层。实验过程中保持汞与岩石颗粒的界面张力与接触角基本不变(准静态)，以非常低的进汞速度(通常为 0.00005mL/min)将汞注入岩石孔隙体内，进汞端经历的每个孔隙形状的变化都会引起汞弯月面形状的改变，从而引起系统毛细管压力的改变。再依据进汞压力的升降变化获取孔隙结构方面的信息，可直接提供孔隙半径分布、喉道半径分布、孔喉半径比值分布等岩石微观孔隙结构参数。在恒速进汞条件下，汞进入岩石孔隙的过程受喉道控制，依次由一个喉道进入下一个喉道，当汞突破喉道的限制进入孔隙的瞬间，汞在孔隙空间内以极快的速度发生重新分布，产生一个压力降，之后压力回升，直至把整个孔隙填满，然后进入下一个喉道，直至充满整个岩样(图 5-11)。

致密砂岩储层不同于常规砂岩储层，其低孔低渗特征使得常规压汞实验技术不能对储层中大量存在的纳米级储集空间进行精确评价。恒速压汞技术是用于研究致密储层微观孔隙结构的重要手段，相较于常规压汞技术，恒速压汞技术更能对致密砂岩开展精细的孔隙结构表征研究(高辉，2011)。本次研究共分析 24 件样品，其中丘东洼陷 17 件样品，小草湖洼陷 6 件样品和 1 件胜北洼陷样品，丘东洼陷作为台北凹陷致密砂岩油气勘探的主要地区取样最多。由于实验样品数量有限，各洼陷样品数量分布不均，不易单独分析。分析表明，研究区致密砂岩储层喉道半径多呈单峰态分布，喉道半径分布在0.56~1.52μm，平均为0.86μm，小喉道所占比例很大(图5-12)；孔隙半径分布也呈单峰态，主要分布集中在130~150μm，平均为146.3μm(图5-13)。

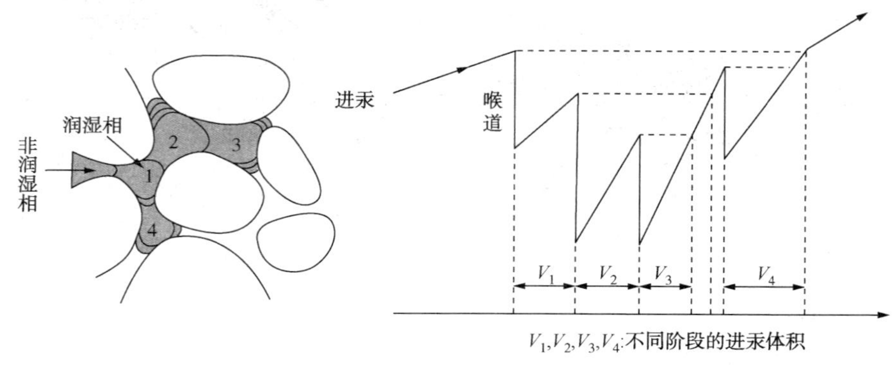

图5-11 恒速压汞实验原理(据黄志龙，2017)

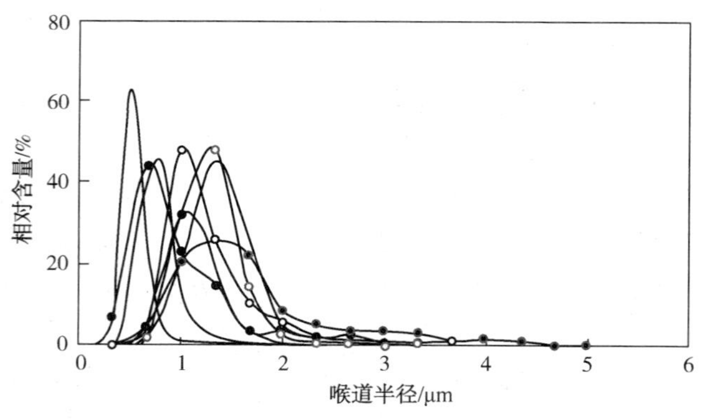

图5-12 水西沟群致密砂岩储层喉道半径分布

台北凹陷水西沟群致密砂岩储层，渗透率越低的样品，喉道分布越集中，整体具有微孔—细喉结构特征。孔喉半径比是描述致密储层孔喉配置关系的重要参数，其数值分布于117~313，平均为216。致密储层总孔隙体积与总喉道体积比值分布在0.15~0.72，平均为0.40，以微米至纳米级微孔隙构成储集空间的主体，形成了较典型的微—纳米级孔喉体系。分析还表明，研究区致密储层渗透率与喉道半径呈较好的正相关关系[图5-14(a)]，而孔隙度与喉道半径呈近似的正

相关关系[图 5-14(b)]；孔隙半径与孔隙度和渗透率无相关关系[图 5-14(c)、图 5-14(d)]。可见，对于致密砂岩储层，喉道半径是影响研究区致密砂岩储层物性的关键因素。

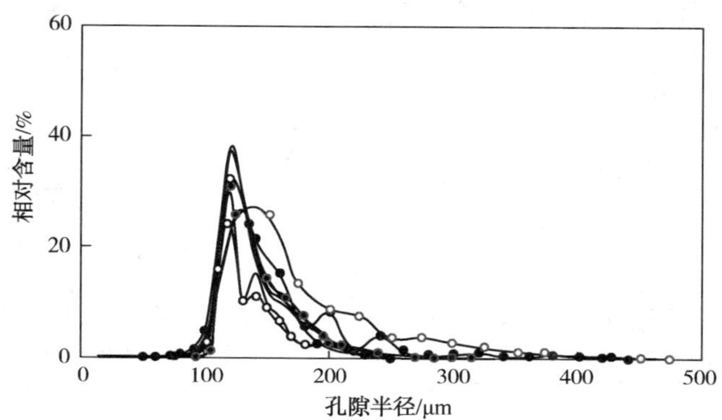

图 5-13 水西沟群致密砂岩储层孔隙半径分布

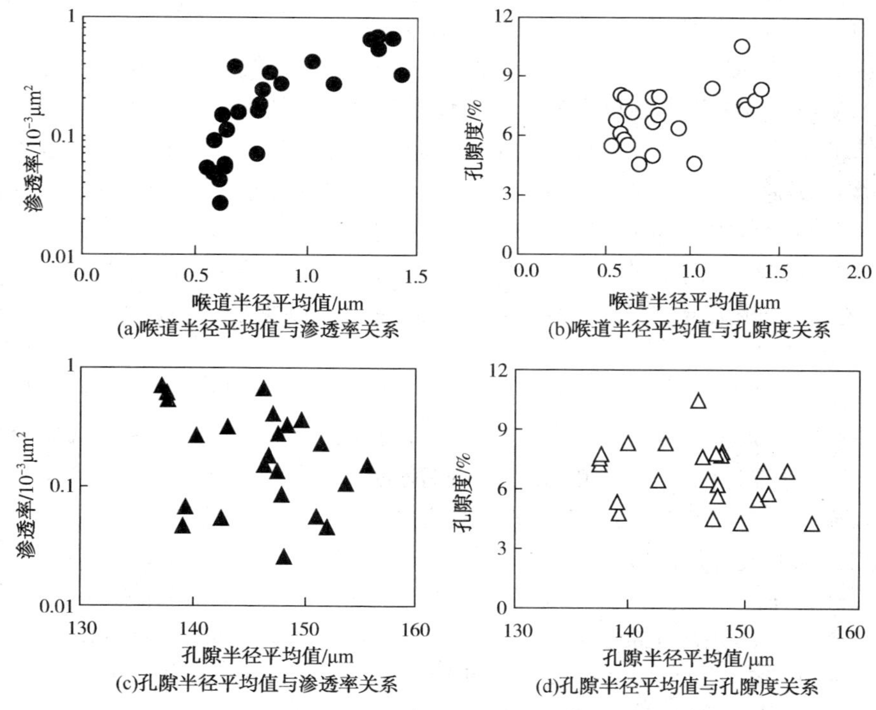

图 5-14 水西沟群致密砂岩储层物性与孔隙半径均值、喉道半径均值的关系

孔喉半径比可以反映储层孔隙与喉道配置关系，孔喉半径比值与储层渗透率呈负相关，与储层排驱压力呈正相关[图 5-15(a)、图 5-15(b)]，表明致密储层孔喉半径比值越大，流体的渗流能力越低，油气充注储层所需的动力也就越大。所以，储层孔喉配置关系直接决定着流体在储层中的渗流能力。

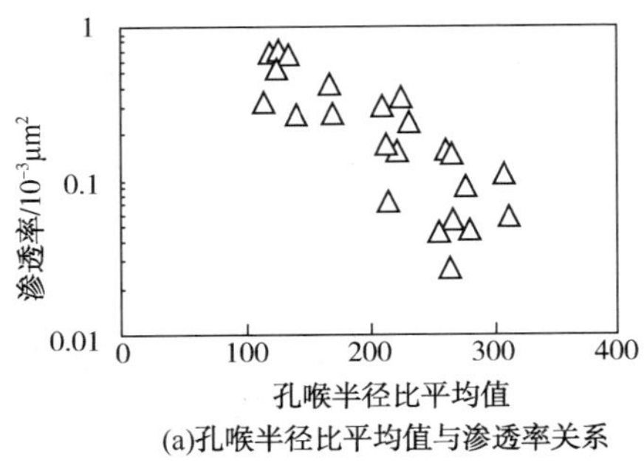

(a)孔喉半径比平均值与渗透率关系

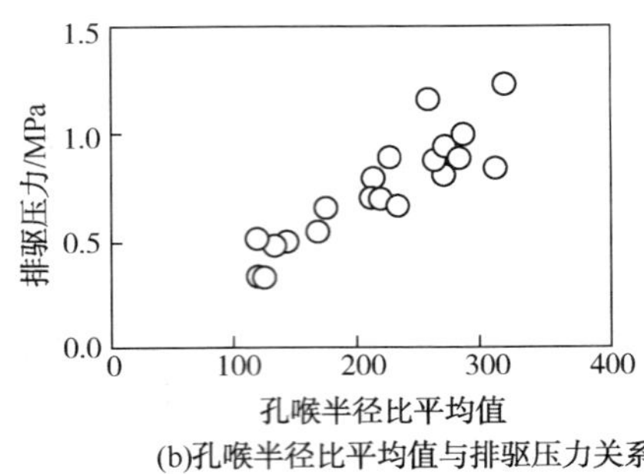

(b)孔喉半径比平均值与排驱压力关系

图 5-15　水西沟群致密砂岩储层渗透率、排驱压力与孔喉半径比均值的关系

2. CT 扫描技术

CT 扫描技术也称 X 射线断层成像技术(Radiation X-Ray Computed Tomography，X-CT)，为近年发展起来的一种利用 X 射线对岩石样品进行全方位快速无损扫描成像技术。该方法具有图像质量高，能清晰展示所测样品内部三维空间结构关系及物质组成，揭示微米—纳米级三维岩石孔隙结构特征等优点，可有效避免传统技术的间接测量结果仅反映孔喉结构整体信息，无法反映致密储集层微观孔喉分布非均质性特征的弊端。CT 扫描微观孔隙结构研究，首先是对样品进行二维切片扫描，然后通过数字合成技术整合为三维立体图像和动画，纳米 CT 与微米 CT 相结合，可更加精细地表征致密砂岩储集层微观孔喉结构特征(黄志龙，2017)。

采用 CT 扫描立体成像技术对储集空间的三维特征分析表明，致密储层的单个储集空间很微小，但大量微孔隙可以连片分布，形成微米—纳米级孔喉网络体系，此时微孔隙连成一片，储层的流体渗流的能力增强；但也有些微孔隙形态各异，以孤立分散状存在，这些孤立状微孔隙多为“死”孔隙，微孔隙之间不具有连通性，未形成有效的微米—纳米级孔喉体系，储层连通性较弱。如吉 3 井三工河组细砂岩样品，微孔隙孤立分布[图 5-16(a)]，对应储层孔隙度为 4.96%，渗透率仅为 $0.07\times10^{-3}\mu m^2$，孔喉半径比 213，排驱压力 0.80MPa，储层物性整体较差；而吉深 1 井三工河组相同岩性样品，微孔隙多而且集中分布[图 5-16(b)]，储层孔隙度为 8.36%，渗透率比吉 3 井样品数量级提高，为 $0.33\times10^{-3}\mu m^2$，孔喉半径比、排驱压力相较于吉 3 井样品均明显降低，分别为

117 和 0.49MPa。可见，致密储层孔隙的大小、形态、分布等微观特征是影响致密储层物性的形象体现。

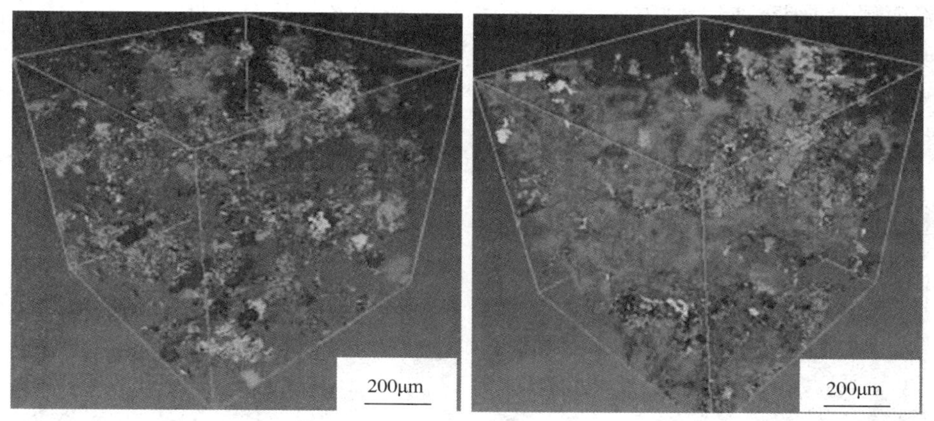

(a)吉3井，4127.50m，三工河组，细粒长石岩屑砂岩 (b)吉深1井，3862.30m，三工河组，细粒长石岩屑砂岩

图 5-16 水西沟群致密砂岩储层微观孔隙连通性分析(CT 扫描)

注：连片分布的相同颜色代表连通的微孔隙，反之则代表不连通的微孔隙。

五、储层成岩作用

1. 压实作用

压实作用在研究区表现均较强烈，但压实程度强也不仅仅是储层埋深大的原因，与储层的埋藏方式、地层含煤情况等也有一定联系。煤系烃源岩早期生烃对储层的溶蚀作用、煤层的较高塑性，以及储层普遍经历的成岩早期快速埋深等，均是造成储层压实作用强烈的因素。岩石薄片中，压实作用主要表现为岩石颗粒呈线接触、塑性矿物明显被压弯变形、伴有压溶现象等特征(图 5-17)。在区域上，北部山前带、红台—疙瘩台地区、各个洼陷的深洼区压实作用强，丘东洼陷南部斜坡带次之，胜北地区压实作用相对最弱。

2. 胶结与交代作用

台北凹陷水西沟群致密砂岩储层的胶结类型主要是硅质胶结，其次是方解石胶结，偶尔可见少量黄铁矿、菱铁矿胶结，自生胶结物总量分布在 1%~12%，总含量不高。水西沟群作为煤系地层，受煤系烃源岩早期生酸的影响，使储层石英自生加大常见，多为Ⅱ级~Ⅲ级，自生石英加大含量一般在 0.2%~3.0%。早期的酸性地层水性质使得碳酸盐胶结作用在成岩早期阶段不明显或被溶解，现存碳酸盐胶结主要为晚期的含铁方解石[图 5-18(a)、图 5-18(b)]，各个地区总含量多低于5%，只有丘东洼陷南部地区个别样品碳酸盐含量较高，可达到10%~20%。碳酸盐胶结物分布的不均匀性还体现在构造位置的不同，比如丘东洼陷南部斜坡带，向上倾方向碳酸盐胶结物含量增多，甚至可见方解石交代长石的现象[图5-18(b)]，而向下倾方向的洼陷区，碳酸盐胶结物明显变少；主要受酸性流体分别的影响，上倾方向烃源岩欠发育且成熟度低，外部酸性流体影响较弱时则碳酸盐胶结物发育。

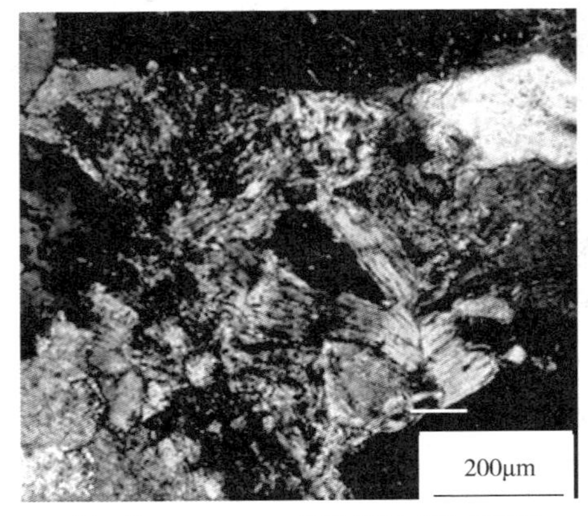

(a)柯19井，3276.00m，西山窑组二段，细粒岩屑砂岩，岩屑被压弯、变形(+)

(b)柯23井，3992.90m，西山窑组一段，中粒长石岩屑砂岩，压实作用较强，岩石颗粒呈线接触(+)

图5-17　水西沟群致密砂岩储层压实作用特征

(a)疙18井，3596.7m，西山窑组二段，中粒岩屑砂岩，方解石胶结(+)

(b)吉2井，3454.00m，三工河组，中粒岩屑砂岩，方解石胶结作用与方解石交代长石(-)

图5-18　水西沟群致密砂岩储层胶结作用与交代作用特征

3. 溶蚀作用

酸性流体溶蚀作用是研究区次生孔隙形成的主要原因，溶蚀物质为长石、火山岩屑等不稳定物质[图5-19(a)、图5-19(b)]。但由溶蚀作用形成的次生孔隙发育带，在研究区大部分地区并不明显，只在一些烃源岩发育的古构造高部位，颗粒溶蚀形成溶蚀孔隙型有效储层的现象比较明显。产生这种现象的主要原因是，溶蚀作用可以溶蚀不稳定物质形成次生孔隙，但由于煤系地层长期处于酸性流体环境，早期的酸性流体造成的次生孔隙，在压实作用下往往大量损失，未能保存至深部，这也是压实作用导致储层严重致密化的一个诱导因素；同时，在压实作用变弱之后，烃源岩大量生排烃时期，由于储层致密化在一定程度上限制了酸性流体的流动，不利于溶蚀物质的迁移，使得在储层普遍致密的背景下，溶蚀作用形成的次生孔隙发育带表现得并不显著。因此，晚期的溶蚀作用对改善研究区致密储层物性意义更大。溶蚀作用强度的平面分布特征是，胜北洼陷水西沟群致密储层的溶蚀作用相对较强，其次是丘东洼陷。

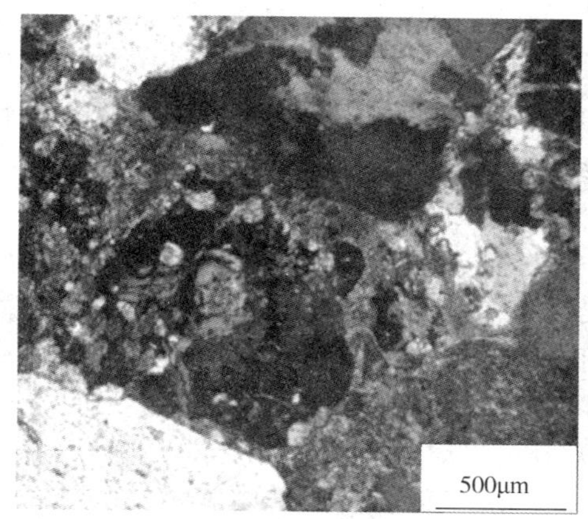

(a)柯24井，3161.10m，西山窑组一段，
粗粒长石岩屑砂岩，长石溶解形成少量网状孔隙(+)

(b)火801井，4239.10m，八道湾组，
中粒长石岩屑砂岩，长石溶蚀孔隙(-)

图5-19　水西沟群致密砂岩储层溶蚀作用特征

第二节　储层物性影响因素

一、沉积作用

沉积作用控制着砂体的原始物质组成与结构，不同类型的砂体，其岩石结构、组分及其成熟度、沉积水体环境的不同，导致砂体的原始储层物性存在差异，进而也影响着储层沉积之后的成岩演化过程，是影响储层性质的先决条件(李易隆，

2013；操应长，2012）。沉积微相控制了砂岩的粒径、分选、杂基含量等，粗粒级砂岩的抗压性能强于细粒砂岩，粗粒级砂岩的石英质碎屑含量较细粒级砂岩高，而千枚岩等塑性岩屑含量较细粒级砂岩低，因此粗粒级砂岩容易残留少量的粒间孔，物性相对较优；虽然砂岩储层致密化过程中，粒间孔隙损失严重，但粗粒砂岩发育残余粒间孔的概率仍可远大于细粒砂岩，因此致密砂岩储层中粗粒砂岩比细粒砂岩更易发生溶蚀。研究区、三角洲水下分流河道砂体，沉积于强水动力环境，岩石粒度较粗，分选、磨圆相对较好，原始储层物性也较好。同时，这种高能环境下沉积的粗粒岩，成分、结构成熟度较高，有利于埋藏过程中原始孔隙的保存，为后期酸性流体的流动、溶解物质的迁移提供了便利，进而有利于次生溶蚀孔隙的形成。因此，研究区水下分流河道微相砂体物性最好，河口坝砂体次之。这种差异在岩石粒度上也有很好的体现，例如丘东洼陷南部温吉桑地区，致密砂岩储层物性具有随岩石粒度变粗而变好的趋势。其中，粉砂岩的物性最差，孔隙度普遍低于4%，多为无效储层，细砂岩变好，中、粗砂岩50%～75%的样品孔隙度高于6%（图5-20）。司学强（2014）对台北凹陷对柯柯亚地区的目的层试油结果进行统计，并对试油段进行微相识别，发现沉积微相与气层的产量是相关的，产量较好的气层所属微相多为水下分流河道微相（图5-21），这也说明了水下分流河道砂体更易于形成有效的颗粒溶蚀孔，有利于油气的充注与渗流。

沉积作用通过岩石组分对储层物性产生影响，储层岩石学特征分析表明，台北凹陷南部地区砂岩中刚性物质含量高于北部地区，南部主要为石英质岩屑。所以，储层的抗压实能力较强，有利于深埋时储集空间的保存。虽然，同一地区或同一物源条件下，沉积微相在宏观上影响了致密储层的物性，但由于地层岩性组合的差异、埋藏过程中的强烈成岩作用等，使储层的物性受到了较复杂的后天变化。对于埋深较大的中下侏罗统致密砂岩储层，储层物性之间的差异已经急剧变小，沉积对储层物性的影响不再显著。因此，沉积环境对致密储层物性的影响往往通过对成岩作用类型、强度的影响，进而影响储层的物性。

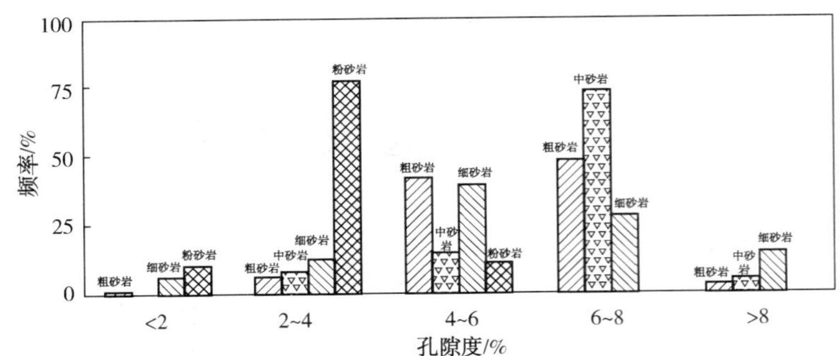

图5-20　台北凹陷温吉桑地区不同粒度砂岩储层孔隙度分布

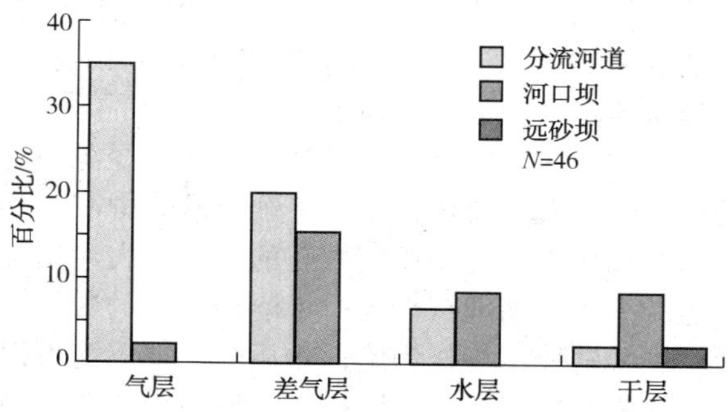

图 5-21 台北凹陷柯柯亚地区致密砂岩储层试油结果与沉积微相关系（据司学强，2014）

二、构造作用

吐哈盆地台北凹陷形成演化过程中，受到多次山脉隆升、挤压冲断等构造运动的影响，尤其是白垩纪末晚燕山运动和新近纪的晚喜山运动构造强烈，使凹陷内广泛受到逆冲推覆作用的影响。由于台北凹陷紧邻北部的博格达山，山脉隆升对砂岩储层的影响最为主要，而受南部觉罗塔格山的影响较小。因此，台北凹陷受构造应力最强的地区是北部山前带，其次是火焰山、七克台等前缘冲断带，最后是凹陷内部的局部背斜带、滑脱断裂带等。构造作用是致密储层宏观与微观裂缝形成的主要原因，这些裂缝不仅为流体的渗流提供了渗流通道，有利于溶蚀流体的迁移，还有助于次生溶蚀孔隙的形成，为油气提供有效的储集空间。裂缝在致密储层压裂改造中作用更为重要，先存裂缝可降低了储层人工压裂的难度，有利于沟通微孔隙。柯柯亚构造带致密砂岩油气的生产实际也表明，位于古构造高部位的储层，裂缝密度较高，油气产能也较大，而构造的下倾部位，裂缝密度较低，油气产能也较差；这充分体现了裂缝对储层物性的改善作用。

三、成岩作用

成岩作用是影响台北凹陷水西沟群致密砂岩储层形成演化的主要原因。根据致密储层成岩作用类型与特征，结合对应的烃源岩热演化程度分析，台北凹陷西山窑组致密砂岩储层基本处于中成岩的 A 期；三工河组和八道湾组致密储层整体处于中成岩的 B 期；整体上，台北凹陷北部地区成岩作用要强于南部地区。台北凹陷水西沟群致密砂岩油气勘探开发的重点地区储层孔隙度普遍低于 9%，尤其是北部山前的柯柯亚构造带，孔隙度集中分布在 5%～6%，储集空间多以微米－纳米级孔喉体系呈现。虽然不同地区砂岩储层经历了不同的埋藏方式，但压实作用是原始孔隙度损失的普遍原因，其次是胶结作用。压实作用引起储层孔隙度的急剧降低，不仅与压实作用强有关，更与煤系地层的特有的成岩环境有关。

水西沟群发育的煤系砂岩储层普遍很差，尤其是西山窑组二段储层物性最差，如上文分析，丘东洼陷西山窑组二段50%以上的样品孔隙度低于6%。造成煤系烃源岩储层物性差的原因主要有两个：其一，煤系烃源岩尤其是煤岩，在成岩的早期阶段便开始生酸，酸性流体较早地溶蚀了砂岩中部分不稳定组分，形成了孔隙，而在后期压实作用下，使得压实减孔的绝对量大大增加，这不仅造成了次生孔隙的损失，也减少了后期埋深较大时可溶蚀矿物的数量，不利于后期溶蚀孔隙的形成；其二，碳酸盐胶结构作为脆性物质，早期沉淀可以增强储层的抗压实能力，同时也为后期溶蚀形成次生孔隙提供可溶组分，但煤系地层早期的酸性流体环境，抑制了早期碳酸盐的沉淀，不利于储层的抗压实能力和后期溶蚀改造。因此，煤系特有的成岩环境，对砂岩储层的致密化起到了促进作用，这应是煤系砂岩储层物性普遍较差的主要原因。在单井剖面上，同种岩性的致密储层，在煤层之上的比在煤层之下的物性要差，如吉深1井，同为细砂岩储层，煤层之下砂岩孔隙度要高于煤层之上砂岩孔隙度（图5-22）；或者同在煤层之上，距离煤层较近的砂体储层物性比距离煤层较远的砂体物性差，如鄯科1井，细砂岩的储层物性随距离煤层距离越大，物性越好（图5-23）。这是早期酸性流体在压实作用下，优先改造临近、上部储层的结果。因此，煤系地层成岩早期阶段的酸性流体环境与强压实作用是导致水西沟群砂岩储层致密化的主控因素。

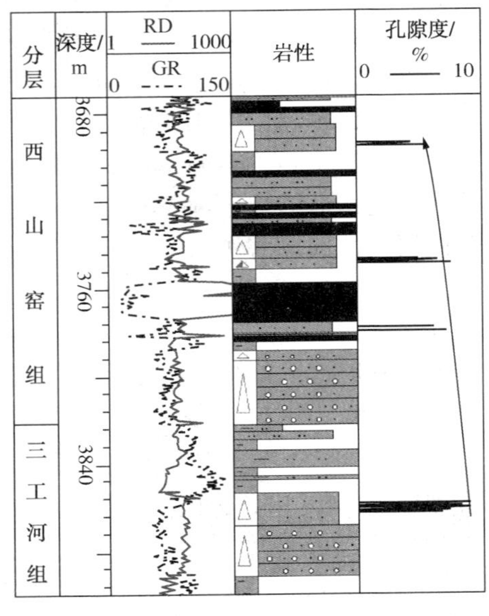

图5-22　吉深1井储层孔隙度与煤层关系

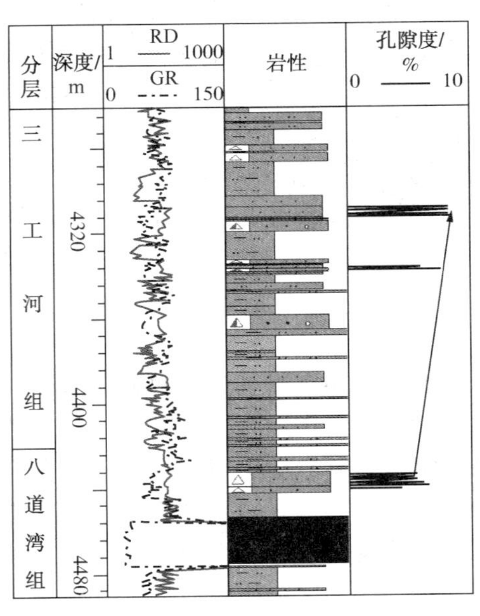

图5-23　鄯科1井储层孔隙度与煤层关系

以上分析表明，台北凹陷水西沟群微米-纳米级孔喉体系的形成多与储层的化学成岩作用密切相关，研究区主要体现在碳酸盐含量、自生黏土矿物种类与含量上。统计分析显示，不同地区致密储层孔隙度与碳酸盐含量均有一定的负相关性(图 5-24)，但相关性较弱，碳酸盐含量也较低，碳酸盐含量对致密储层物性的影响并不明显。黏土矿物在砂岩储层广泛分布，其类型与分布受到沉积环境、古地温、成岩作用、构造作用等多重因素影响，但一般认为温度和流体环境是控制自生黏土矿物形成演化的主控因素(Boles，1979；Lanson，2002；陈鑫，2009)。自生黏土矿物的形成演化，是储层化学成岩作用的良好指标。因此，针对致密砂岩油气勘探重点地区、岩心取样较多的丘东地区展开研究，考虑南北物源性质的差异、成岩演化历程的不同，将丘东洼陷分为北部地区(主要包括柯柯亚构造带、鄯勒构造带、红旗坎构造带)和南部地区(主要为温吉桑构造带)。

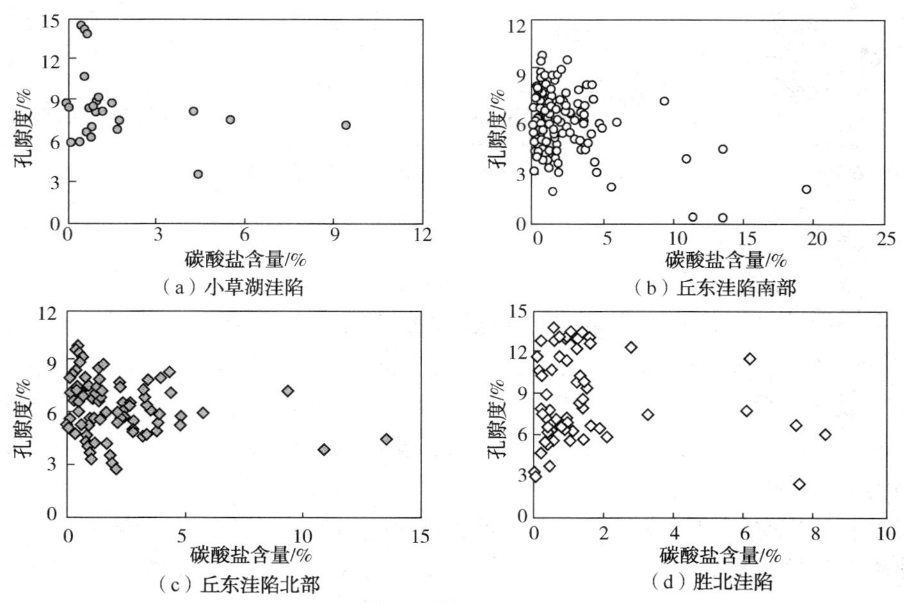

图 5-24 水西沟群致密砂岩储层碳酸盐相对含量与孔隙度关系

1. 丘东洼陷南部(温吉桑地区)

台北凹陷丘东洼陷南部温吉桑地区，致密砂岩储层现今孔隙度均低于 9%，由于缺少钻井取心，没有八道湾组的储层数据。在纵向上，孔隙度随深度先变小后变大，发育顶部和底部两个相对较高的孔隙度带和中部一个相对低孔隙度带。在深度范围上，浅层相对高孔隙度发育带位于 3400m 以浅地层；深层相对高孔隙度发育带位于3800m以深地层，主要对应三工河组储层；中部的异常低孔隙度带主要对应西山窑组一段储层(图5-25)。对各类黏土矿物纵向分布研究表明，浅层相对高孔隙度发育带以高岭石大量发育为主要特征，中部的异常低孔隙度带与伊利石含量高值区对应，深层相对高孔隙度发育带与较高的绿泥石含量相对应(图5-25)。为了分析这种对应关系的内在机制，对研究区致密砂岩储层做了黏土矿物与储层物性的对应分析。

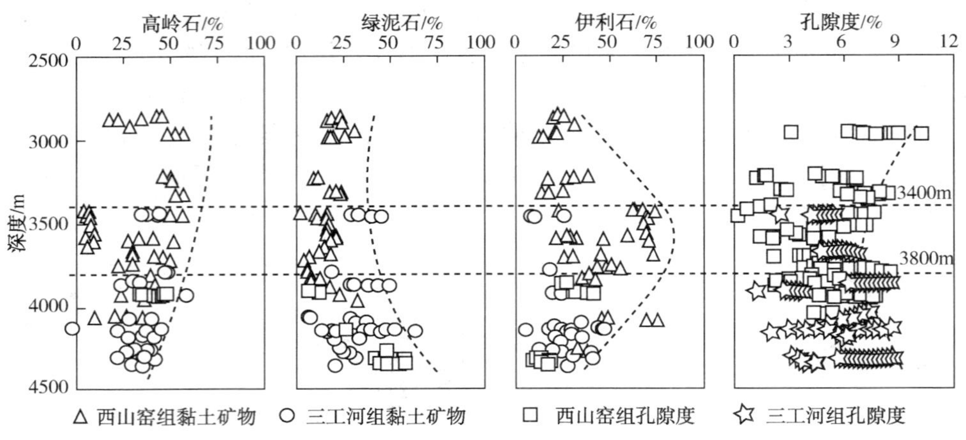

图5-25 温吉桑地区致密砂岩储层孔隙度与黏土矿物纵向分布

1)浅层相对高孔隙度段

数据统计显示，储层孔隙度、渗透率均与自生高岭石含量呈较好的正相关关系[图5-26(a)、图5-26(b)]，表明高岭石的存在与相对较好的储层物性有一定关系，其原因主要有两个：其一，扫描电镜观察岩心标本，发现该区自生高岭石晶形一般都很好，多为假六方单晶片状，整体以书页状存在，较好的晶形有利于晶间微孔隙的发育，多为微米级(2~10μm)，大量的自生高岭石晶间微孔隙对致密砂岩储集空间的形成具有一定贡献；同时，自生高岭石多紧密堆积，减少了对储集空间的占据，也不易迁移流动，降低了对储层渗透性的破坏。其二，从自生高岭石形成机制分析，一般自生高岭石主要形成于相对开放的偏酸性流体环境，只要有充足的铝、硅的来源即可形成高岭石(Lanson，2002)，高岭石的存在对较高物性储层的发育具有一定指示作用。煤系烃源岩热演化产生的腐殖酸、CO_2等，酸性流体溶蚀长石、岩屑等，产生铝、钾、硅等离子。浅层储层的成岩作用相对较弱，致密化程度较低时，流体在地层的渗流能力较强，溶蚀产生的多余离子可以被及时迁移。尤其是此时形成的钾离子，迁移较强，未达到伊利石化所需的钾离子浓度，不能大量形成自生伊利石。同时，溶解物质的及时迁移，有

利于溶解反应的进行和次生溶蚀孔隙的形成。因此，自生高岭石的大量出现，可作为相对优质储层发育的标志。

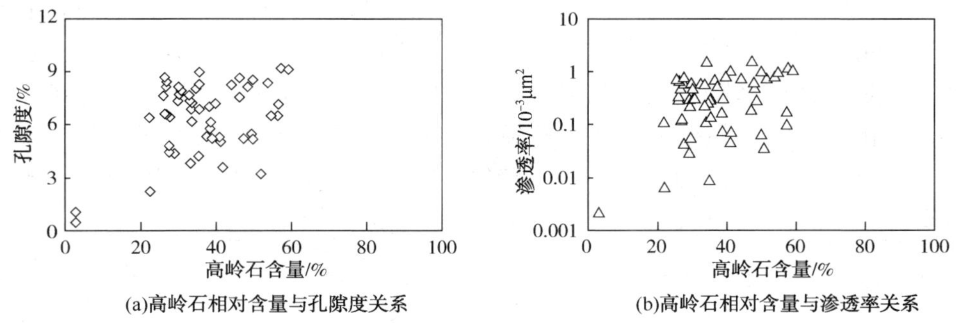

图 5-26　温吉桑地区致密砂岩储层物性与高岭石含量关系

2）中部低孔隙度段

丘东南部地区中层低孔隙度段主要出现在西山窑组，三工河组较少，储层黏土矿物以自生伊利石为主，扫描电镜下呈毛发状或纤维状，致密储层孔隙度、渗透率与伊利石相对含量均呈明显的负相关关系[图 5-27(a)、图 5-27(b)]。本研究认为，毛发状或纤维状产状的自生伊利石充填孔隙，并向储集空间延伸，增加了对储集空间的占据，增强了储层微观孔隙结构的复杂性，从而降低了储层物性。

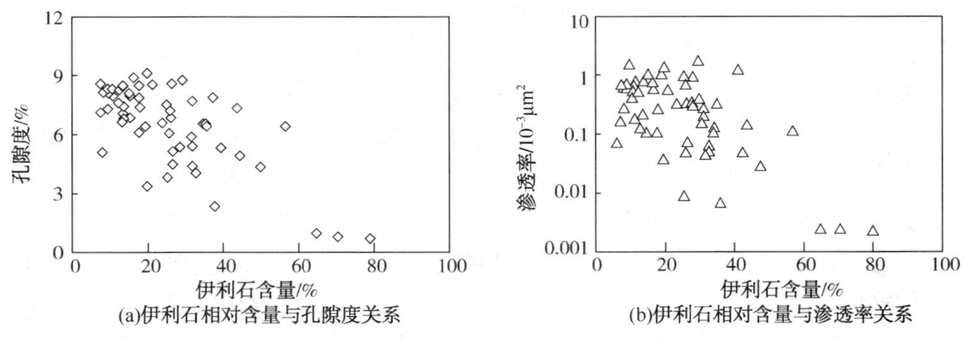

图 5-27　温吉桑地区致密砂岩储层物性与伊利石相对含量关系

3）深层相对高孔隙度段

丘东南部地区深层相对高孔隙度发育段以三工河组为主，发育大量绿泥石。统计分析显示，绿泥石相对含量与储层的孔隙度、渗透率均呈现较好的正相关关系[图 5-28(a)、图 5-28(b)]。自生绿泥石对储层物性的影响，不同学者有不同的认识，对绿泥石含量与储层物性关系存在不同的解释，一些学者认为自生绿泥石的形成影响了储层的成岩演化，有利于储集空间的形成与保存；而且还具有缓冲孔隙流体 pH 值，使之长时间保持偏碱性，抑制石英次生加大，也有利于流体运移和溶蚀物质的迁移，促进了次生溶蚀孔隙的形成；但也有学者认为呈叶片状、针叶状的自生绿泥石并没有显著抑制自生石英加大作用，孔隙度与绿泥石含量呈正相关关系，是由于原始的大孔隙有利于沉积绿泥石的地层水进入，同时伴随的碱性地层水可以溶蚀石英，扩大储集空间等(Grigsby，2001；田建锋，2008；Anna，2009；杨威，2013)。

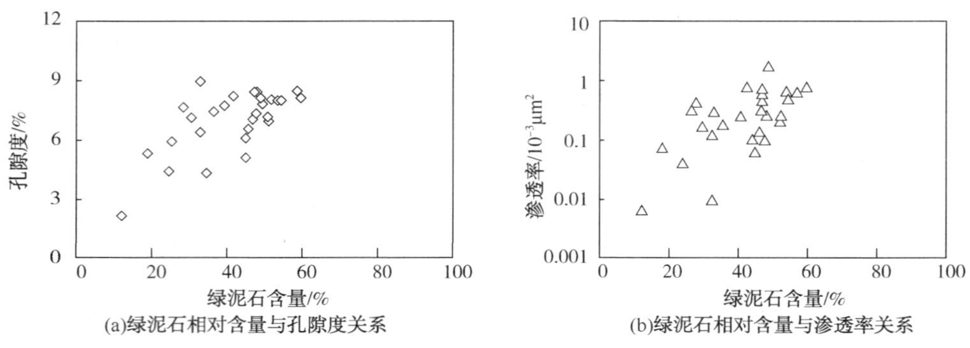

(a)绿泥石相对含量与孔隙度关系　(b)绿泥石相对含量与渗透率关系

图 5-28　温吉桑地区致密砂岩储层物性与绿泥石相对含量关系

从研究区的统计数据分析，高绿泥石含量对应较好的储层物性。研究区致密砂岩储层中，自生绿泥石主要以孔隙衬里或颗粒薄膜的形式存在，同时在绿泥石表面可见自生微晶石英的沉淀[图 5-29(a)、图 5-29(b)]，说明绿泥石在成岩的较早阶段就开始形成；但绿泥石与自生石英共生的现象并不都存在，可见绿泥石的形成也是持续到了成岩作用较晚的时期，地层水由酸性演变为碱性，利于绿泥石沉淀而不利于自生石英沉淀。三工河组主要发育三角洲砂体，基本无煤层，泥岩少量，以储层砂体为主。因此，可以推断沉积之初地层水主要偏碱性，自生绿泥石形成所需 Mg^{2+}、Fe^{2+}离子可由富含镁、铁的火山碎屑物质水解提供，尤其是三角洲水下分流河道砂体中，该条件并不难达到。研究区绿泥石含量与储层孔隙度和渗透率均呈正相关关系，渗透率主要表征储层流体的渗流能力，渗流能力强的地方流体活跃有利于绿泥石沉淀，而大量绿泥石沉淀之后，必然附带有抵抗机械压实、抑制石英次生加大等作用，尤其是研究区在强压实背景下，三工河组深层相对高孔隙度带的存在，表明自生绿泥石对储集空间形成的建设性作用明显。

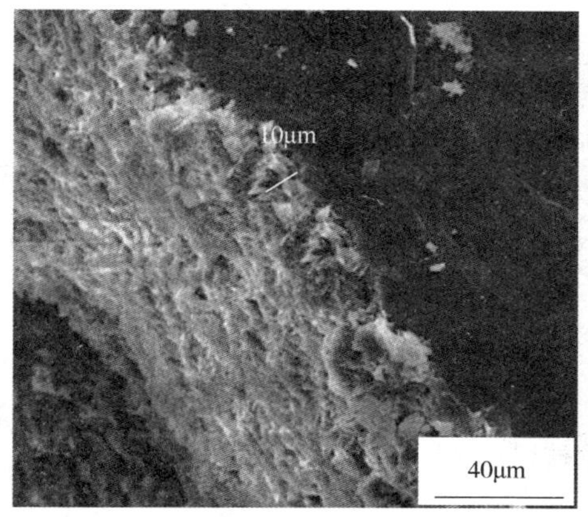

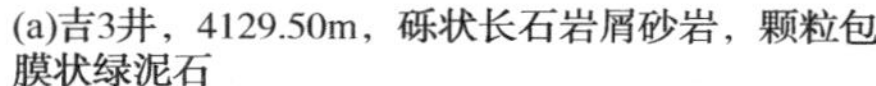
(a)吉3井，4129.50m，砾状长石岩屑砂岩，颗粒包膜状绿泥石

(b)吉3井，4128.00m，中粒长石岩屑砂岩，自生微晶石英共生沉淀于自生绿泥石之上

图 5-29　温吉桑地区致密砂岩储层储层自生绿泥石形貌特征

2. 丘东洼陷北部(柯柯亚构地区)

台北凹陷丘东洼陷北部柯柯亚地区是致密砂岩油气勘探开发最成功的地区，多数探井未钻穿三工河组。水西沟群各组致密砂岩黏土矿物组成明显不同，其中，西山窑组二段为伊利石—高岭石组合，西山窑组一段以伊利石占主导最为明显，最高含量可达98%；三工河组为伊利石—绿泥石组合(图 5-30)。

由于各个层段均以伊利石占优势，其他类型的黏土矿物含量明显较低，故重点分析伊利石对储层物性的影响。柯柯亚地区致密砂岩储层中如此高含量的伊利石不可能完全是陆源碎屑搬运而来，还应以自生成因为主。伊利石相对含量与储层物性对应分析显示，二者呈良好的正相关关系[图 5-31(a)]，而与渗透率无明显关系[图 5-31(b)]，这与丘东洼陷南部地区伊利石相对含量与储层孔隙度的负相关关系截然不同。

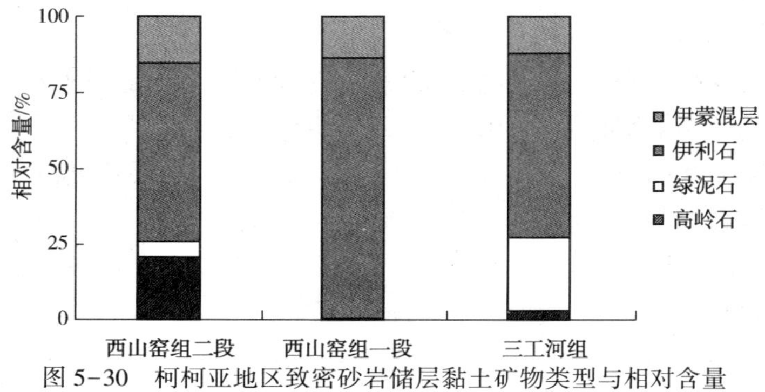

图 5-30　柯柯亚地区致密砂岩储层黏土矿物类型与相对含量

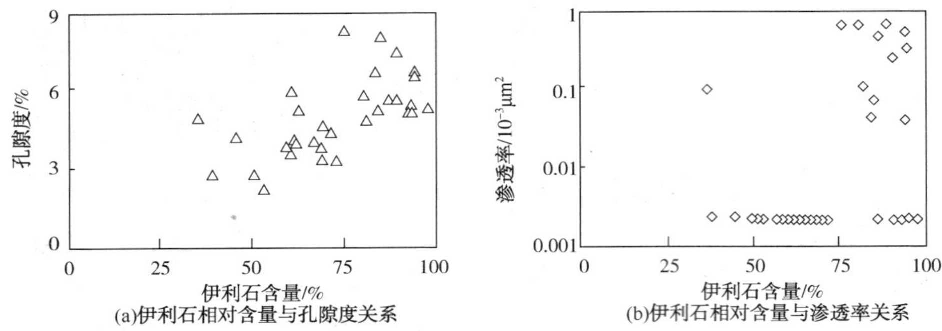

图 5-31 丘东洼陷北部致密砂岩储层物性与伊利石含量关系

3. 自生伊利石对储层物性的影响机制

丘东洼陷南部与北部伊利石对储层物性不同影响的原因，要从自生伊利石成因机制与形态特征分析。砂岩储层中自生伊利石的形成主要有三种机制，均需要钾离子供给。一为蒙脱石伊利石化作用，该反应的进行往往需要地层温度较高，所以主要发生于中成岩阶段至晚成岩阶段，同时可形成自生石英沉淀，钾离子可由外来地层水迁移搬运而来，也可由本地钾长石发生溶解提供，蒙脱石形成的伊利石对蒙脱石的矿物形态可具有一定的继承性。二为高岭石伊利石化，在钾源充足的条件下，高岭石可以与钾离子直接反应形成伊利石，前人研究认为，该过程主要发生于较开放的成岩流体环境，有利于额外钾离子的供给，或促进钾长石溶解反应进行(Milliken，1994；Berger，1997)。此外，高岭石还可以与钾长石作用形成自生伊利石，多数学者认为该反应的进行需要地层达到一定的温度值阈——120~140℃(Milliken，1994；Lanson，2002；黄思静，2009)。高岭石与钾长石作用形成伊利石不涉及矿物溶解过程的物质迁移，只要突破温度条件，反应就会自发进行。三为长石伊利石化，该过程可以分解为长石高岭石化和高岭石再伊利石化两个过程；Thyne 等(2001)研究认为，在高岭石不存在的条件下，也可以由钾长石直接反应形成伊利石，并且该过程也是一个加速钾长石溶解的过程。地质条件下钾长石溶解多形成高岭石，是由于钾长石溶解直接形成伊利石需要一定的条件，尤其是地层流体的钾离子浓度必须高于伊利石形成所需的临界浓度值，这在开放—半开放的地质条件下很难达到(黄思静，2009)。因此，只有在半封闭—封闭的流体环境下，且具有一定酸性流体的来源，钾长石溶解产生的钾离子不易迁移，才能达到较高的钾离子的浓度，直接形成伊利石。

以上分析表明，自生伊利石的形成是一个消耗钾长石，有助于长石溶解的过

程，但形成的伊利石对储层物性的影响效应却明显不同，这应该主要与自生伊利石形成机制与自生形态特征有关。对比可见，丘东洼陷温吉桑地区伊利石多为毛发状、纤维状，向微孔间延伸发育[图5-32(a)]。这种形态的自生伊利石不仅充填储集空间，还可以加剧储集空间结构的复杂性，严重降低储层物性。而丘东洼陷北部柯柯亚地区致密砂岩储层伊利石多呈短丝状、丝缕状、片状，片状伊利石晶间微孔隙也很发育，而且伊利石晶体向储集空间伸展生长的程度不强，主要包裹于岩石颗粒的表面[图5-32(b)]，部分样品还能看到高岭石伊利石化的现象[图5-32(c)]，在温吉桑地区很少见到。因此，柯柯亚地区自生伊利石应以高岭石化成因为主，而温吉桑地区应以正常成岩演化形成的伊利石为主。

在地质历史时期，柯柯亚地区目的层基本没有达到高岭石伊利石化过程所需的温度门槛(120~140℃)。柯柯亚地区与温吉桑地区致密储层在岩石学特征上不存在显著差异。但在构造环境上却明显不同，柯柯亚地区位于博格达山前带，山体隆升、逆冲推覆作用强烈；而温吉桑地区构造简单，作用强度明显较弱。分析认为，正是这种强烈的构造挤压作用，使地层急剧升温，促进了高岭石的快速伊利石化。烃源岩 T_{max} 值(℃)指示烃源岩成熟度或受热历史，北部山前带一些泥岩样品 T_{max} 值出现的异常高值；同时，近20%的次生流体包裹体均一温度高于140℃，这可能是受到构造挤压热作用的异常体现。由于高岭石伊利石化过程的发生需要一个相对开放的流体环境，以确保钾离子的充分供应(Thyne，2001；Lanson，2002；黄思静，2009)。因此，推测该过程进行的时期也不会太晚，否则储层太过致密影响流体流动。

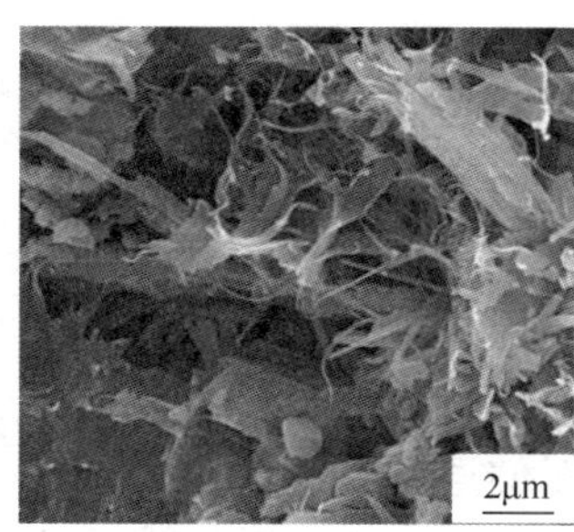

(a)吉深1井，3796.30m，西山窑组一段，细粒长石岩屑砂岩，毛发状、纤维状自生伊利石

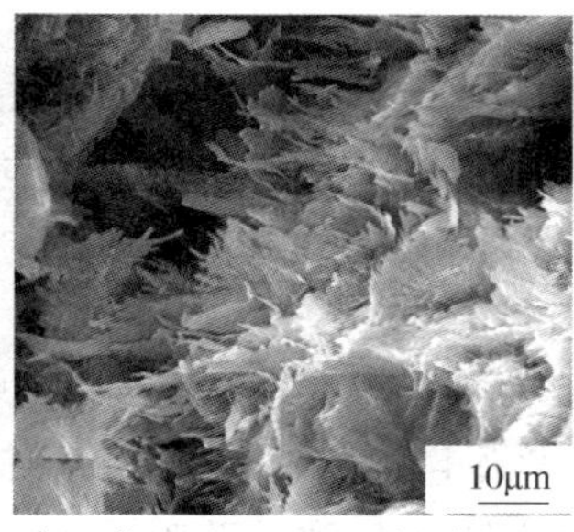

(b)柯19井，3396.50m，西山窑组一段，中粒长石岩屑砂岩，片状、短丝状自生伊利石

(c)柯24井，3162.30m，西山窑组一段，中粒长石岩屑砂岩，高岭石伊利石化现象

图5-32 丘东洼陷致密砂岩储层伊利石形貌特征

对水西沟群致密储层有影响的构造运动有三次，其中，中燕山运动水西沟群储层还处于成岩的早期阶段，应对应于早期高岭石的形成。晚喜山运动时储层已

经致密化，且构造运动强度不是很大。白垩纪末期的晚燕山运动最为强烈，应是对高岭石伊利石化影响最大的一次构造运动。因此，柯柯亚地区高岭石伊利石化发生时期应为白垩纪末期，也是区域性油气成藏的主要时期。短丝状、片状自生伊利石包裹于岩石颗粒之上，不仅提供了储集空间，也在一定程度上抑制了自生石英沉淀，对致密储层的作用是利大于弊。构造挤压作用影响下的地层温度差异，应是引起温吉桑地区与柯柯亚地区自生黏土矿物成岩演化差异的主要因素。温吉桑地区与柯柯亚地区伊利石对储层物性的不同影响，首先表现在自生形态、产状上，根本原因应是构造环境的不同，影响了储层的成岩演化过程。

埋藏特征对储层发育具有重要影响，沉积盆地的沉降埋藏过程可划分为早期快速深埋—晚期缓慢稳埋、渐进埋藏、早期缓慢浅埋—晚期快速深埋三种方式；前者最不利于孔隙保存，渐进埋藏次之，而后者最为有利(史基安，1995；寿建峰，1998)。吐哈盆地为由印度板块向北挤压形成的山间盆地，下侏罗统沉积之后快速深埋，在侏罗纪末埋藏深度已达2500~2800m，之后持续稳定埋藏，至白垩纪末达3200~3500m，之后再进一步埋深，现今埋深已达4100~4400m，总体呈现出早期快速深埋、中期长时持续稳埋、晚期进一步深埋的特征(王国亭，2012)。早期快速深埋、中期长时间持续稳埋的盆地沉降过程在很大程度上影响着研究区储层孔隙的演化规律和致密储层的形成。

第三节　储层孔隙度恢复

一、研究方法

致密砂岩储层物性的演化与油气成藏时期的匹配关系，是确定致密砂岩油气藏类型的重要依据之一。因此，致密砂岩储层的物性演化研究，即关键成藏时期储层的古孔隙度恢复，就成为致密砂岩油气成藏研究的重要环节。储层孔隙度演化规律不仅是基础地质学研究的重要内容，也是诸如埋藏历史分析、古地层压力预测等研究中不可缺少的部分。储层孔隙的形成受沉积作用、成岩作用、构造作用等的综合影响，如何确定这些作用的发生时期，及其对储层物性的影响效应和影响程度，并定量(或半定量)表征，是储层孔隙度恢复的关键(黄志龙，2017)。

原始沉积物的性质决定了储层碎屑颗粒的成分和分选等特征，是决定储层原始物性、成岩演化过程的先天因素，即决定了储层的原始孔隙度、影响储层成岩演化的过程。致密砂岩储层孔隙度演化研究中，首先要根据研究区致密砂岩储层的主要类型，对具有相似岩石颗粒成分，分选、磨圆程度的样品，计算原始孔隙度，之后再根据成岩作用类型、强度和成岩演化序列，分别定量(或半定量)分

析对储层物性的影响。因而，孔隙演化恢复的基本原理是先逐一考虑沉积作用、成岩作用对储层物性的影响，进而通过特定的计算模型，将各种影响因素合理叠加，以现今孔隙度为约束，模拟并恢复孔隙度演化历史，一般步骤是：

(1)确定原始孔隙度。

(2)成岩作用类型识别及其对储层物性影响效应的判定。

(3)建立成岩演化序列。

(4) 不同成岩作用类型对储层物性影响的定量化表征，建立相应的数学模型。

(5)各类地质因素对储层物性演化定量表征模型的叠加综合。

孔隙度恢复方法主要基于成岩作用对储层物性的影响，具体方法主要包括作用模拟和效应模拟两种。作用模拟主要基于各种作用的物理化学模型，模拟各种具体的单项成岩作用，如压实作用、石英次生加大作用、溶解作用等对储层物性的影响。效应模拟是不模拟具体的成岩作用类型，而是通过地质参数模拟，来恢复各种成岩作用的综合影响效应。储层孔隙度的演化是各类单项效应综合影响的结果，所以效应模拟恢复孔隙度演化更可靠，更具有实用性。孔隙度恢复研究中，成岩作用类型与成岩演化序列的研究与常规油气储层相同。在确定成岩作用演化序列之后，需要对成岩作用对储层物性的影响效应进行数值化处理。处理过程中，要明确目的层系砂岩储层原始沉积组构特征、地层埋藏史特征、关键成岩作用发生的时间窗口等。效应模拟孔隙度演化恢复主要有成岩效应叠加法和薄片图像分析法两种，本书采用了成岩效应叠加法。成岩效应叠加法的关键在于查明不同成岩作用，如压实作用、胶结作用、溶蚀作用使孔隙度增加或减小的量。首先，根据不同成岩作用类型对储层物性的影响，分为破坏性成岩作用和建设性成岩作用，分别建立孔隙度减小模型和孔隙度增大模型，两个模型分别以时间为变量，地层在任何一个时间点上的孔隙度等于两个模型独立演化到该点时的效果叠加。根据此原理，前人提出了双元函数模拟方法，分别建立孔隙度减小模型、孔隙度增大模型，进而建立总孔隙度演化模型；孔隙度恢复函数的建立采用时间、埋深双元函数的形式(潘高峰，2011；刘明洁，2014；刘震，2015)。

1. 原始孔隙度的确定方法

Bread(1973)通过研究在润湿条件下未固结砂岩孔隙结构的影响，认为特定的分选条件下粒度对孔隙度没有影响，未固结砂岩的孔隙度在 27. 1%～43. 1%，与分选情况呈正相关。Scherer(1996)在 Beard 等研究的基础上提出了原始孔隙度的计算公式：

$$\phi_{原始}=20.91+\frac{22.9}{S_0} \tag{5-1}$$

$$S_0=\sqrt{Q_1/Q_3} \tag{5-2}$$

式中 $\phi_{原始}$——原始孔隙度；

S_0——分选系数；

Q_1、Q_3——分别为粒度累积曲线中25%处的粒径值和75%处的粒径值。

2. 孔隙度减小模型

孔隙度减小是由于地层的压实和胶结作用引起的，包括浅层单一压实减孔段和压实、胶结共同作用的减孔段。贝丰等(1985)通过实验发现干黏土和石英随着上覆压力增加，孔隙度逐渐减小，在等效深度大于1000m后孔隙度变化就很小了，而这一深度胶结作用开始并逐渐增强，两者引起的孔隙度减小效应与上部机械压实效应一致，即在半对数坐标系统内近似于一条直线。因此，可将整个孔隙度减小过程用同一个数学模型模拟。孔隙度恢复模型公式中，系数拟合过程可分以下四个步骤：

首先，选取关键井，作出砂岩压实曲线，利用时间平均方程求出砂岩孔隙度，在区域性的砂岩孔隙度随深度的变化趋势背景下，摒弃由其他地质因素影响出现的异常值，并初步了解次生孔隙发育情况。第二，利用孔隙度-深度剖面特征结合成岩序列和埋藏史，分析溶蚀增孔作用开始发生的位置。第三，挑选溶蚀增孔段之上的砂岩孔隙度、深度数据，通过插值法计算不同深度点上孔隙度所对应的地质年代。第四，按照孔隙度、深度时间双元函数模型，拟合出研究区连续沉积地层的砂岩孔隙度与时间和深度之间的函数关系式：

$$\phi = 29\,e^{az-bt+ctz} \tag{5-3}$$

式中 ϕ——地层孔隙度，%；

t——距今地质年代，Ma；

z——埋深，m；

a、b、c——系数。

3. 孔隙度增大模型

众多研究表明，深部优质致密砂岩储层多与次生溶蚀孔隙的形成有关，而次生溶蚀孔隙的发育受地层中酸性溶剂、可溶矿物含量、流体活跃性的影响。孔隙度增大模型的建立，就是要综合考虑各种条件，通过正演和反演结合的方法，以现今孔隙度为约束，定量表征储层溶蚀增孔的过程。在孔隙度减小模型的基础上，计算目的层不发育次生孔隙情况下的孔隙度 ϕ_n，则现今实测的孔隙度 ϕ_t 和 ϕ_n 的差值 $\Delta\phi$ 就是次生增孔量。如果次生增孔量 $\Delta\phi$ 等于或小于零，则表明该地层没有发生过次生溶蚀作用，其孔隙度的演化过程则遵循孔隙度减小模型；次生增孔量 $\Delta\phi$ 大于零，说明地史时期发生过次生溶蚀增孔作用。

要模拟次生溶蚀孔隙发育的过程，还需要知道次生孔隙开始形成直到结束的时间段，即次生溶蚀时间窗口，以及次生溶蚀作用在溶蚀窗口内和之后孔隙度的变化模型。Surdam(1989)研究有机酸对砂岩成岩作用的影响时指出，古地温在60~140℃是干酪根热裂解形成短链羧酸的主要阶段。从成岩演化来看，次生孔隙最早形成于早成岩阶段B期，此时颗粒间以点接触为主，也易于酸性流体流动。至晚成岩A期，对应的地层温度为85~140℃，有机质开始成熟并大量生排烃，也是次生孔隙发育的主要时期；之后，有机酸浓度降低，油气侵位抑制了溶蚀作用，孔隙度增大过程逐渐停止。因此，该过程的模拟包括酸化窗口内孔隙度增大模型和地层超过酸化窗口后次生孔隙停止形成两个过程。

1)酸化窗口内孔隙度增大模型

根据化学动力学原理，化学反应速率与物质浓度成正比，即矿物的溶解速率与有机酸浓度成正比，由此可以得到储层矿物溶蚀反应速率与浓度的关系：

$$\frac{\partial N_s}{\partial t} = k_1 C \tag{5-4}$$

式中　N_s——反应物的物质的量，mol；

k_1——比例常数。

在不考虑压实作用下，地层中溶蚀矿物的量与其自身的体积成正比，而溶蚀矿物的体积等于溶蚀增孔量，因此孔隙度随有机酸浓度的变化率为：

$$\frac{\partial \phi_s}{\partial t} = k'_1 C + c'_0 \tag{5-5}$$

式中　ϕ_s——溶蚀孔隙度，%；

k'_1——比例常数；

t——反应的时间，Ma；

c'_0——待定常数。

Carothers(1978)研究认为，油田水中有机酸的浓度随温度变化曲线近似于抛物线，最大浓度对应地层温度在80℃左右：

$$C = aT^2 + bT + c_1 \tag{5-6}$$

式中　C——浓度，mol/L；

T——地层温度，℃；

a、b、c_1——待定常数。

在地层持续埋深过程中，埋深与时间成正比关系，且温度与埋深为线性关系，整理可得酸化窗口内孔隙度变化率模型：

$$\frac{\partial \phi_s}{\partial t} = a't^2 + b't + c' \tag{5-7}$$

把式(5-7)时间转换为地史时间，设定小于首次地层温度到达70℃的时间为t_1，大于首次达到90℃的时间为t_2，代入边界条件：$t-t_1=0$时，$\phi_s=0$，且孔隙度变化率为0；$t-t_2=0$时，$\phi_s=\Delta\phi$，增孔率曲线关于中心对称：

$$\begin{cases}\dfrac{\partial \phi_s}{\partial t}=a(t-t_1)^2+b(t-t_1),\ t_2\leqslant t\leqslant t_1\\ \phi_s=0,\ t=t_1-\dfrac{b}{2a}=\dfrac{t_1+t_2}{2}\\ \phi_s=\Delta\phi,\ t=t_2\end{cases} \tag{5-8}$$

解上述方程组可得地层次生增孔量在酸化窗口内的函数模型：

$$\phi_s=-\frac{2\Delta\phi}{\Delta t^3}(t-t_1)^3+\frac{3\Delta\phi}{\Delta t^2}(t-t_1)^2 \tag{5-9}$$

式中 ϕ_s——溶蚀形成的孔隙度，%；

t——距今时间，Ma；

$\Delta\phi$——现今增孔幅度，%；

t_1——地层温度首次达到70℃的时间，Ma；

t_2——地层温度首次达到90℃对应的时间，Ma。

2）地层超过酸化窗口后次生孔隙演化过程

根据次生孔隙特征，结合次生孔隙形成及演化的地质过程，认为在砂岩层深埋后，已经形成的次生孔隙演化基本停止。其原因是：①酸性流体溶蚀的是岩石的骨架，骨架内的孔隙不容易被压实；②后期油气侵位有效抑制了大规模的水-岩化学反应，有效降低胶结作用引起的孔隙度减小程度；③在后续的沉积过程中，上覆地层产生的压实作用，与次生孔隙形成前的影响效应一致，而这一效应已经被包括在孔隙度减小的模型中。

上述孔隙度增大模型包括三个阶段：第一阶段，在地层进入酸化窗口之前，由于次生溶蚀发生的条件不满足，溶蚀增孔量为零；第二阶段，地层进入酸化窗口内，累计次生孔隙量是现今次生增孔量和时间的三次函数[式(5-9)]；第三阶段，地层继续深埋超出酸化窗口后次生孔隙不再变化。因此，次生孔隙演化的过程为分段函数图。利用孔隙度增大模型，结合地层埋藏史和热史，可以恢复地层在任意时间点上的次生孔隙度值。

4. 总孔隙度演化模型

总孔隙度演化模型包括孔隙的减小模型和孔隙度增大模型，不同成岩阶段，将两种效应模型叠加，就可得到总孔隙度演化效应模型。孔隙度减小的过程从沉

积初期持续至今，是一个随时间和深度变化的双元函数；孔隙度增大的过程只在特定的时间段及酸化窗口内存在，为一个分段函数；两者叠加的总孔隙度模型也是一个随时间和埋深变化的分段函数[式(5-10)]：

$$\phi=\begin{cases}\phi_0 e^{(az+bzt+at)},\ t\geqslant t_1 & \text{正常压实阶段}\\ \phi_0 e^{(az+bzt+at)}-\dfrac{2\Delta\phi}{\Delta t^3}t^3+\dfrac{3\Delta\phi}{\Delta t^2}t^2,\ t_1>t>t_2 & \text{酸化增孔阶段}\\ \phi_0 e^{(az+bzt+at)}+\Delta\phi,\ t\leqslant t_2 & \text{增孔后演化阶段}\end{cases} \tag{5-10}$$

式中　ϕ_0——沉积初期孔隙度，%；

Δt——次生地层在酸化窗口内经历的总时间，$\Delta t=t_1-t_2$，Ma；

a、b、c——双元函数拟合的常数。

二、致密砂岩储层孔隙度恢复

结合前人对砂岩孔隙度演化规律的认识，以现今储层孔隙度演化特征为基础，根据成岩效应叠加方法原理，将台北凹陷致密砂岩储层孔隙度演化过程分解为孔隙度减小模型和孔隙度增大模型，对应减孔作用和增孔作用两个方面；其中，减孔作用过程主要包括压实作用和胶结作用过程，增孔作用过程主要指次生溶蚀作用，二者叠加构成总孔隙度演化过程。储层孔隙演化主要受埋藏过程和成岩作用的影响，埋藏特征是古孔隙度分析的基础。考虑到台北凹陷南北沉积物源体系、埋藏过程以及成岩特征的差异，分别对丘东洼陷和胜北洼陷分南北两个区块、小草湖洼陷进行孔隙度演化定量模拟分析。

以丘东洼陷北部山前带西山窑组一段砂岩储层为例，根据西山窑组的埋藏特征，将西山窑组的主要成岩过程按时间顺序依次划分为纯机械压实阶段、压实—胶结阶段、压实—胶结—溶蚀综合作用阶段以及溶蚀后压实—胶结阶段等4个阶段(图5-33)。成岩阶段划分的关键是确定胶结作用和溶蚀作用发生的时深窗口。结合前人研究成果，西山窑组一段储层胶结作用起始于早成岩B亚期，对应有机质成熟度R_o为0.35%~0.5%，地层温度为65~75℃，结合埋藏史分析，砂岩储层开始发生胶结作用对应埋藏深度约为1700m，距今时间约为184Ma(图5-33)；西山窑组一段砂岩储层次生孔隙最早形成时期为早成岩阶段的B亚期，发展至中成岩阶段A亚期，有机质不断成熟，大量排出有机酸，次生孔隙大量发育。综合考虑溶蚀作用特征、油气成藏的成岩抑制效应，将R_o值0.6%~1.0%范围作为溶蚀作用窗口，对应的深度范围为2900~3500m，对应的时间窗口为170~70Ma；此后为酸化增孔后的压实主要、胶结作用减孔阶段(图5-33)。

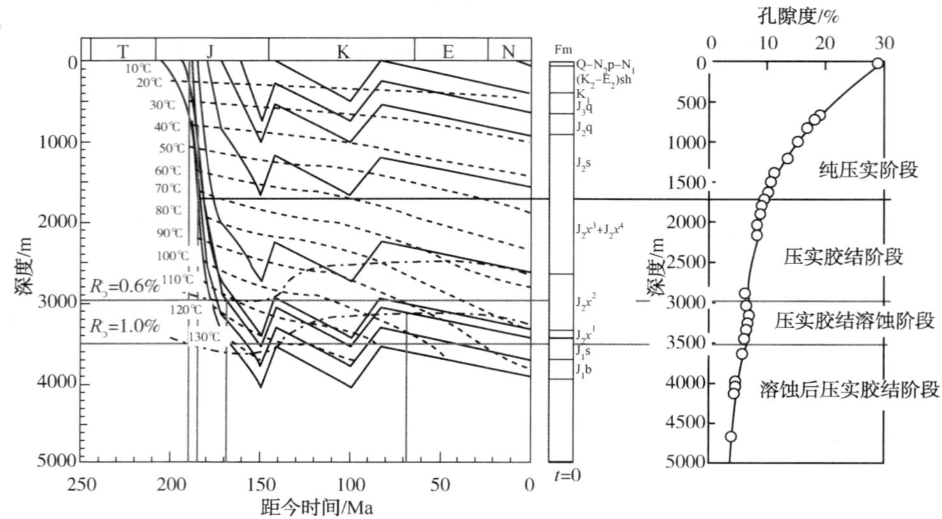

图 5-33 丘东洼陷北部西山窑组一段储层埋藏史及孔隙度演化阶段划分

参照前人提出的砂岩储层初始孔隙度恢复公式[式(5-1)]、孔隙减小模型的纯机械压实模型公式(只与埋深有关)和压实-胶结综合模型[式(5-3)]和孔隙度增大模型[式(5-9)]，对台北凹陷分洼陷、分地区进行了孔隙演化定量演化模拟，如台北凹陷丘东洼陷北部、南部西山窑组一段储层孔隙度恢复数学模型(表5-1、表5-2)。

表 5-1 台北凹陷丘东洼陷北部西一段储层孔隙度恢复数学模型

阶段	孔隙度计算公式	对应深度与时间
压实阶段	$\phi=0.29e^{-0.00065H}$	$H\leqslant1700$m 189Ma>$T\geqslant$184Ma
压实-胶结阶段	$\phi=0.29e^{-0.00045H-0.0032T+0.000000837HT}$	2900m$\geqslant H\geqslant$1700m 184Ma>$T\geqslant$170Ma
压实-胶结-溶蚀阶段	$\phi=0.29e^{-0.00045H-0.0032T+0.000000837HT}+[-2\times0.03\times(170-T)^3/100^3+3\times0.03\times(170-T)^2/100^2]$	3500m$\geqslant H\geqslant$2900m 170Ma>$T\geqslant$70Ma
溶蚀后压实-胶结阶段	$\phi=0.29e^{-0.00045H-0.0032T+0.000000837HT}+3\%$	$H\geqslant$3500m T<70Ma

表 5-2 台北凹陷丘东洼陷南部西一段储层孔隙度恢复数学模型

阶　　段	孔隙度计算公式	对应深度与时间
压实阶段	$\phi=0.295e^{-0.0006H}$	$H\leqslant2000$m 189Ma>$T\geqslant$165Ma
压实-胶结阶段	$\phi=0.295e^{-0.00044H-0.0028T+0.000000768HT}$	3300m$\geqslant H>$2000m 165Ma>$T\geqslant$155Ma
压实-胶结-溶蚀阶段	$\phi=0.295e^{-0.00044H-0.0028T+0.000000768HT}+[-2\times0.025(155-T)^3/100^3+3\times0.025(155-T)^2/100^2]$	3700m$\geqslant H>$3300m 155Ma$\geqslant T>$55Ma
溶蚀后压实-胶结阶段	$\phi=0.295e^{-0.00044H-0.0028T+0.000000768HT}+2.5\%$	$H>$3700m $T<$55Ma

根据上述储层孔隙度恢复的数学模型，结合单井埋藏史，可以恢复任意井在任何时期的古孔隙度值。以丘东洼陷北部柯 19 井西山窑组一段 3395m 深度段储层为例，实测平均孔隙度为 6.5%，利用上述公式进行孔隙度恢复显示，地层在距今 189Ma 开始沉积，沉积初期原始孔隙度为 29%；在持续沉积过程中，距今 184Ma 时，由于正常压实作用，埋深达到 1700m 时孔隙度减小到 9.5%；在距今 184~170Ma 时，地层快速持续埋深，埋深达到 3050m，砂岩储层经历正常压实作用的同时还发生了胶结作用，孔隙度减小到约 6.5%；在距今 170~70Ma 时间段，储层在 155Ma 时达到最大埋深 4140m，孔隙度继续减小到 3.8%，之后发生抬升剥蚀，受溶蚀孔隙形成的增孔效应影响，总孔隙度增大到约 6.8%；距今 70Ma 至今，地层继续缓慢埋深，随着油气充注、酸化溶蚀作用降低和上覆地层压力的存在，孔隙度继续减小到现今的 6.5%(图 5-34)。

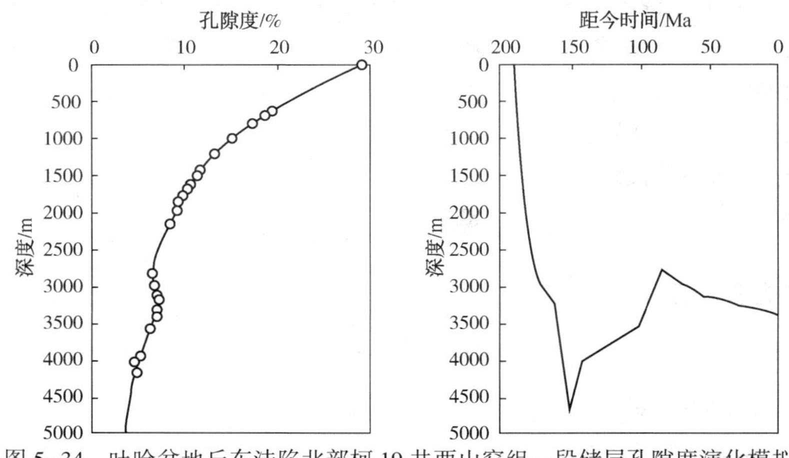

图 5-34 吐哈盆地丘东洼陷北部柯 19 井西山窑组一段储层孔隙度演化模拟

第四节　致密储层临界物性界限

致密砂岩储层作为非常规储层，不仅仅体现在储层致密、含油气丰度低、开发过程需要人工改造等方面，在油气成藏角度，致密砂岩储层的油气充注成藏机制与常规储层存在差异。对于常规储层，油气是在浮力作用下，沿浮力、毛细管阻力、自身重力等的合力方向运移聚集，主要以体积流方式运移，浮力是油气运聚成藏的主要动力。而对于典型的“连续型”或“原生型”致密砂岩油气藏，由于储层足够致密，毛细管阻力急剧增大，浮力已不能克服毛细管阻力运移，是在生烃增压等其他外力作用下进入致密储层，而且致密储层中油气水不能正常分异。储层中油气所受毛细管力与孔喉半径有关，喉道半径又与储层的物性有关。因此，油气所受浮力与毛细管力相等时的储层物性，即可视为特定地区致密砂岩储层的临界物性上限。地质条件下，天然气充注动力过程受储层孔喉半径、地层倾角、特定温压环境下的界面张力、气-水密度差等因素影响，需要综合考虑。储层物性影响着储层的含油气性和油气的流动性，储层太过致密，含油气性差、油气流动性差，导致开发困难，形成无效储层，对应的储层物性可作为致密砂岩储层的临界物性下限。

一、临界物性上限

1. 理论模型原理

台北凹陷水西沟群致密砂岩储层主要以产凝析气为主，为了便于研究，建立了干气的充注理论物理模型，即将地层中的气体视为众多单一气泡的集合体，以单一气泡作为研究对象。游离相天然气浮力作用下能否通过低渗储层进行运移，可通过储层单个孔隙中游离相气泡受力情况分析来阐明。单一气泡在地层中，主要受浮力与毛细管阻力的影响，自身重力可以忽略。其中，浮力受地层倾角影响，毛细管阻力受储层孔喉半径、接触角、表面张力影响。在地层倾角一定的条件下，单一气泡在储层中所受浮力为：

$$F = \frac{4}{3}\pi R_{g}^{3}(\rho_{w} - \rho_{g})g\sin\alpha \tag{5-11}$$

所受毛细管阻力为：

$$f = \frac{2\delta\cos\theta}{r}\pi r^{2} \tag{5-12}$$

式中　F——浮力，N；

f——毛细管力，N；

r——喉道半径，μm；

R——孔隙半径，μm；

ρ_w——地层水密度，kg/m^3；

ρ_g——地层状态下天然气密度，kg/m^3；

α——地层倾角，（°）；

g——重力加速度，m/s^2；

δ——气水界面张力，N/m；

θ——气水接触角，（°）。

当浮力与毛管阻力相等，即二者之比为1时，对应浮力对气体运移不起作用的临界储层物性上限，在此界线之下为致密砂岩储层，气水不能发生正常分异，大于该界线为常规砂岩储层，可形成常规气藏(图5-35)。

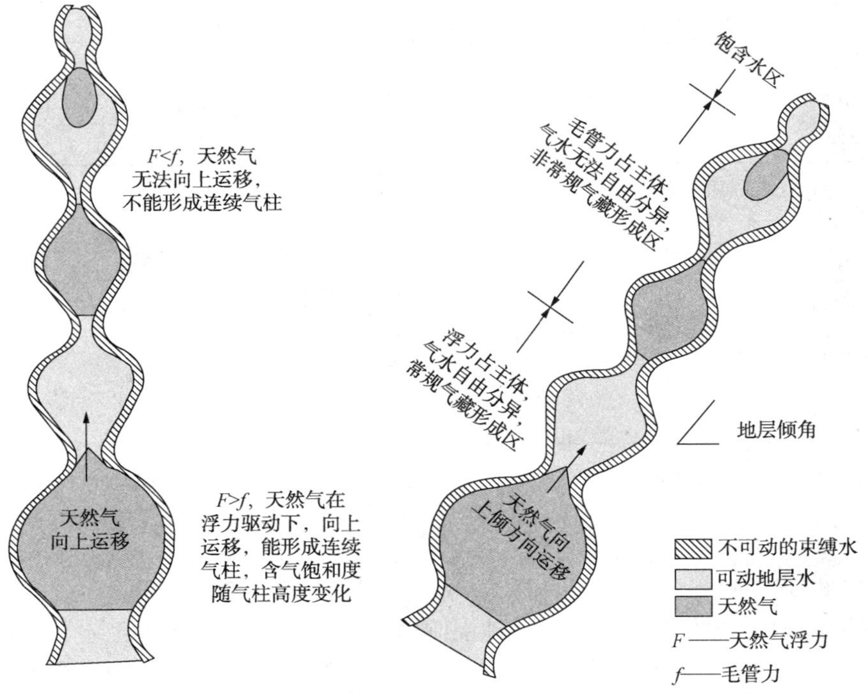

图5-35　浮力与毛细管阻力作用下天然气运聚示意图

2. 参数选取

台北凹陷水西沟群致密储层的地层水矿化度较高，平均约为20500 mg/L，地层水密度取1030 kg/m^3。天然气在地层状态下的密度会受压力、温度影响，目前凝析气藏的温度、压力条件见表 5-3，理论推算此时气体密度取值为 180 kg/m³，气水界面张力约为 0.03 N/m(图 5-36)。台北凹陷水西沟群地层倾角分布范围较大，分别选取地层倾角 5°、15°和 90°。孔喉半径比是理论计算的又一关键参数，研究区恒速压汞数据表明，孔喉半径比介于 117~313，选取平均值为 215。

表 5-3　致密砂岩储层现今压力、温度数据表

井号	深度段/m	层位	压力/MPa	温度/℃
吉 3	4167~4169	J_1s^2	47.58	113.7
吉深 1	3859~3874	J_1s^2	39.00	98.0
柯 19	3528~3556	J_1s^2	40.34	98.7
	3393~3410	J_2x^1	38.75	94.8
柯 23	3991~3999	J_2x^1	43.52	103.2
	4010~4028	J_2x^1	43.78	103.8
柯 24	3113~3120	J_2x^1	33.15	84.5
柯 282	3853~3899	J_1s^2	38.82	108.1
照 4	3919~3921	J_1s^2	32.76	114.8

注：J_1s^2为三工河组顶部；J_2x^1西山窑组一段。

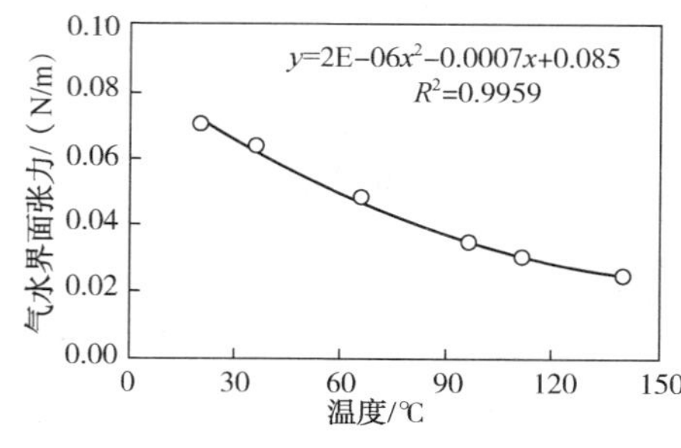

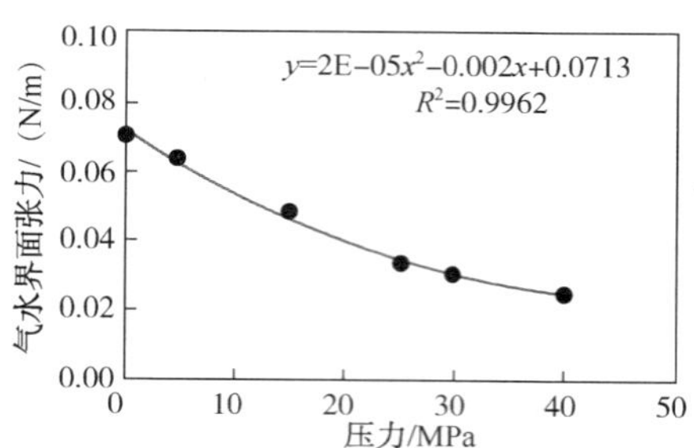

图 5-36　气水界面张力与温度、压力关系图(据包茨，1988)

3. 模型建立

根据以上参数值，建立了不同地层倾角下的浮力、毛管力比值与孔喉半径的关系图版(图 5-37)，可见地层倾角越大达到浮力与毛细管力均衡所要求的储层喉道半径越小。将现有凝析气藏储层数据投入图版，无论地层倾角是多少，各数据点均落在浮力-毛细管力均衡线之下，表明研究区凝析气藏气水不能正常分异。这与气藏气水同出的地质实际相吻合，所以该理论模型是符合地质实际的。以地层倾角平均 15°为准，当浮力与毛管力平衡时，对应喉道半径约为 1.5μm(图 5-37)。

4. 储层物性上限确定

恒速压汞数据显示，喉道半径对孔隙度和渗透率具有明显的控制作用，喉道半径均值和孔隙度、渗透率呈正相关关系，当喉道半径为 1.5μm 时，对应孔隙度约为 9%，空气渗透率约为 $0.7\times10^{-3}\mu m^2$(图 5-38)。

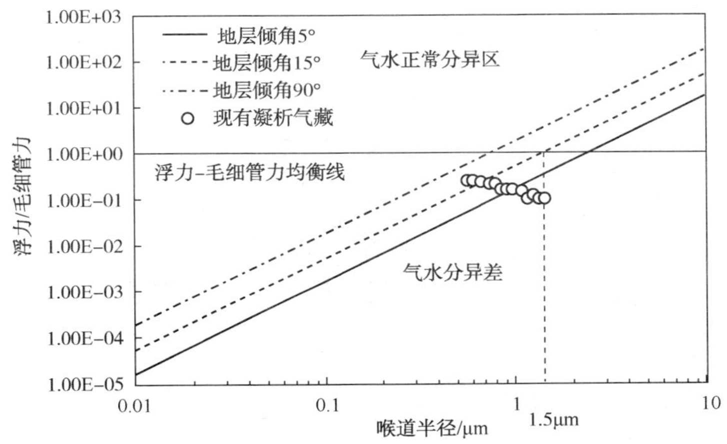

图 5-37 水西沟群含气致密砂岩储层浮力-毛细管力比值与喉道半径关系

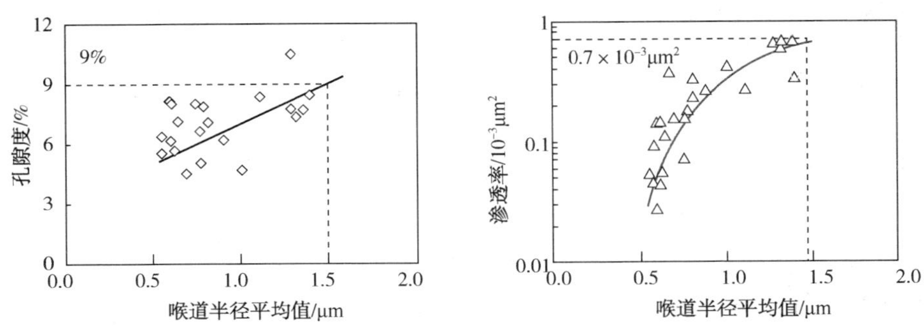

图 5-38 水西沟群致密砂岩储层喉道半径平均值与孔隙度、渗透率关系

此外，还对致密砂岩储层开展了启动压力测试实验。储层启动压力是指致密储层中，使流体开始流动的最低压力。由储层的启动压力与孔隙度关系可见，二者呈负相关关系，随孔隙度的降低，启动压力先是缓慢增加，当孔隙度降低到一定界限时，出现拐点，启动压力开始急剧上升，分析显示孔隙度界线大约为 9%(图 5-39)。因此，可以将台北凹陷水西沟群致密砂岩气储层的物性界线定为孔隙度为 9%，空气渗透率为 $0.7\times10^{-3}\mu m^2$。田伟超(2015)采用相似的分析原理，考虑储层润湿性和油气相态分析认为，在地层倾角约为 15°时，致密砂岩储层对于

油的临界喉道半径为 0.552μm，对于天然气为 0.491μm；结合喉道半径与储层物性关系，确定相应的致密油储层孔隙度和渗透率上限分别为 8.43%和0.378×10^{-3}μm^2，致密气的物性上限分别为 8.39%和 0.358×10^{-3}μm^2，与本次研究结果接近。

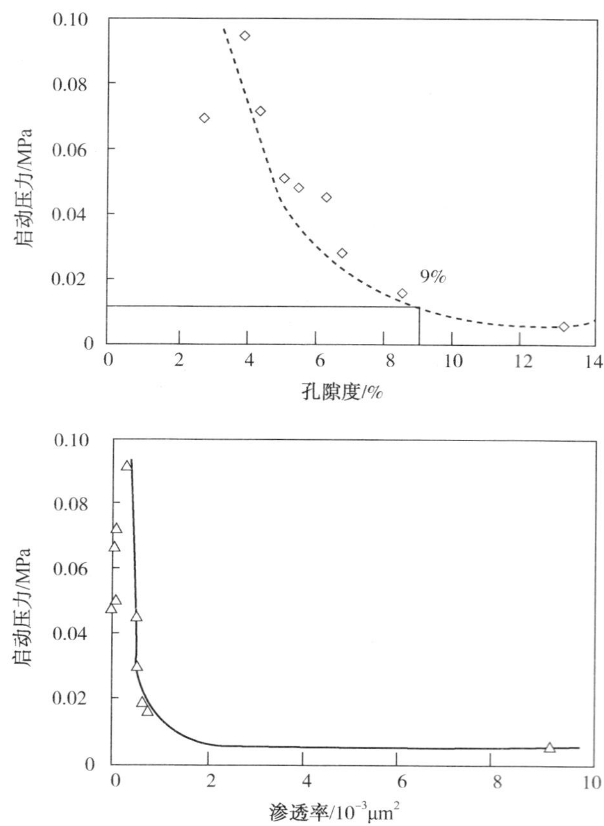

图 5-39　水西沟群致密砂岩储层物性与启动压力的关系(据内部报告，2013①)

二、临界物性下限

有效储层物性下限值是影响产量建设的一个重要因素，也是储层评价的重要参数。目前，大多数国内外石油公司认为，有效储层是指富集了烃类流体并可以开采油气的储层，物性下限一般用最小有效孔隙度和最小渗透率来度量。物性下限影响因素很多，准确确定物性下限是比较困难的，它不仅与储层的厚度有关，

① 王伟明，等．吐哈盆地致密砂岩油气储量计算方法与参数研究[R]．内部报告，2013.

更与储层的微观性质密切相关。国内学者通常是通过对具有不同产能砂岩储层的岩性、物性、孔隙结构和孔隙微观特征进行研究，以此确定储层的孔隙度和渗透率下限值；也可从统计学角度出发，通过有效含气层与非有效含气层样本分布函数曲线之间的关系确定储集层物性参数下限值，这种方法利用了大量的测井资料，针对非均质性很强的储层很具代表性(万玲，1999；何军，2015)。本次研究中，结合研究区生产试采情况，建立凝析气层、含油水层和干层对应的储层物性交汇图版，可以建成产能的储层物性界线是孔隙度约为 3.2%，渗透率约为 $0.028\times10^{-3}\mu m^2$(图 5-40)。为了便于应用，将目前技术条件下研究区致密砂岩油气藏可以建成产能的物性下限定为孔隙度为 3%，渗透率为 $0.03\times10^{-3}\mu m^2$，但储层的物性下限是受开发技术条件限制的，不同条件下该值会有较大差异。

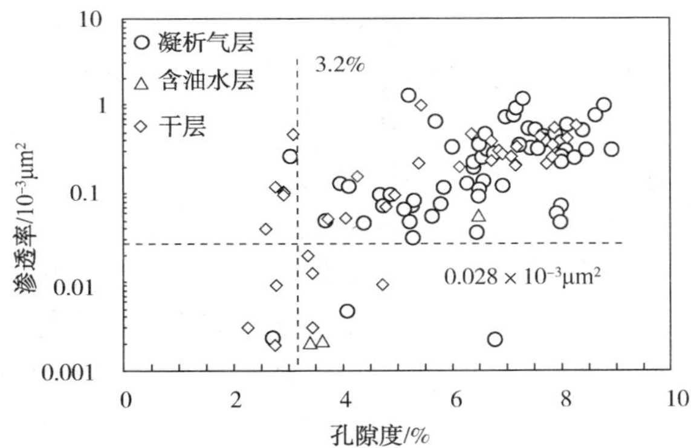

图 5-40 水西沟群致密砂岩储层试油结果与储层物性关系

第六章　油气地球化学特征与来源

第一节　吐哈盆地煤系油气源研究现状

一、油源对比原则及参数

油源对比作为油气地质研究中一项重要内容，是运用有机(或无机)地球化学的方法，合理的选择对比指标(参数)来研究油气之间以及油气与烃源岩之间的成因联系，为进一步的成藏研究奠定基础。油源对比实际上包括了两个方面的内容：其一，进行不同原油之间的对比，划分出来源不同的原油，即进行原油族群划分或者分类；其二，再进行不同原油和烃源岩之间对比，确定油气来源。烃源岩的干酪根在一定的温压条件下热解形成石油和天然气，在更高的温度下油气可能发生热裂解，这些油气一部分运移到储层中，一部分保留在烃源岩中，称为沥青。因此，烃源岩中的沥青与来自储层的油气如果存在亲缘关系，在油气化学组成上也必然存在着某种程度的相似性，反之则存在内在差异，这就是油气源对比的理论依据。然而，油气成因的复杂性以及在油气运移、聚集和后期改造过程中都会发生一系列的变化，这会模糊甚至完全掩盖这些原生的相似性，从而加大油气源对比的难度。油气源对比的基本原则是选择成因明确、结构稳定的化合物，以及不容易受运移分异效应影响的参数来进行对比研究。实际工作中可以首先选取原油的族组成、气相色谱、质谱、同位素资料及其相关的参数，利用直观图件(三角图、相关性图、指纹分布图等)和数学统计方法(聚类分析、主因子分析等)划分原油的组群，探讨不同组群之间原油组成上存在差别的原因。并在此基础上，根据反映母质生源和沉积环境的地球化学参数确定油气来源。

油气源对比中，油气物理化学性质，如密度、黏度、凝固点等，容易受到外界次生因素的影响，以至于造成油源对比的误差。可以从各种烃类和非烃中选择对比参数，原油中甾烷系列与萜烷系列生物标志物的组成特征可以反映原油的有机质母源输入条件、沉积环境和热演化程度等，影响原油中三萜烷系列化合物的分布特征的关键因素为生源条件，并且生物标志物在原油中的分布是相对稳定的，轻度到中等程度的生物降解作用对其没有明显的影响，运移效应对大部分生物标志物参数也没有明显的影响(张枝焕，2004)。凝析油的油源对比与常规液态

石油不同，因为二者的聚集机理不同、化合物分子量范围不同；另外，天然气化学组成简单，其对比参数有限，但同位素组成是进行天然气之间或气源对比的有效参数。油气源对比中常采用的参数包括，轻烃、重烃、饱和烃、芳烃、正构烷烃和异构烷烃以及非烃和同位素的组成等参数（卢双舫，2017；侯读杰，2011；王绪龙，2013）。

1. 轻烃组成

对于凝析油或轻油（>50API）缺少 C_{15}^{+}以上的烃类物质，那么利用生物标志物进行油源对比就比较困难，利用轻烃对比参数可以很好地解决凝析油与烃源岩以及凝析油与稠油之间的对比。

2. 正构烷烃的组成

饱和烃馏分中主要是饱和直链烷烃即正构烷烃，其通式为 C_nH_{2n+2}，广泛分布于细菌、藻类以及高等植物等生物体中，是原油或烃源岩抽提物中主要成分，可以作为油气的成熟度和有机质来源的指标，也可以作为油源对比的指纹化合物。正构烷烃的碳数分布范围，主峰碳数、特别是碳数分布形式是有用的参数，具有亲缘关系的油气常具有相似的碳数分布曲线。当原油遭受生物降解时最容易受破坏的是正构烷烃，如在色谱图上鼓包上有少量正构烷烃峰分布时就说明样品可能经历过生物降解。另外，成熟度和运移效应也会影响正构烷烃的分布。

3. 无环类异戊间二烯烷烃的组成

在油气和烃源岩的抽提物中存在着无环类异戊间二烯烷烃系列，尽管不及饱和烃含量高，由于其结构比较稳定，具有比正构烷烃更强的抗微生物降解能力，是一类重要的对比参数，主要包括 Pr/Ph，Pr/nC_{17}、Ph/nC_{18}、$Ph/nC_{18}-Pr/nC_{17}$、$(Pr+Ph)/(nC_{17}+nC_{18})$和$(Pr+nC_{17})/(Ph+nC_{18})$以及 $C_{14}\sim C_{20}$无环类异戊间二烯烷烃分布。Pr/Ph 在一定范围内可以代表不同的沉积环境；随着成熟度的增加，Pr/nC_{17}、Ph/nC_{18}的比值随之降低，因为干酪根降解会产生更多的正构烷烃，物源和生物降解也会影响比值。上述都是小于或等于 20 碳数的无环类异戊间二烯烷烃地球化学参数，高分子量无环类异戊间二烯烷烃也是一种油源对比的有效参数。

4. 甾烷和萜类生物标志物

甾、萜类化合物是烃源岩和油气运移中生物标志物的主体部分，在油气生成、运移、聚集成藏和保存的全部地质历程中，它们蕴含大量的有关生源、沉积环境、成熟度、运移成藏、原油生物降解的各种信息。应用甾、萜类化合物解释生源和沉积环境往往是分不开的。对于生源的判别，萜类指标比甾类更多一些，也较准确。萜烷类多与细菌和高等植物有关。如海松烷类、松香烷类的三环二萜烷等是高等植物树脂产物；18α-奥利烷、羽扇烷等都是高等植物有机质来源的标志；伽马蜡烷是原生动物生源，或许还与某些嗜盐细菌有关，它常在咸化或盐湖相强还原环境的样品中。甾烷主要来源于藻类、高等植物及浮游动物，一般认为 C_{27} 甾烷源于藻类等低等水生生物，C_{29} 主要来源于高等植物；在咸水环境中 C_{21} 孕甾烷和 C_{22} 升孕甾烷含量较高，甲藻甾烷较发育；而在淡水、微咸水环境中4-甲基甾烷丰富，重排甾烷相对含量增大。前人应用甾、萜类生物标志物进行油-油对比、油-岩对比，已经做了大量的工作，在对比经历了生物降解作用的样品时，甾、萜类生物标志物是特别有价值的。

5. 芳烃化合物

芳烃作为石油和烃源岩的有机质中普遍存在的组分之一，具有较强的抗演化、抗氧化能力，而且石油和烃源岩中各类芳烃的相对百分含量与母源性质、沉积环境以及有机成熟度密切相关。20世纪80年代发展起来的一种新的分析技术(三维荧光光谱)，它可以用于测定含芳烃类的物质，是测试芳烃类组分分布和浓度的有效手段。三维荧光光谱是以激发波长、发射波长和荧光强度为坐标的三维空间谱图，即在激发波长与发射波长的平面上，荧光强度的等值线生成一个“指纹图”。

6. 同位素组成

石油、烃源岩中沥青和干酪根的稳定同位素组成的重要性在于它将油气和可能烃源岩干酪根以及可溶沥青直接联系起来，使用最多的是碳同位素组成，即 $\delta^{13}C_{PDB}$。在干酪根热演化过程中，由于热分解使产物中碳同位素较残余物中碳同位素轻。大量的统计资料表明，烃源岩抽提沥青中的碳同位素一般要比干酪根中的轻，一般小2‰~3‰。而由干酪根热解生成的石油 $\delta^{13}C$ 值与沥青相同或稍轻，这个差异也不会大于2‰，即 $\delta^{13}C_{干酪根}>\delta^{13}C_{沥青}>\delta^{13}C_{石油}$，干酪根与族组分的碳同位素组成相互关系是 $\delta^{13}C_{干酪根}>\delta^{13}C_{沥青质}>\delta^{13}C_{非烃}>\delta^{13}C_{芳烃}>\delta^{13}C_{饱和烃}$。

二、煤系主力烃源岩研究

吐哈盆地油气来源、主力烃源岩类型研究，自1989年台参1井在中侏罗统三间房组获得工业油流之后，就引起了众多学者浓厚兴趣，前人开展了大量细致、深入的研究，取得了丰硕的研究成果(黄第藩，1996，1999；徐永昌，2008；赵文智，1995；等)。在不同的油气勘探阶段，根据掌握的资料和研究手段，对吐哈盆地油气来源和主力烃源岩类型进行了研究，得出的结论有一定差异。

程克明(1994，1997，2002)等较早地针对吐哈盆地煤成油开展系统的地球化学研究，定义煤成油为煤及煤系泥岩内集中和分散的陆源有机物质中，其富氢组

分(壳质组、基质镜质体等)，在弱氧化-弱还原条件下、煤化作用的同时生成的液态烃类(程克明，1994)，如成煤的凝胶化过程也是高等植物形成镜煤(镜质体)的重要过程，在这一过程中，高等植物中的富氢组分(稳定组分)在相对还原的条件下发生沥青化而生成油气，并且具有早生早排的特点，最有利的排驱时期R_o< 0.8%(程克明，1997)；通过碳同位素、饱和烃生物标志化合物参数，如*Pr/Ph*、二萜类、规则甾烷、三芳甾烷等，进行油源对比认为，吐哈盆地中、下侏罗统确实有部分原油与该区西山窑组和八道湾组的煤有关(特别是西山窑组煤)，此即为该区所谓的煤成油(程克明，2002)。程克明(2002)，Greene(2004)从二萜烷类的时代意义研究指出，吐哈盆地上二叠统源岩及其原油中富含扁枝烷，中下侏罗统煤系烃源岩及其原油中富含海松烷、降异海松烷等，这与不同时代高等植物种属不同有关；据此指出二萜烷指数[4β(H)-19-降异海松烷与4β(H)-19-降异海松烷、16β(H)-扁枝烷、16α(H)-扁枝烷三者之和的比值]小于0.5为二叠系，大于0.8为侏罗系；所分析油样二萜烷指数普遍高于0.8，可以认为侏罗系煤系原油中没有前侏罗系原油的混入。孙永革(2000，2001)认为，虽然煤系沉积环境的快速转变并未引起生物种属的大规模改变，但煤系沉积亚环境中优势生物种属却存在一定的差异，这是影响生物标志化合物类型与分布的主要因素；理论上，生源的变化应该对生物标志化合物的分布产生影响，但在实际研究中，往往难以观察到这种效应；相比之下，有机碳同位素较生物标志化合物指纹对此更为灵敏，其组成不仅取决于原始沉积有机母质的性质，而且与生态环境密切相关。煤和煤系页岩可溶有机质中正构烷烃单体碳同位素分布曲线表明，在低碳数部分(< nC_{20})煤与煤系页岩分子碳同位素较为一致，高碳数部分(> nC_{20})碳同位素有显著差异(可达2‰~3‰)，表现为煤比煤系页岩更富集重碳同位素；据此进行油源对比显示，吐哈盆地萨克桑和巴喀构造带的原油可能主要来源于煤岩，鄯善、丘陵和鄯勒构造带的原油则主要与煤系页岩有关，而温吉桑和红胡构造带的原油具有煤和煤系页岩混源供油特征。

黄第藩(1999)认为倾油的煤系源岩能够生成液态石油，并可导致相当规模的煤成油气聚集，但并非所有的煤系地层都是倾油的，煤主要是气源岩，对世界油储量的贡献较少；煤沉积在边缘湖相，不可能含有高含量的藻干酪根，其互层的泥岩才是所产油的油源。陈建平(1997，2001)针对台北凹陷，深入研究了侏罗纪煤系源岩和原油的地球化学特征认为，煤系原油与煤系泥岩具有十分相似的生物标志物分布特征，如三环萜烷含量低且C_{22}以前低碳数高于C_{22}以后高碳数，*Ts/Tm*、C_{29}*Ts*/C_{29}藿烷、C_{30}重排藿烷/C_{30}藿烷值相对较高，而*Tm*/C_{30}藿烷、C_{31}藿烷/C_{30}藿烷值相对较低。煤和碳质泥岩的这些比值均与煤系原油及泥岩相反，甾烷和藿烷的分布也有明显差异；综合分析认为煤系泥岩是主要油源岩，煤和碳质泥岩是次要油源岩。Chen(2017)通过分离吐哈盆地煤中显微组分(藻类体、孢子体、角质体、镜质体)，热模拟实验产物的生物标志化合物参数中，藻类体、孢子体、角质体具有较低的 *Pr/Ph* 值；藻类体热解产物相对富含 C_{27}规则甾烷，然后是孢子体和角质体，镜质体含很少甚至低于检测下限的 C_{27}规则甾烷；伽马蜡烷含量以藻类体和角质体热解产物中最高，然后是孢子体，而镜质体热解产物中几乎没有伽马蜡烷。藻类体热解产物具有最轻的碳同位素组成，其次是孢子体和角质体，最后是镜质体；吐哈盆地煤系泥岩应该是煤成油的主力烃源岩，煤岩是次要烃源岩，结合碳同位素组成质量平衡计算认为，泥岩提供了约70%的石油，煤岩成油贡献只占30%(Chen，等，2017)。帅燕华(2009)采集吐哈盆地、准噶尔盆地煤岩、泥岩开展限定体系的热解生烃模拟实验，结果显示，热解特征较差的泥岩却比中等富氢煤的生油量高出2.7倍，是一般煤生油潜力的6倍；通过热解模拟结果与吐哈盆地台北凹陷煤系岩石中有机质含量对比，认为该凹陷煤成油更可能来自煤系泥岩而不是煤本身。胡社荣(1997)通过吐哈等盆地侏罗系煤生油显微组分组成特征、可溶有机质演化、成熟度和有机质丰度、油源(岩)及原油成熟度对比，含煤岩系中煤层和泥岩的厚度及总量和煤及泥岩最高沥青和总烃转化率的对比，煤及其族组成和煤成原油的族组成特征的对比研究指出，中国侏罗系煤成油盆地中泥岩比煤层对煤成油田的形成有更大贡献。郭贵安(2005)通过对吐哈盆地中下侏罗统4个未成熟煤系暗色泥岩和煤岩样品加水热压模拟实验结果对比分析，煤岩样品在模拟温度为210～330℃(R_o为0.61%～1.45%)以液态烃产出为主，气态烃与液态烃的比例低于1000 m^3/t；在相同的模拟温度条件下，煤系泥岩有机质除了在低成熟阶段以液态烃产出为主外，总体上以生气为主，液态烃产率较低。吐哈盆地中下侏罗统煤岩有机质生成的气态烃干燥系数比煤系泥岩的低，煤系泥岩有机质总的累计产烃率比煤岩的大约高100～150 mg/g *TOC*。中下侏罗统煤岩有机质的液态烃产率虽然明显低于典型腐泥型有机质产油率，但是单位体积的生油潜力基本相当，煤岩对吐哈盆地煤系液态烃的富集具有重要的贡献。

黎茂稳(2001)研究认为吐哈盆地西山窑组、八道湾组煤系烃源岩已经普遍进入“生油窗”范围，前侏罗系(石炭系、二叠系)烃源岩分布局限，但仍具有较强供油能力；不同类型烃源岩可溶有机质中的生物标志化合物绝对浓度存在差异，侏罗系煤中甾烷、萜烷浓度可以比前侏罗系烃源岩高几个数量级；对吐哈盆地石油、天然气地球化学综合研究认为，侏罗系腐殖煤不是唯一的主要烃源岩，中下侏罗统和上二叠统湖相泥岩生油贡献显著；侏罗系原油表现为煤成油地球化学特征，是受到生物标志化合物含量丰富的煤成油混染所致。苏传国(2005，2008)通过煤岩的富氢显微组成、模拟生烃特征、油气成藏规律及不同地区预测资源量与

探明油气资源量之间的对比，以及天然气碳氢同位素、氦同位素等综合分析认为，吐哈盆地侏罗系煤岩并不具有大规模生、排液态烃并形成商业性油田的能力，台北凹陷中侏罗统油气并不是严格意义上的“煤成油气”，而是深层上二叠统湖相与煤系的“混源油气”。Ni(2015)，Gong(2016)和倪云燕(2019)等通过天然气组分、碳氢同位素、轻烃参数、原油饱和烃单体烃碳同位素组成等分析认为，吐哈盆地侏罗系原油为前侏罗系湖相原油和中下侏罗统煤系原油的混合，而天然气主要来自中下侏罗统煤系烃源岩。

含煤岩系中油田的形成是煤层还是泥岩作为主要的贡献组分，这是煤成油研究中一个较有争议的问题。胡社荣(2003)统计发育油田的含煤岩系中煤层最大厚度和泥岩最大厚度，泥岩最大厚度明显大于煤层最大厚度(表 6-1)，典型的是印度尼西亚马哈坎三角洲，最大煤层厚度 195m，泥岩厚度达 1795m；在吉普斯兰盆地，陆上部分煤层厚度达 700 多米；通过源岩地球化学分析认为，准噶尔盆地南缘所谓的煤层成油，实际为泥岩是主要烃源岩，从整个西北侏罗系来看，即使是吐哈盆地，也是以泥岩生油为主，地球化学资料分析结果也是如此；对吐鲁番盆地原油中的孢子花粉进行了研究，根据 39 属 68 种侏罗纪孢粉组合特征也可得出八道湾组、三工河组和西山窑组黑色泥岩为油气源岩。

表 6-1 世界部分含油盆地煤系地层厚度与成熟度(据胡社荣，2003)

盆地名称	最大地层总厚①/ m	最大煤厚/ m	最大泥岩厚/ m	成熟度 R_o/ %
准噶尔	>4000	>203	>950	0. 4~1. 2
吐哈	>4000	>194	>800	0. 5~1. 1
焉耆	>2000	>60	600~1200	0. 7~1. 3
喀什凹陷	>2000	0. 67~>1. 4	>300	0. 26~4. 17
库车坳陷	>2000	>30	>600	0. 7~1. 3
伊犁②	>2000	>200	>558	0. 5~0. 7
柴达木	>2000	>35	>1000	0. 6~>1. 3
潮水②	>3400	>15	>480	0. 73~1. 19
雅布赖②	>3400	—	>1020	0. 5~1. 3
吉普斯兰	>3000	>700		0. 4~1. 2
印尼库太	>3000	>195	1795	低-很高
卡拉库姆	>3000	局部夹煤层	>1000	低-很高

注：①残留地层厚度；

②迄今未发现有商业意义煤成油田的侏罗系盆地(2003 年)。

也有学者质疑煤系油气源对比方法的适用性。戴卿林(1996)通过吐哈盆地煤的低温排烃模拟实验及源岩与原油之间组分分析，发现煤与泥岩的排烃作用存在明显差异；煤成油在排驱过程中，由于地质色层作用使组分分布特征产生了明显变化而难以与母源对比。烃源岩排烃过程中地质色层作用会引起正构烷烃和类异戊二烯烷烃分布的变化。煤排出烃中的正烷烃分布与相应的残留烃相比明显富集低碳数组分，主峰碳数前移，轻重比值增加。这一现象表明了排烃过程中煤对分子量愈大的烷烃吸附效率愈高。烷烃的排驱作用是按分子大小和结构特征进行分馏的，即低分子正烷烃较其高分子同系物排出效率高，如分子体积大小顺序为：倍半萜烷<三环萜烷<甾烷<五环三萜烷，从而运移速率大小顺序为：倍半萜烷>三环萜烷>甾烷>五环三萜烷。由于煤对有机质具有强有力的吸附作用，煤排出烃比残留烃表现出倍半萜烷、三环萜烷和甾烷相对含量增加，而五环三萜烷相对含量降低。既然自然界油气与其真正的源岩往往不在一起赋存，油气在运移过程中又发生了较大变化，那么在油源对比工作中主要依据逻辑推理建立起来的"油—源必然相似"的原则，未必对各类烃源岩以及对所有的地球化学指标都完全符合地质上的真实情况。

综合前人对吐哈盆地油气来源研究成果可知，不同地区油气来源存在差异，对主力烃源岩类型的认识依然存在分歧，不同学者分析的烃源岩样品、油气样品分布位置不同，得出的结论也不相同。但关于煤系烃源岩成烃性能的总体认识趋势是，煤系烃源岩可以作为主力气源岩，煤岩不能作为广泛的油源岩，煤系泥岩、前侏罗系湖相泥岩对吐哈盆地"煤成油"藏的形成具有重要作用。本研究针对吐哈盆地台北凹陷西山窑组一段和下侏罗统致密砂岩油气，从天然气、石油(包括凝析油)两个方面，分别探讨其地球化学特征与主力烃源岩类型。

第二节　天然气地球化学特征与气源

本部分主要对台北凹陷丘东洼陷开展研究，水西沟群致密砂岩储层天然气分析样品主要分布在温吉桑、柯柯亚、鄯勒和照壁山-红旗坎地区。

一、天然气地球化学特征与成因

1. 天然气组分特征

台北凹陷丘东洼陷水西沟群致密砂岩气以烃类气体为主，但含量变化较大，分布在56.8%~97.2%；烃类气体以甲烷为主，乙烷以上的重烃组分，随碳数增加，组分含量降低；非烃气体以氮气为主，未检测到二氧化碳；甲烷气体含量分布在49.1%~83.7%，平均含量为75.7%，甲烷相对含量较低，主要是由氮气含量增加所致；天然气干燥系数(C_1/C_{1-5})统计显示，主要分布在0.79~0.89，均小于0.9，全部为湿气，但高值多位于柯柯亚地区(表6-2)。

2. 天然气碳同位素组成特征

丘东洼陷致密砂岩储层天然气 $\delta^{13}C_1$ 值变化范围为-43.7‰～-36.5‰，平均值为-39.5‰；$\delta^{13}C_2$ 值为-29.8‰～-25.7‰，平均值为-27.3‰；$\delta^{13}C_3$ 值为-27.7‰～-24.4‰，平均值为-26.0‰；$\delta^{13}C_4$ 值为-26.4‰～-24.9‰，平均值为-25.7‰(数据少)。从不同地区乙烷碳同位素组成上分析(样品数量少，不宜统计频率，而分析频数分布)，鄯勒地区 3 个气样的乙烷碳同位素组成最轻，代表生烃母质类型最好；其次是红旗坎—照壁山地区的 2 个气样；再次是柯柯亚地区 14 个气样，乙烷碳同位素值在-29.0‰ ～ -25.0‰较均匀分布；最后是温吉桑地区 6 个气样，乙烷碳同位素值均分布在-27.0‰ ～ -26.0‰，碳同位素组成最重(图 6-1)。可见，以柯柯亚、鄯勒、照壁山—红旗坎为代表的北部山前带地区与以温吉桑为代表的南部斜坡带地区，致密砂岩气的成烃母质存在差异。前人综合考虑天然气碳同位素影响因素，通过大量实验数据分析建立了多种天然气成因类型判识图版，应用如下。

表 6-2　水西沟群致密砂岩储层天然气组分与含量

井号	层位	天然气组分含量/%								
		CH_4	C_2H_6	C_3H_8	iC_4H_{10}	nC_4H_{10}	iC_5H_{12}	nC_5H_{12}	CO_2	N_2
照 4	J_1b	78.43	9.69	5.17	1.36	1.54	0.53	0.44	1.36	0.85
柯 28	J_2x^1	75.65	10.47	5.55	1.42	1.66	0.57	0.45	1.86	1.65
柯 28	J_1s^2	65.58	9.20	4.56	1.11	1.26	0.58	0.51	1.62	14.84
柯 26	J_2x^1	75.83	7.28	5.85	1.67	1.59	0.42	0.26	0.20	6.60
柯 25	J_2x^1	68.81	5.11	2.11	0.57	0.49	0.20	0.14	4.87	17.36
柯 25	J_2x^1	49.12	4.34	1.89	0.64	0.55	0.17	0.13	6.89	36.03
柯 24	J_2x^1	80.89	7.37	2.26	0.56	0.59	0.35	0.38	1.37	2.83
柯 23	J_2x^1	77.66	9.83	4.90	1.20	1.15	0.36	0.30	2.34	1.52
柯 21	J_2x^1	83.66	8.39	3.00	0.70	0.75	0.26	0.20	1.31	1.31
柯 21	J_1s^2	82.97	7.50	3.43	0.94	0.93	0.41	0.42	0.66	1.37
柯 20	J_2x^1	81.42	9.26	3.69	0.91	0.81	0.29	0.22	1.61	1.54
柯 19	J_2x^2	78.92	10.83	4.26	0.91	0.91	0.50	0.47	0.90	1.03
柯 19	J_2x^1	76.75	9.25	4.19	1.29	1.35	0.63	0.55	4.25	0.40
吉深 1	J_2x^1	80.34	8.88	3.42	0.89	0.93	0.47	0.42	1.30	2.17
吉深 1	J_1s^2	78.92	9.95	4.28	1.04	1.36	0.44	0.37	0.90	2.07

注：J_1b 为八道湾组，J_1s^2 为三工河组顶部，J_2x^1 西山窑组一段，J_2x^2 西山窑组二段。

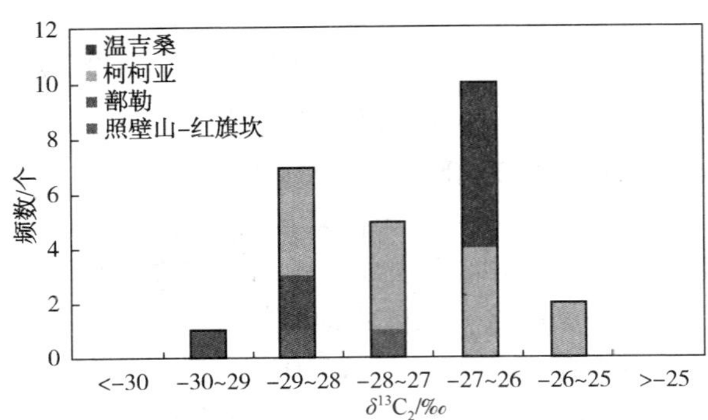

图 6-1　不同地区水西沟群致密砂岩气 $\delta^{13}C_2$ 值分布

3. 天然气成因类型

1)($\delta^{13}C_2$-$\delta^{13}C_1$)—$\delta^{13}C_1$ 图版

丘东洼陷不同地区天然气整体上表现为正序碳氢同位素组成系列，即 $\delta^{13}C_1<\delta^{13}C_2<\delta^{13}C_3<\delta^{13}C_4$，烷烃气的碳同位素组成随着碳数的增加而更加富集 ^{13}C，这与典型有机成因烷烃气碳同位素组成特征一致。由 $\delta^{13}C_1$—($\delta^{13}C_2$-$\delta^{13}C_1$)建立的天然气成因类型判别的 X 图版分析(戴金星，1993)，可见研究区天然气均为热成因气(图 6-2)。倪云燕(2019)通过碳氢同位素组成分析巴喀、鄯善、丘陵和温米等油气田天然气成因类型认为，研究区天然气样品(部分样品与本研究取样井位一致)都落在热成因气区，数据相对比较集中，没有出现与生物气之间的混合现象(图 6-3)。

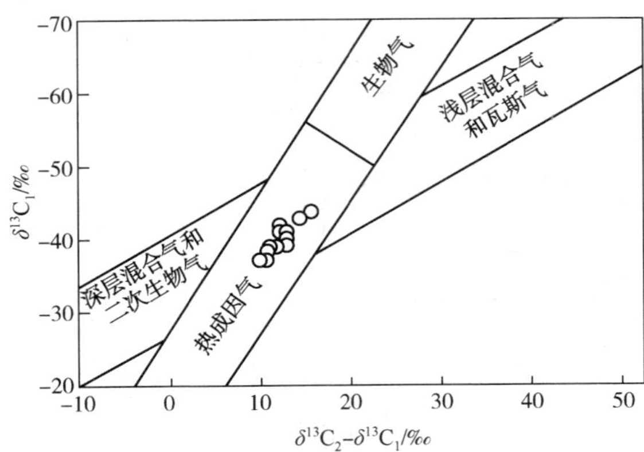

图 6-2　水西沟群致密砂岩气 $\delta^{13}C_{2-1}$—$\delta^{13}C_1$ 相关图

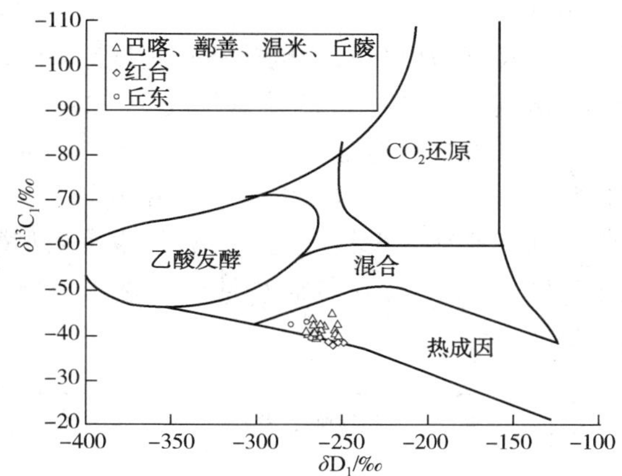

图 6-3 台北凹陷天然气甲烷碳、氢同位素组成特征(倪云燕，2019)

2)$\delta^{13}C_2$—$\delta^{13}C_1$图版

以甲烷碳同位素值<-30.0‰为有机成因天然气的判别界线，台北凹陷水西沟群致密砂岩气碳同位素值<-36.0‰，确定为有机成因气。甲烷碳同位素组成受烃源岩成熟度影响明显，而乙烷碳同位素组成受烃源岩成熟度影响较弱，主要反映母质类型(卢双舫，2017)。

进一步采用戴金星(1992)提出的$\delta^{13}C_2$—$\delta^{13}C_1$不同有机成因烷烃气鉴别图版分析，台北凹陷水西沟群多数样品落在腐殖型、腐泥型与混合型气区，少样品落在腐殖型和腐泥型气区；其中，温吉桑地区的气样均在腐殖型气区；鄯勒地区三个气样，两个在腐殖型和腐泥型气区，一个在腐泥型气区(图 6-4)。

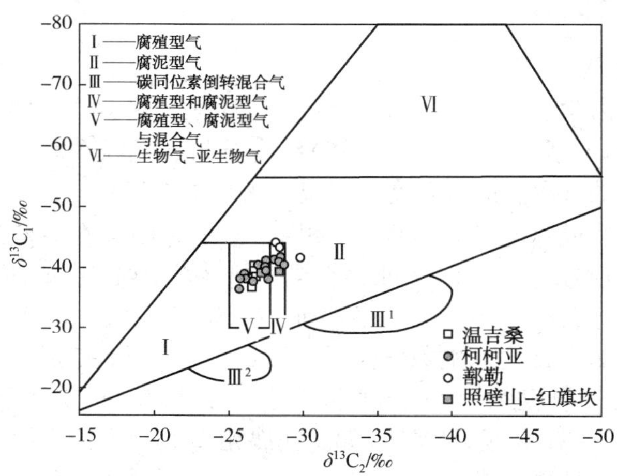

图 6-4 水西沟群致密砂岩气 $\delta^{13}C_2$—$\delta^{13}C_1$ 相关图

3) $\delta^{13}C_2$—($\delta^{13}C_2$-$\delta^{13}C_1$)图版

参数 $\delta^{13}C_2$-$\delta^{13}C_1$ 可以反映成气烃源岩的热演化程度，且基本不受母质类型的影响，成熟度越高，该值越小。图版以乙烷碳同位素-27.0‰和-29.0‰为区分煤型气和油型气的界线，二者之间为混合气。分析显示，温吉桑地区天然气均为煤型气，照壁山-红旗坎地区天然气均为混合气，鄯勒地区两个样品为混合气，另一个样品为油型气，柯柯亚地区天然气既有混合气也有煤型气；天然气成熟度差异不大，但在混合气区，是照壁山-红旗坎地区天然气成熟度略高于柯柯亚地区，再次是鄯勒地区(图 6-5)。

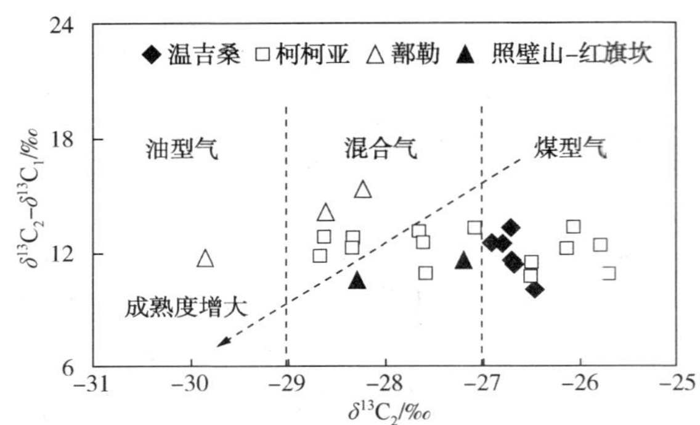

图 6-5 水西沟群致密砂岩气 $\delta^{13}C_2$—$\delta^{13}C_1$ 相关图

综上分析，台北凹陷致密砂岩气均为有机成因的热成因气，北部地区生气母质腐泥成分更多一些，而南部温吉桑地区生气母质更偏腐殖型。

二、气源对比

1. 气源岩成熟度

由于化学热力学、动力学作用会导致碳同位素分馏，随干酪根热演化程度增高，甲烷中 ^{13}C 将不断富集。Stahl(1975)综合分析西北欧和北美天然气甲烷碳同位素组成与对应的气源岩的成熟度，提出了著名的 $\delta^{13}C$-R_o 关系方程。甲烷碳同位素组成随烃源岩成熟度增高而变重，$\delta^{13}C_1$ 与 R_o 之间存在对数线性相关性，常用于判断甲烷母质成熟度，但这种关系模型有一定的适用范围，比如成熟度范围、地域范围、母质类型等。戴金星(1989)，沈平等(1991)等分别提出了甲烷 $\delta^{13}C$ 与烃源岩成熟度 R_o 之间的数学关系[式(6-1)与式(6-2)]。沈平(1991)将天然气分为油型气、煤型气和混合气拟合公式，煤型气与混合气具有相似的 $\delta^{13}C$—R_o 变化趋势。研究区天然气以偏腐泥腐殖型气为主，采用沈平(1991)的煤成气烃源岩成熟度计算公式[式(6-1)]计算结果显示，天然气对应烃源岩的成熟

度 R_o 值在 0.58%~0.87%，平均为 0.74%；采用戴金星(1989)的煤成甲烷烃源岩成熟度计算公式[式(6-2)]计算结果显示，天然气对应烃源岩的成熟度 R_o 值在 0.22%~0.71%，平均为 0.45%。对比发现，后者计算结果明显低于前者，而前者计算结果与中下侏罗统烃源岩成熟度较为接近。因此，对于台北凹陷水西沟群致密砂岩气对应烃源岩的成熟度计算，沈平的计算公式更为实用。计算结果也说明，研究区天然气主要是烃源岩低成熟—成熟阶段的产物；纵向上，R_o 值随深度增加表现出微弱的变大趋势(图 6-6)。

$$\delta^{13}C_1 = 40.49\lg R_o - 34.01 \tag{6-1}$$

$$\delta^{13}C_1 = 14.12\lg R_o - 34.39 \tag{6-2}$$

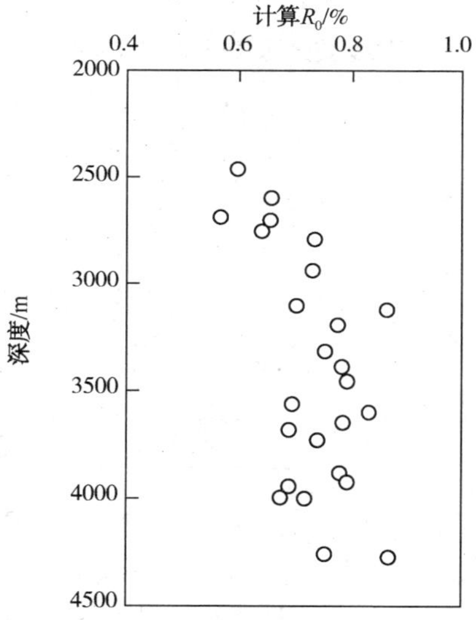

图 6-6　致密砂岩气中甲烷碳同位素计算烃源岩 R_o 值随深度变化

2. 气源岩分析

甲烷碳同位素计算对应烃源岩成熟度显示，烃源岩的成熟度 R_o 值在 0.58%~0.87%，与水西沟群煤系烃源岩成熟度极为接近。乙烷同位素作为判别天然气成因类型的主要参数，是基于乙烷碳同位素受成熟度影响较小，对母质碳同位素组成具有很好的继承性。西山窑组烃源岩干酪根碳同位素组成是 C 类泥岩最重，之后依次是 B 类泥岩、A 类泥岩、D 类泥岩或炭质泥岩，煤岩最轻(表 6-3)。下侏罗统不同亚类的泥岩、炭质泥岩和煤(炭质泥岩和煤数量较少，不分亚类)干酪根碳同位素组成对比分析显示，D 类泥岩可能最重(只有一个样品)，之后依次是 B 类泥岩、A 类泥岩、炭质泥岩、煤，C 类泥岩最轻(表 6-4)。从中可由看出，煤的干酪根碳同位素较轻，整体略轻于泥岩。

表 6-3　西山窑组烃源岩干酪根碳同位素数据表

岩性	亚类	样品数/件	干酪根碳同位素($\delta^{13}C_{PDB}$)/‰			由大到小相对顺序
			最小值	最大值	平均值	
泥岩	A	3	-24.5	-21.9	-23.2	③
	B	7	-23.7	-22.8	-23.1	②
	C	12	-24.5	-21.8	-22.9	①
	D	14	-24.7	-22.4	-23.4	④
炭质泥岩		10	-24.37	-21.6	-23.5	④/⑤
煤		13	-24.4	-22.6	-23.6	⑥

表 6-4　下侏罗统烃源岩干酪根碳同位素数据表

岩性	亚类	样品数/件	干酪根碳同位素($\delta^{13}C_{PDB}$)/‰			由大到小相对顺序
			最小值	最大值	平均值	
泥岩	A	5	-25.6	-22.2	-24.0	③
	B	2	-25.4	-22.2	-23.8	②
	C	6	-26.2	-24.7	-25.6	⑥
	D	1	—	—	-23.7	①
炭质泥岩		4	-26.3	-23.5	-25.0	④
煤		3	-26.6	-23.8	-25.2	⑤

温吉桑地区为较典型的煤型气，对应烃源岩成熟度 R_o 值介于 0.71%～0.87%，平均为 0.77%，略高于本地区西山窑组煤系烃源岩的成熟度。所以，应有下侏罗统煤系烃源岩的贡献；其乙烷碳同位素组成较重，下侏罗统 A 类泥岩在温吉桑地区发育有限，可以推断气源岩应以西山窑组 B 类、C 类泥岩和下侏罗统 B 类泥岩为主。

照壁山-红旗坎天然气母质成熟度参数 R_o 值均为 0.76%，属于腐殖组分与腐泥组分的混合型天然气，也应为下侏罗统煤系烃源岩所生。鄯勒地区天然气母质成熟度较低，母质成熟度参数 R_o 分别为 0.58%、0.60% 和 0.65%，成熟度为 0.65% 的气样对应的乙烷碳同位素最轻，为-29.8‰，具有明显腐泥型母质特征，可能为下侏罗统煤岩所生，其余两个样品烃源岩为西山窑组煤系烃源岩。

柯柯亚地区天然气既有煤型气也有混合气。其煤型气乙烷碳同位素在所有样品中最重，对应烃源岩的成熟度参数 R_o 值在 0.74%～0.86%，平均为 0.80%；混合型气区天然气对应烃源岩的成熟度参数 R_o 值在 0.66%～0.78%，平均为 0.70%。可见，两种类型的天然气对应不同成熟度、不同类型的烃源岩。对比分析可以推断，煤型气主力烃源岩应主要为下侏罗统的B类泥岩，也可有少量炭质泥岩贡献，煤的贡献基本可以排除。混合型天然气成熟度较低，应主要来源于西山窑组煤系烃源岩，可有少量下侏罗统煤系烃源岩的贡献。

倪云燕(2015，2019)通过天然气碳氢同位素组成及其相关性研究指出，研究区天然气为成熟度较低的煤成气，主要来自中下侏罗统煤系源岩；天然气甲烷、乙烷的氢同位素组成呈线性相关性($\delta D_1-\delta D_2$相关系数R^2为0.8165)，表明随着烃源岩热演化程度的增加，甲烷和乙烷的碳氢同位素组成都逐渐变重，并呈现线性相关性；但$\delta D_{2-1}-\delta D_1$的相关系数$R^2$仅为0.071，相关性很差，说明天然气氢同位素一方面受到烃源岩热演化程度的影响，但热演化程度不是唯一的影响因素；沉积水介质条件、成岩流体性质等都对天然气氢同位素组成具有较强的影响，氢同位素组成数据表明研究区天然气烃源岩发育于陆相淡水湖沼环境。因此，台北凹陷致密储层天然气的烃源岩为淡水湖沼环境下沉积的中下侏罗统煤系烃源岩。

第三节 原油特征与油源

一、原油基本特征

1. 原油物理特征

台北凹陷水西沟群致密砂岩储层凝析油物性分析表明，原油20℃时的密度介于0.76~0.84g/cm^3，平均为0.81g/cm^3，为轻质油；20℃时的黏度普遍低于20mPa·s，低黏度；凝固点介于-6.0~25.0℃，平均为12.1℃；含蜡量介于3.1%~41.3%，平均为19.3%，为高蜡石油(含蜡量>8%)等。温吉桑地区凝析油的含蜡量最高，平均为23.1%，其次是鄯勒、红旗坎-照壁山地区，柯柯亚地区凝析油含蜡量最低，平均为7.1%，这应该与不同地区主力生油岩的类型有关。

2. 原油地球化学特征

原油的族组成以饱和烃组分为主，最高含量可达93.5%(图6-7)，具有高饱芳比，是煤系成油的典型特征。在Ph/nC_{18}—Pr/nC_{17}相关图上，绝大多数油样落在氧化环境、Ⅲ型干酪根成油区域(图6-8)，这表明水西沟群致密砂岩储层凝析油均为煤系烃源岩所生。前人研究认为，吐哈盆地是我国典型的以煤系作为主力源岩的含油气盆地，原油在物性上具有低比重、低凝固点、低含硫及中等含蜡量的特点，原油族组分具有饱和烃含量高，芳烃、非烃和沥青质含量低的轻质原油特征，与该区主力源岩侏罗纪煤系抽提物恰成良好的镜像关系；台北凹陷所发现的石油主要为轻质原油(族组成表现为非烃和沥青质含量低)，这与煤的强吸附性有关(戴卿林，1996)。本研究分析的石油样品性质与前人研究结果一致，说明中下侏罗统致密储层中石油性质与中浅层石油类似。

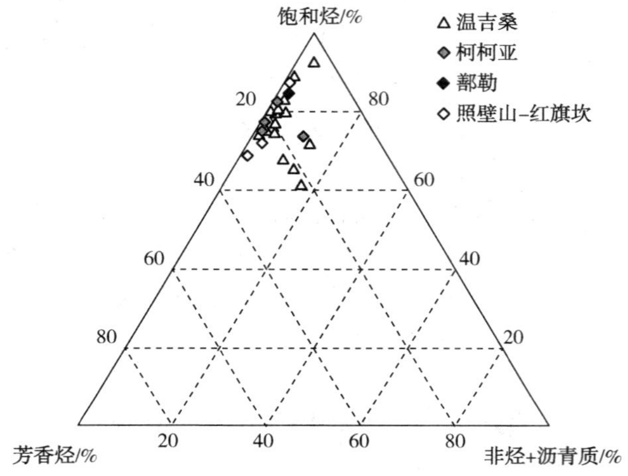

图 6-7　不同地区水西沟群凝析油族组成三角图

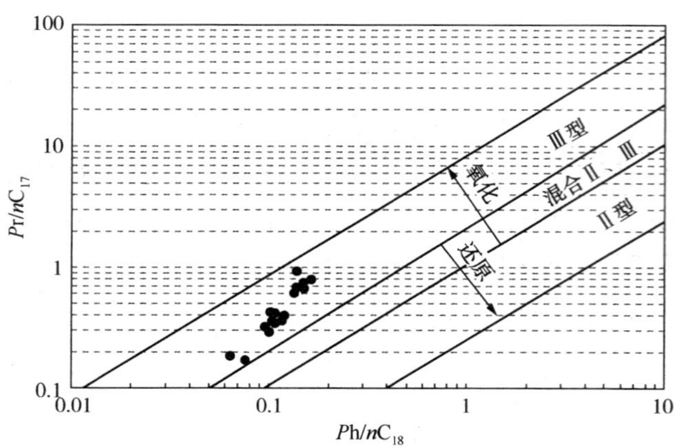

图 6-8　水西沟群凝析油 $Ph/n\mathrm{C}_{18}$—$Pr/n\mathrm{C}_{17}$ 相关图

二、原油生物标志化合物特征分类

由于煤系原油自身特性，在饱和烃色质 m/z217 谱图上，$\alpha\alpha\alpha 20R\mathrm{C}_{27}$ 规则甾烷

往往与 C_{29} 重排甾烷发生共逸出，$\alpha\alpha\alpha 20RC_{27}$ 规则甾烷谱峰不易识别。对此采用 $m/z217$ 谱图与 $m/z259$ 谱图对比的办法，$m/z259$ 谱图主要显示各类重排甾烷。例如吉 3 井原油，$m/z217$ 谱图中 $\alpha\alpha\alpha 20RC_{27}$ 出峰时间 51.65min 与 $m/z259$ 谱图上 C_{29} 重排甾烷出峰时间 51.65min 对应，表明 $m/z217$ 谱图 51.65min 时的最高峰不是 $\alpha\alpha\alpha 20RC_{27}$ 规则甾烷而是 C_{29} 重排甾烷；根据前面两个 C_{27} 甾烷其他两个构型峰高特征，可用 C_{29} 重排甾烷的小半峰高表示 $\alpha\alpha\alpha 20RC_{27}$ 规则甾烷的峰高(图 6-9)。

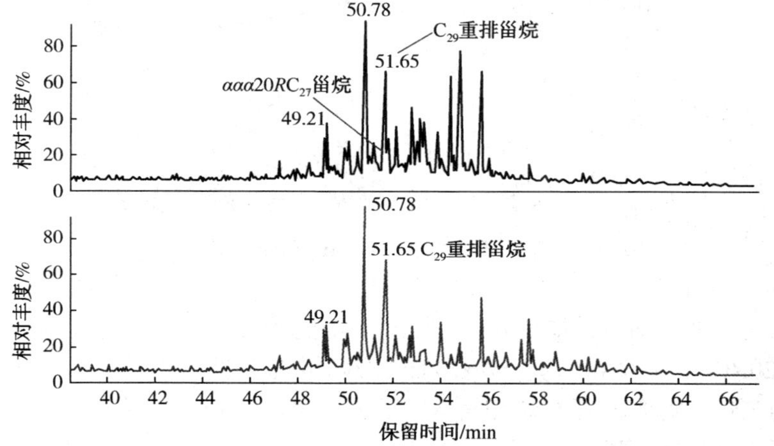

图 6-9 $\alpha\alpha\alpha 20RC_{27}$ 规则甾烷谱图识别示意图

从原油谱图的整体特征分析，原油中伽马蜡烷含量普遍极低，原油主要来源于淡水环境下沉积的煤系烃源岩。本书主要从饱和烃色质谱图形态、生物标志化合物参数的类型与分布等特征，对研究区原油进行分类。主要参考生物标志化合物参数有 Pr/Ph 值，孕甾烷、升孕甾烷相对含量，规则甾烷 $\alpha\alpha\alpha 20RC_{27}$、$\alpha\alpha\alpha 20RC_{28}$、$\alpha\alpha\alpha 20RC_{29}$ 相对丰度的分布形态，三环萜烷相对含量，Tm 与 Ts 相对丰度等，可将原油划分为四类。

1. 第一类原油

第一类原油谱图特征如图 6-10 所示，谱图整体特征为发生基线漂移，与其他原油样品明显不同；孕甾烷、升孕甾烷相对含量较高，$\alpha\alpha\alpha 20RC_{27}$、$\alpha\alpha\alpha 20RC_{28}$、$\alpha\alpha\alpha 20RC_{29}$ 规则甾烷相对含量多呈"V"型分布，具有较高的三环萜烷和四环萜烷含量，$Tm \approx Ts$(Tm/Ts 近似于 1)。

本类原油区分于其他三类原油的特征为规则甾烷 $\alpha\alpha\alpha 20RC_{27}$、$\alpha\alpha\alpha 20RC_{28}$、$\alpha\alpha\alpha 20RC_{29}$ 相对含量峰值多呈"V"型和很低的 Tm/Ts 值。

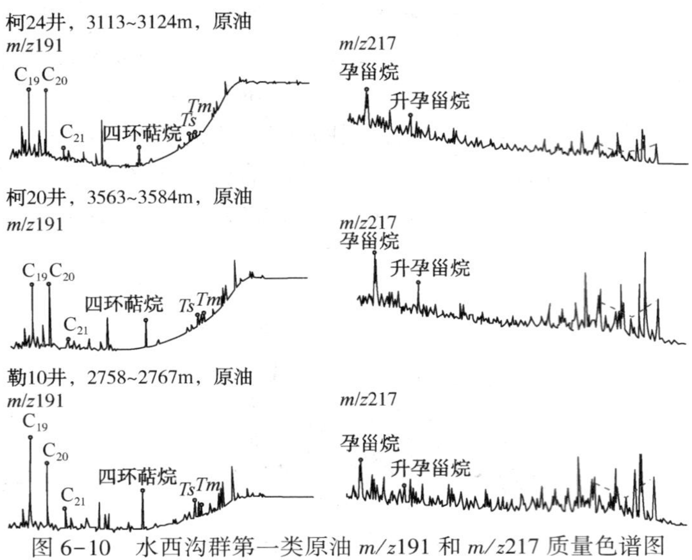

图 6-10 水西沟群第一类原油 m/z191 和 m/z217 质量色谱图

2. 第二类原油

第二类原油谱图特征如图 6-11 所示，具有较高的孕甾烷、升孕甾烷相对含量，$\alpha\alpha\alpha20RC_{27}$、$\alpha\alpha\alpha20RC_{28}$、$\alpha\alpha\alpha20RC_{29}$规则甾烷多呈“V”近反“L”型分布，具有较高的三环萜烷和四环萜烷相对含量，Tm、Ts 含量相近（Tm/Ts 在 1~3）。本类原油属于过渡类型原油。

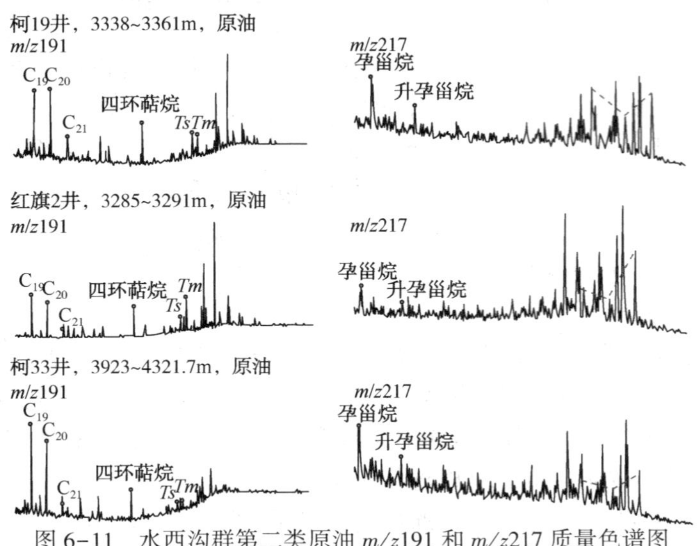

图 6-11 水西沟群第二类原油 m/z191 和 m/z217 质量色谱图

3. 第三类原油

第三类原油谱图特征如图 6-12 所示，具有较低的孕甾烷与升孕甾烷相对含量，$\alpha\alpha\alpha20RC_{27}$、$\alpha\alpha\alpha20RC_{28}$、$\alpha\alpha\alpha20RC_{29}$规则甾烷呈明显的反“L”型分布，三环萜烷含量也明显降低，含四环萜烷，$Tm>Ts$（Tm/Ts 在 2~8）。本类原油区分于其他三类原油的特征为具有较低的孕甾烷、升孕甾烷和三环萜烷相对含量。

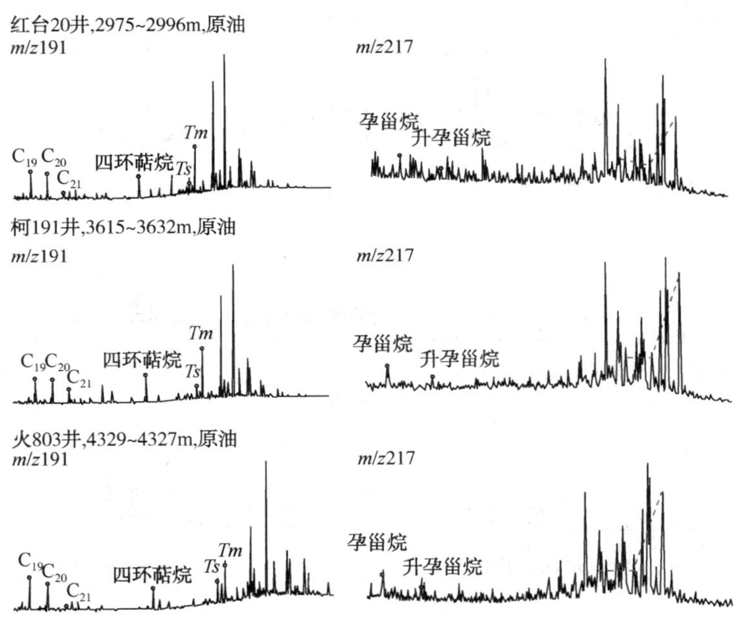

图 6-12 水西沟群第三类原油 m/z191 和 m/z217 质量色谱图

4. 第四类原油

第四类原油谱图特征如图 6-13 所示，具有很低的孕甾烷与升孕甾烷相对含量，规则甾烷 $\alpha\alpha\alpha20RC_{27}$、$\alpha\alpha\alpha20RC_{28}$、$\alpha\alpha\alpha20RC_{29}$相对含量峰值多呈明显的反“L”型，三环萜烷含量很低甚至没有，四环萜烷含量也明显降低，$Tm \gg Ts$（Tm/Ts 在 2~8，甚至不含 Ts）。本类原油区分于其他三类原油的特征为基本不含孕甾烷、升孕甾烷和很低的三环萜烷相对含量，四环萜烷含量明显低于其他三类原油。

四类原油在平面上也有一定的分布规律，第一类原油主要分布于柯柯亚地区的柯 24 井、柯 20 井和鄯勒地区的勒 10 井；第二类原油主要分布于照壁山-红旗坎地区的照 4 井、红旗 2 井和柯柯亚地区的柯 19 井、柯 23 井、柯 33 井等；第三类原油分布于红台地区的红台 20 井、丘陵地区的陵深 2 井、柯柯亚地区的柯 191

井和火焰山地区的火803井；第四类原油主要分布在丘东洼陷南部温吉桑地区，吉3井、吉深1井和温13井等(图6-14)。可见，台北凹陷凝析油类型分布具有由南到北呈条带状分布，而且柯柯亚地区原油类型多、交叉分布，源岩类型也应是多样性。

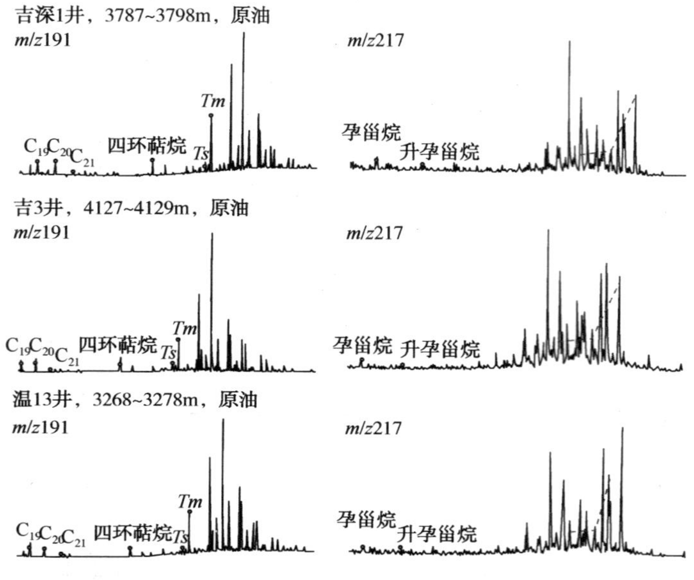

图6-13　水西沟群第四类原油 m/z191 和 m/z217 质量色谱图

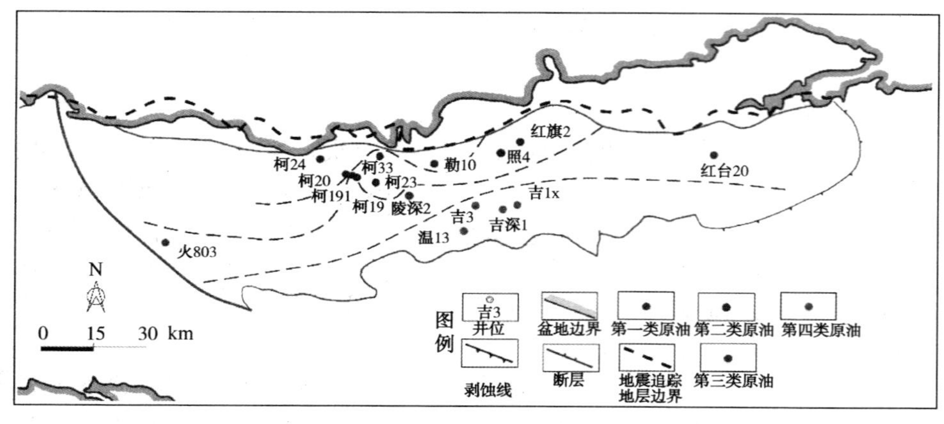

图6-14　水西沟群致密砂岩储层不同类型原油平面分布

三、油源对比

煤系烃源岩所生成的原油，由于烃源岩对部分化学成分的选择性吸附作用，加之原油在运移、成藏过程中一系列的物理化学变化，使得致密储层中凝析油与烃源岩抽提物的地球化学特征并不一定能完全对应，给油源对比工作造成了一定困难。煤与泥岩具有完全不同的岩石性质，对有机质的吸附性能有明显差别，煤及煤系有机质的吸附能力远高于泥岩。煤与泥岩有机组分的地质色层作用差异的结果，是导致煤排出烃与残留烃组成难以相互对比的主要原因，而泥岩排出烃与残留烃组成仍具有可比性；对于煤系油气源对比，如果完全用有机组成上的相似性原理进行必然不十分适用(戴卿林，1996)。因此，本次研究采用生物标志化合物、原油与族组分碳同位素组成、单体烃碳同位素组成等多参数综合分析，探讨不同地区或不同类型原油对应的主力烃源岩类型。对于重点井区，再通过结合其他地质、地球化学分析，以期明确主力烃源岩发育层系和岩性类型。

1. 第一类原油

第一类原油最典型的特征为规则甾烷 $\alpha\alpha\alpha20RC_{27}$、$\alpha\alpha\alpha20RC_{28}$、$\alpha\alpha\alpha20RC_{29}$谱图峰值呈"V"型，其次是含有较高的孕甾烷、升孕甾烷和三环萜烷等。这些特征与A类泥岩有一定的相似性(图6-15)。煤、炭质泥岩规则甾烷组成均为反"L"型，与本类油样没有亲源关系。A类烃源岩在现有分析泥岩样品中所占比例较小，主要受取心井分布的影响，但在下侏罗统样品中所占比例较高。因此，可以推断该类原油主要来自洼陷深部的下侏罗统泥岩。前文研究表明，A类泥岩 *TOC* 分布在0.4%~2.0%(表3-1)，低于煤系泥岩作为有效油源岩的评价标准(*TOC*>2.5%)。在烃源岩生排油气的过程中，其有机质丰度会降低，不同有机质类型、不同成熟度的烃源岩原始有机碳含量恢复系数不同(卢双舫，2017)。上述分析中所用数据为泥岩中目前总有机碳含量，不是原始有机碳含量，若经过恢复校正，部分泥岩样品原始有机质丰度可能高于2.5%，达到有效油源岩的评价标准。该类型原油的出现也印证了烃源岩研究部分对洼陷深部下侏罗统泥质烃源岩发育的推测，诚然，也不能排除前侏罗系湖相烃源岩生油的混入。

2. 第二类原油

第二类原油过渡特征为主，如规则甾烷 $\alpha\alpha\alpha20RC_{27}$、$\alpha\alpha\alpha20RC_{28}$、$\alpha\alpha\alpha20RC_{29}$相对含量峰值多呈"V"近反"L"型、三环萜烷含量较高等特征。单从规则甾烷峰型特征与三环萜烷相对含量分析(图6-16)，应该有A类泥岩或下侏罗统较深水沉积的泥岩的少量贡献。从饱和烃正构烷烃单体烃同位素组成分析，与D类泥岩和下侏罗统C类泥岩很相似(图6-17)；多与下侏罗统Ⅰ类炭质泥岩很相似，而与Ⅰ类煤较为相似(图6-18)。因此，该原油源岩类型较复杂，主力烃源岩应为西山窑组D类泥岩、下侏罗统C类泥岩与下侏罗统Ⅰ类炭质泥岩，Ⅰ类煤岩也有一定贡献。C类泥岩和D类泥岩*TOC*分别分布在0.6%~5.7%和1.0%~5.8%，含有效的油源岩。

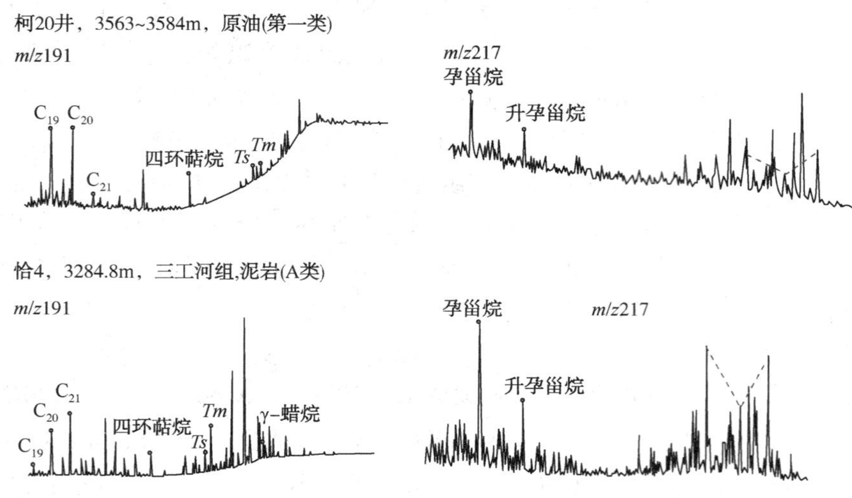

图6-15 第一类原油与A类泥岩m/z191、m/z217谱图特征

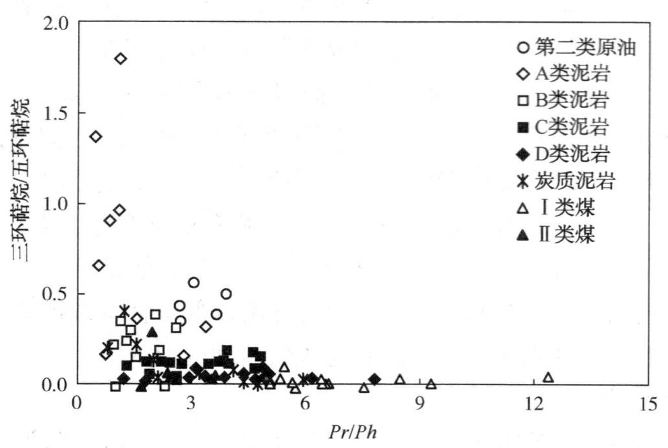

图6-16 第二类原油与烃源岩*Pr/Ph*与三环萜烷/五环萜烷关系

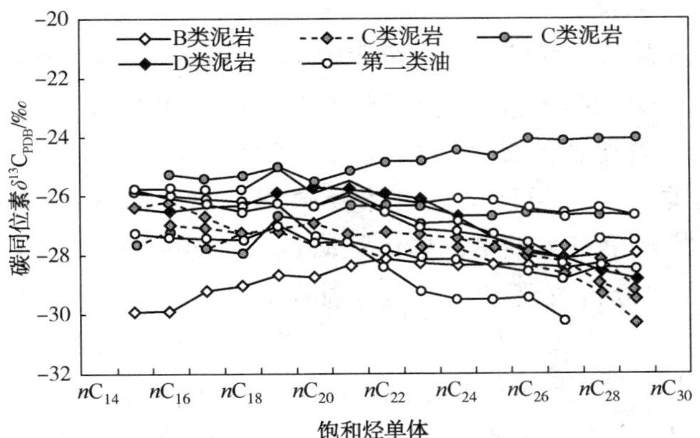

图 6-17　第二类原油与泥岩正构烷烃单体烃碳同位素组成

注：虚线表示下侏罗统样品，实线表示西山窑组样品。

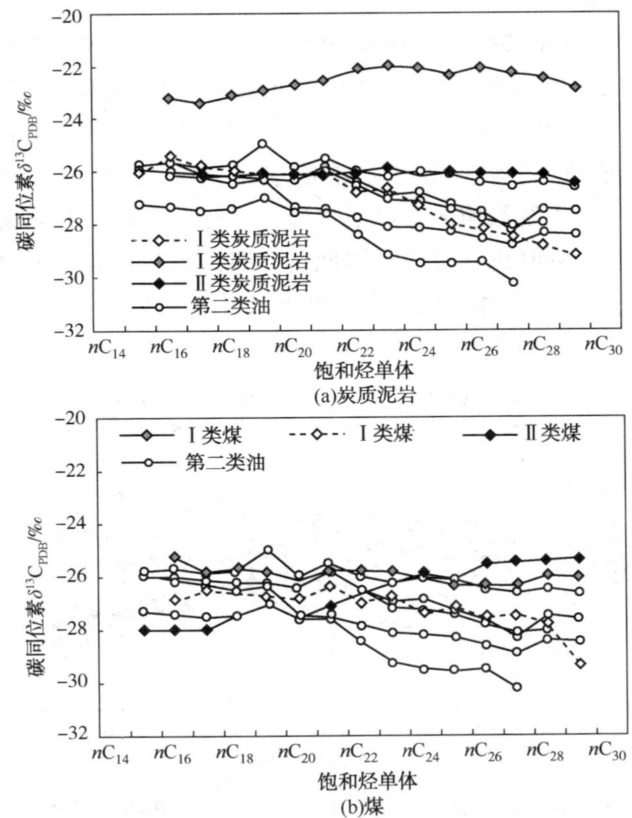

图 6-18　第二类原油与炭质泥岩、煤正构烷烃单体烃碳同位素组成

注：虚线表示下侏罗统样品，实线表示西山窑组样品。

3. 第三类原油

第三类原油表现为规则甾烷 $\alpha\alpha\alpha 20RC_{27}$、$\alpha\alpha\alpha 20RC_{28}$、$\alpha\alpha\alpha 20RC_{29}$ 相对含量峰值呈反"L"型，三环萜烷含量较低等特征。单从规则甾烷峰型特征分析，基本无有A类泥岩的贡献。从饱和烃单体烃碳同位素组成分析，第三类油可为两个亚类，第三类油A，单体烃碳同位素组成随碳数增加基本无变化，保持平直状；第三类油B，单体烃碳同位素组成随碳数增加而显著变轻（图6-19）。对比分析发现，A亚类原油与西山窑组C类泥岩样品之一较为相似（图6-19）；与Ⅱ类炭质泥岩十分相似；与西山窑组Ⅰ类煤很相似，其次是下侏罗统Ⅰ类煤（图6-20）。可见，该亚类原油主力烃源岩应为Ⅱ类炭质泥和西山窑组Ⅰ类煤。B亚类原油主要为D类泥岩和下侏罗统Ⅰ类炭质泥岩所生成（图6-19，图6-20）。

4. 第四类原油

第四类原油的典型特征是高 Pr/Ph 值，基本不含孕甾烷、升孕甾烷、三环萜烷等，这是D类泥岩、炭质泥岩和煤的共同特征。通过饱和烃单体烃碳同位素进一步分析显示，第四类原油饱和烃单体烃由低碳数到高碳数，其碳同位素组成逐渐变轻，这种形态与D类泥岩非常吻合，其次是下侏罗统的C类泥岩（图6-21）；与下侏罗统炭质泥岩也很吻合，而与下侏罗统Ⅰ类煤略相似；与其他烃源岩样品明显不同（图6-22）。因此，第四类原油对应的主力烃源岩应该为下侏罗统C类、D类泥岩和炭质泥岩，形成于沼泽环境，这也与该类原油的高含蜡（平均为23.1%）特征吻合。

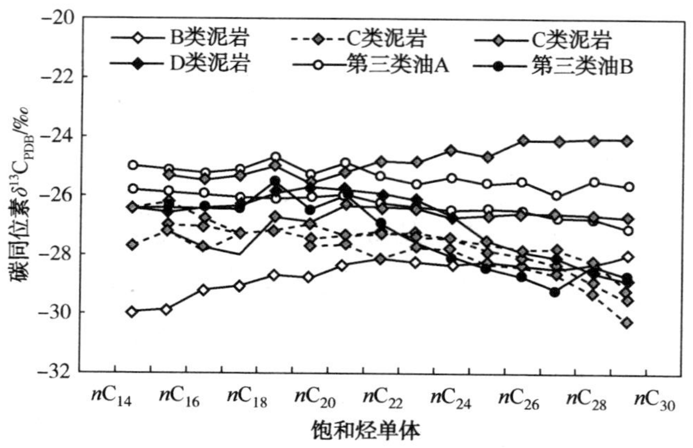

图6-19　第三类原油与泥岩正构烷烃单体烃碳同位素组成

注：虚线表示下侏罗统样品，实线表示西山窑组样品。

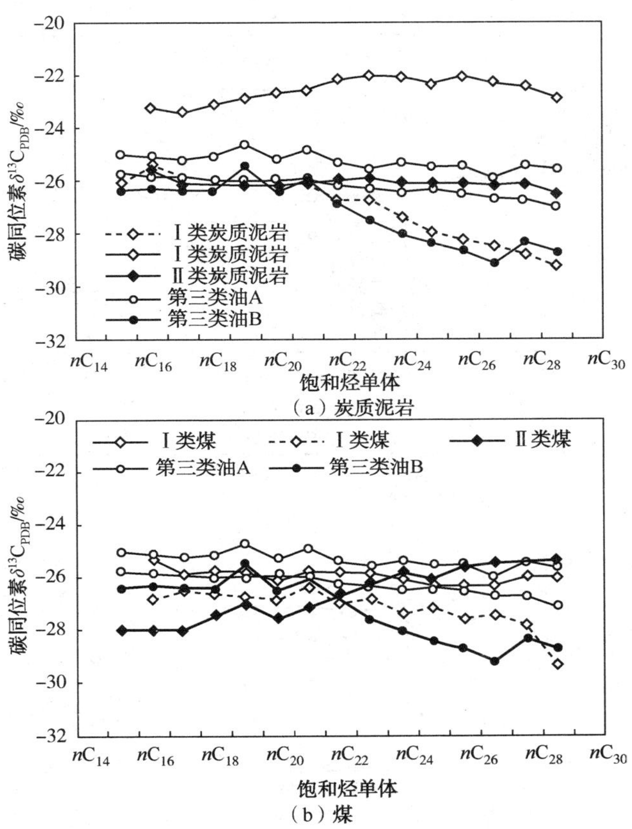

（a）炭质泥岩

（b）煤

图 6-20　第三类原油与炭质泥岩、煤正构烷烃单体烃碳同位素组成

注：虚线表示下侏罗统样品，实线表示西山窑组样品。

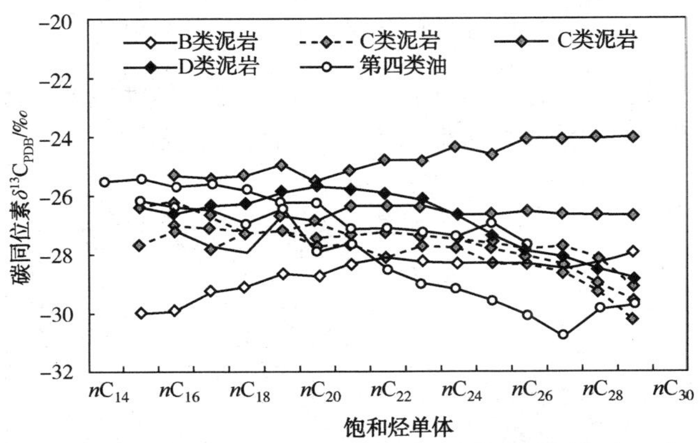

图 6-21　第四类原油与泥岩正构烷烃单体烃碳同位素组成

注：虚线表示下侏罗统样品，实线表示西山窑组样品。

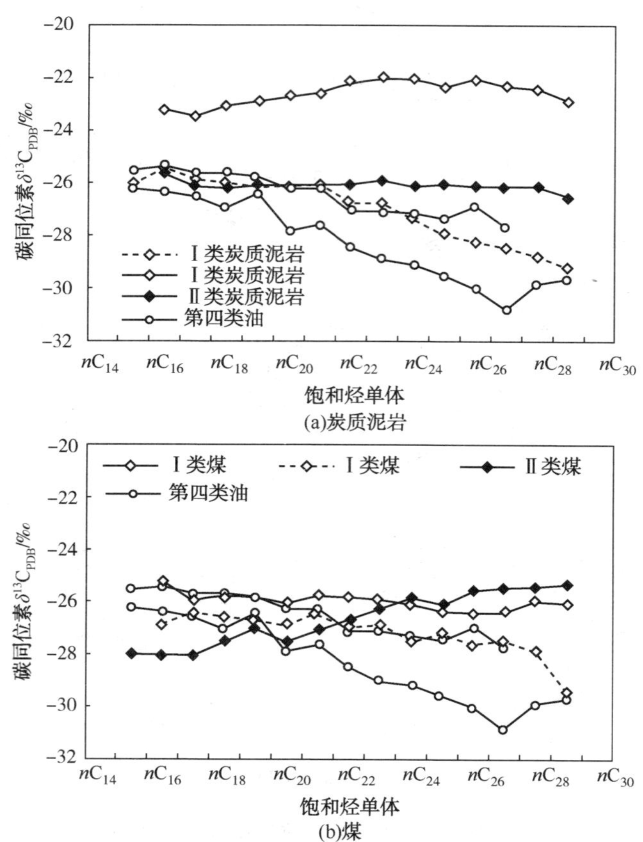

图 6-22 第四类原油与炭质泥岩、煤正构烷烃单体烃碳同位素组成

注：虚线表示下侏罗统样品，实线表示西山窑组样品。

综上油气源分类对比结果可知，泥岩、炭质泥岩作为主力烃源岩的情况比较多。因此，对于台北凹陷水西沟群致密砂岩油气藏，泥岩、炭质泥岩的成烃贡献要高于煤岩。

第七章　致密砂岩油气成藏特征

第一节　油气成藏期次与成藏过程

一、储层颗粒定量荧光技术原理

本研究中，油气成藏过程研究采用了储层定量荧光分析技术。储层中的油包裹体往往记录了油气成藏过程的重要信息，是揭示油气成藏期次与时间、油气运移通道、储层流体均一化温度与盐度的重要途径，包裹体成分的检测则可在某种程度上重现油气充注某一时期的烃类流体特征。包裹体的形成取决于诸如岩性、油气充注速率与时间等多种因素，目前包裹体样品的选择具有盲目性，实验中包裹体难以检测时有发生，给进一步的包裹体均一化温度测试等研究带来了不便。荧光扫描技术的应用由来已久，油气中的芳香烃和极性化合物在受紫外光激发时就会自发产生荧光，其荧光光谱可以反映原油的化学组成、物理性质及储层中的含油丰度。荧光光谱技术应用到油气勘探已有一百多年的历史。目前，利用荧光光谱检测各种不同形式烃类的方法已经非常成熟，已广泛应用于油气化探、石油污染鉴别，指示油气运移与含油气属性。

油气包裹体是油气成藏历史研究中最为重要的对象，提供了油气运移和充注时的流体温度、压力、成分和强度等信息，油包裹体丰度分析对评价古油气运移和聚集有重要意义。目前，最为常用的方法是在荧光显微镜下对薄片中烃类包裹体进行识别和大量统计，采用 *GOI*(碎屑岩中含油包裹体颗粒所占比例)和 *FOI*(碳酸盐岩中油包裹体比例)参数估计油包裹体丰度，这种方法属于劳动密集型方法，需要有鉴定包裹体的专业技能，人为因素大且观察统计的范围有限，不能反映储层全貌。有鉴于此，澳大利亚联邦科学工业研究院石油资源部刘可禹等学者率先将荧光扫描技术应用于包裹体及相关成藏过程研究，取得了较好的应用效果(Liu，2003，2007，2014；刘可禹，2016)，建立了储层颗粒定量荧光技术。储层颗粒定量荧光对油气指示具有较高的灵敏度，通过单井连续取样分析，可动态展示油气成藏过程。

颗粒定量荧光实验过程包括以下几个主要步骤：首先，挑取岩屑样品，针对油气储层岩性类型，主要挑选中-细砂岩和砂砾岩岩屑，并轻微研磨至单一矿物颗粒，筛选粒径在0.18~0.425mm的颗粒，用电磁分选筛去除含有磁性矿物的泥质成分，若含有较多钻井泥浆，可用蒸馏水清洗。取清理后的样品1~2g，先用20mL二氯甲烷(DEM)浸泡，再用超声波清洗10min，去除溶剂，于通风橱中将样品残留的二氯甲烷挥发干；加入40mL浓度为10%双氧水(H_2O_2)超声清洗10min，静置40min，再用超声清洗10min(超声波频率不宜过高，一般为40kHz)，用蒸馏水洗净；加入40mL浓度为3.6%稀盐酸，期间用玻璃棒不时搅拌至无气泡出现为止，然后倒掉盐酸溶液，加入蒸馏水清洗样品，直至盐酸溶解下来的残渣洗净为止；之后在60℃恒温箱中烘干；显微镜下观察样品是否为单个粒径适中的颗粒，并进行选样，再次将样品置于20mL二氯甲烷溶液中，超声波振荡10min，二氯甲烷萃取液可进行储层颗粒吸附烃和非烃荧光定量分析(Quantitative Grain Fluorescence on Extract，QGF-E)，固体颗粒挥发干后做颗粒包裹烃荧光定量分析(Quantitative Grain Fluorescence，QGF)(李素梅，2006；马剑，2014)。

1. 储层颗粒荧光光谱(QGF)

将储层颗粒按照上述流程进行处理后，利用荧光光度计对储层颗粒进行多点检测，得到的平均荧光光谱即为QGF光谱，可反映颗粒内部油包裹体及颗粒表面部分残留吸附烃的荧光特征。QGF光谱特征可用QGF强度(QGF intensity)、QGF指数(QGF index)、QGF比值(QGF ratio)、最大波长(λ_{max})和半峰宽($\Delta\lambda$)五个参数进行表征(图7-1)，其中QGF指数(QGF index)和最大波长(λ_{max})为最重要的两个参数，具体参数定义如下：

(1)QGF强度(QGF intensity)为QGF荧光光谱中波长375~475nm光谱强度的平均值(图7-1)。

(2)QGF指数(QGF index)为QGF强度与对应于300nm处的荧光强度(I_{300nm})的比值[图7-1、式(7-1)]：

$$\text{QGF index}=\text{QGF intensity}/I_{300nm}=\text{Average}\ (I_{375nm}:I_{475nm})\ /I_{300nm} \quad (7-1)$$

(3)QGF比值(QGF ratio)为QGF强度与波长350nm处的荧光强度(I_{350nm})的比值[图7-1、式(7-2)]：

$$\text{QGF ratio}=\text{QGF intensity/I350nm}=\text{Average}\ (I_{375nm}:I_{475nm})\ /I_{350nm} \quad (7-2)$$

(4)最大波长(λ_{max})是指QGF荧光光谱最大荧光强度(I_{max})所对应的光谱波长(nm)；$\Delta\lambda$为QGF荧光光谱半峰高($I/2I_{max}$)所对应的两个波长λ_1和λ_2的差值，即半峰宽[图7-1，式(7-3)]。

$$\Delta\lambda=\lambda_1-\lambda_2,\ \lambda_2>\lambda_{max}>\lambda_1 \quad (7-3)$$

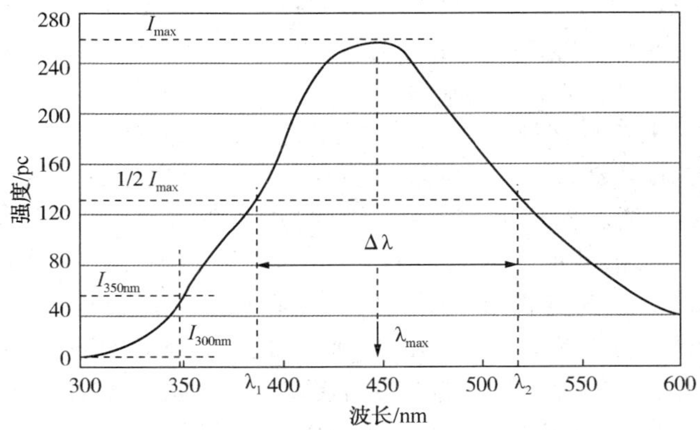

图 7-1 QGF 荧光光谱与参数(据刘可禹，2016)

2. 储层萃取液定量荧光(QGF-E)

QGF-E 代表了储层颗粒表面吸附烃萃取液的荧光特征，将储层颗粒按照处理流程进行清洗得到 QGF-E 萃取液，利用荧光光度计检测得到的荧光光谱即为 QGF-E 光谱。QGF-E 光谱特征可用 QGF-E 强度(QGF-E intensity)和最大波长(λ_{max})这两个参数进行表征。

(1)QGF-E 强度(QGF-E intensity)为将 QGF-E 光谱最大强度(I_{max})归一化到 1g 储层颗粒和 20 mL 萃取液之后得到的光谱强度[式(7-4)]，单位为 pc(photometer count)。

$$\text{QGF-E intensity}=I_{max}/m \tag{7-4}$$

式中，m 为将 QGF-E 萃取液所用颗粒质量，单位为 g；要求每次检测 QGF-E 时的溶液量均为 20mL。

(2)最大波长(λ_{max})为 QGF-E 荧光光谱最大荧光强度处所对应的波长(nm)。

3. 常用参数地质意义

刘可禹(2014，2016)通过对大量已知的现今油层、古油层和水层的颗粒样品的 QGF 荧光光谱的检测统计分析，对 QGF 荧光光谱的数据处理方法、参数的地质意义作了系统阐释。现今油层、古油层样品的 QGF 荧光强度相对较高，且荧光谱峰主要分布在 375~475nm，与原油的荧光光谱特征相似；水层样品的荧光强度相对较低，且荧光光谱通常十分平缓，与现今海岸砂的光谱相似。因此，375~475nm的光谱特征可用于识别现今油层、古油层和水层，这一范围称之为 QGF 窗口。QGF 强度(QGF Intensity)即为 QGF 窗口范围内的平均荧光强度，反映了颗粒样品中的油包裹体丰度。QGF 强度越大，油包裹体丰度越高，原始含油饱和度越大。为了排除仪器设定和样品台高度对光谱强度的影响，将 QGF 强度除以 300nm 处的光谱强度，得到归一化之后的 QGF 强度，即 QGF 指数(QGF index)。实验分析表明，QGF 指数比 QGF 强度能更好地区分油层和水层样品。通常，在同一个油气藏，当储层物性变化不大时，由于油水分异作用，会出现从油藏顶部到底部中，QGF 强度、QGF 指数、QGF 比值逐渐减小的趋势，进入水层后 QGF 指数突然变小并保持一致，据此可识别古油水界面。最大波长(λ_{max})是区分不同类型原油的重要参数，轻质油(高 API 密度)趋向于具有特征波长相对低、强度较强的发射荧光，而稠油(低 API 密度)的发射光谱趋向于更弱、更宽，特征波长相对大；也就是说，最大波长(λ_{max})越大，原油密度越大，原油越稠。QGF-E 光谱代表储层颗粒表面吸附烃的荧光特征，可用于现今油层或残留油层的判定。现今油层或残留油层样品的 QGF-E 光谱具有相对较高的荧光强度，且在 370nm 附近有明显的荧光峰，这与四环芳烃和极性化合物在溶剂中的荧光光谱相似，而水层样品的 QGF-E 光谱强度很低且平缓，与二氯甲烷溶剂在 320～370nm 荧光光谱一致。因此，QGF-E 强度可以反映储层颗粒表面吸附烃的含量，吸附烃含量与储层含油饱和度正相关，QGF-E 强度越大，含油饱和度越高；QGF-E 光谱的最大波长(λ_{max})同样反映了原油的成分和密度。

本研究中，对台北凹陷北部山前带与南部斜坡带代表井柯 24 井和吉 3 井进行连续取岩屑样品开展了颗粒定量荧光实验分析。实验由中国石油大学(北京)油气资源与探测国家重点实验室完成，实验仪器为 Varian Cary-Eclipse 荧光分光光度计，实验环境为室温、常压，原始数据处理采用 CSIRO 石油资源部提供的 QGF 和 QGF-E 分析专利技术。

二、丘东洼陷北部柯柯亚地区

丘东洼陷北部地区致密砂岩油气勘探以柯柯亚构造带为重点。柯柯亚构造带中部的柯 19 井于 2008 年首次在下侏罗统试油获得商业油气流，日产油 5.63 m^3、日产气 $4.8\times10^4 m^3$，为凝析气藏，在其后部署的柯 20 井、柯 21 井、柯 22 井、柯 24 井均取得了成功，建成了巴喀凝析大气田(黄志龙，2011；柳波，2012)。随后，在东部邻区鄯勒构造带的照 4 井也获得了低产气流，开拓了台北凹陷北部山前带致密砂岩气勘探开发新领域。柯柯亚构造带位于丘陵构造带西段、北部山前带的东段，为博格达山体向南逆冲挤压应力下形成的陡而狭长的北西西向逆冲断背斜，南北宽 2.5～3.5km，东西长约 6.5km，面积约 11.5km^2，构造幅度高达 1.0km，两翼地层倾角一般约为 40°；构造带上发育各类大小逆断层 20 余条，以平行背斜轴向的逆断层规模最大，断层向下切入基底，向上可断至古近系。柯柯亚构造带南邻台北凹陷生烃中心，钻井揭示中侏罗统七克台组地层厚度为 200～300 m，埋深为 800～1100 m；西山窑组下段厚度为 650～750 m，埋深为 3000～3200 m；暗色泥岩厚度为 110～150 m，煤层厚度为 40～70 m；下侏罗统八道湾组未钻穿，地层厚度大于 300 m，埋深大于 3300 m；暗色泥岩厚度大于 200 m，煤

层厚度为 50 m 左右，生烃物质丰富(柳波，2012)。柯柯亚构造带是台北凹陷致密砂岩油气勘探开发的突破区，以产凝析气为主，柯 24 井西山窑组一段致密储层最高日产气量约 20×10^4 m^3，本书将其作为代表井进行研究。

1. 油气成藏期次

柯柯亚地区致密砂岩油气主力产层为西山窑组一段，岩心流体包裹体实验分析表明，含烃流体包裹体主要赋存于硅质胶结物和岩石颗粒次生加大边上，单个包裹体体积小，丰度低且类型单一，呈椭圆形、多边形、不规则状等，自由状分布或小群状分布，石英加大边上的包裹体呈椭圆状无规则排列，裂缝中烃类包裹体可见微蓝色的荧光(图 7-2)。与含烃包裹体伴生的盐水包裹体均一温度可反映油气成藏时期的地层温度，可靠的伴生盐水包裹体测温显示，温度分布于 75～>120 ℃范围内，均一温度呈单峰态分布，以 90～100 ℃为主峰(图 7-3)，因此该地区致密储层油气充注时的地层温度主要介于 90～100 ℃。结合地区埋藏史、地温演化史，油气成藏时间为距今约90～55Ma，即白垩纪晚期—古近纪早期，但以白垩纪晚期为主(图 7-4)。

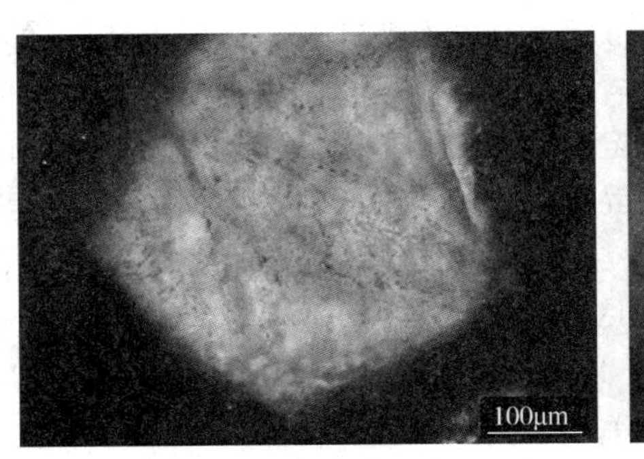

(a)透射光

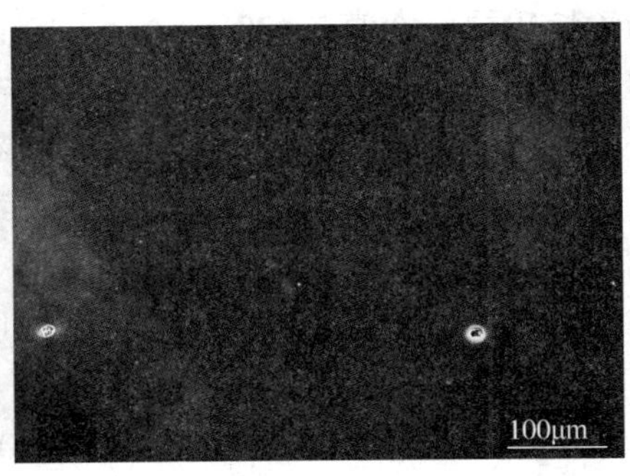

(b)荧光

图 7-2　台北凹陷柯柯亚地区柯 24 井西一段储层流体包裹体特征

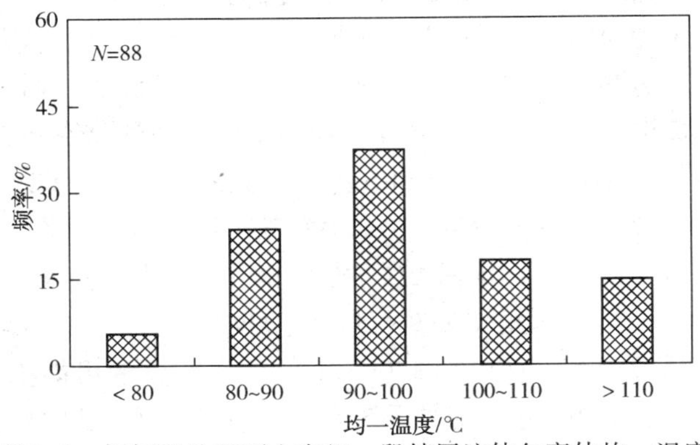

图 7-3　柯柯亚地区西山窑组一段储层流体包裹体均一温度

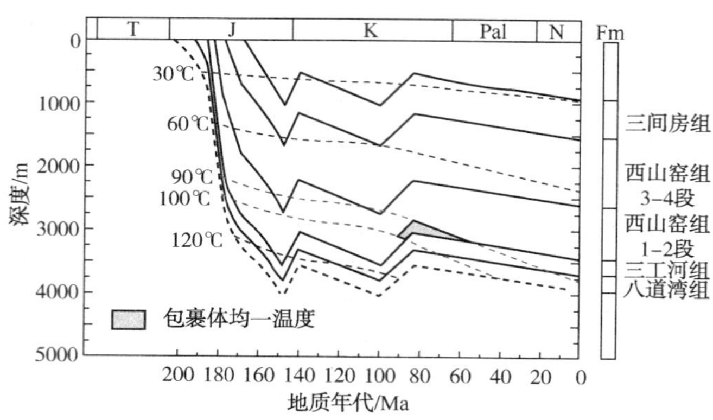

图 7-4　柯柯亚地区柯 24 井西山窑组一段油气成藏时期确定

2. 油气地球化学特征

台北凹陷北部山前带柯柯亚地区致密砂岩中天然气以烃类气体为主，14 个气样的乙烷碳同位素值在-29.0‰～-25.0‰，主要为煤型气，部分天然气样具有偏油型气的特征。柯柯亚地区煤系烃源岩有机质以Ⅲ型、倾气干酪根为主，但在局部水体较深、偏还原环境下可形成一定倾油性的干酪根，可造成柯柯亚地区凝析气以煤型气为主，有少量偏油型气的混入。采用沈平(1991)提出的煤型气母质成熟度计算公式：$\delta^{13}C(‰)=40.49\lg R_o-34.01$，计算结果显示，烃源岩成熟度 R_o在 0.68%～0.86%。平面上，柯 24 井区和柯 21 井区天然气母质成熟度明显高于其他井，计算天然气母质 R_o值分别为 0.86%和 0.84%,，对应气源岩埋深应较大；其他井区天然气母质 R_o在 0.68%～0.79%(图 7-5)。

柯柯亚地区致密储层中凝析油颜色为淡黄色、黄色和褐色，20℃时的密度介于 0.71～0.84g/cm³，平均为 0.80g/cm³；凝析油的含蜡量低，平均仅为 7.1%；原油族组成以饱和烃组分为主，最高含量可达 93.5%，具有高饱芳比(平均为 9.2)，高姥植比(*Pr/Ph*，在 2.3～5.6)的特征，为煤系成油。柯柯亚地区原油类型较多，不同井原油特征存在明显差异，如柯 191 井原油具有较低的孕甾烷与升孕甾烷相对含量，$\alpha\alpha\alpha 20RC_{27}$、$\alpha\alpha\alpha 20RC_{28}$、$\alpha\alpha\alpha 20RC_{29}$规则甾烷呈明显的反“L”型分布，三环萜烷含量也明显较低，*Tm*>*Ts*(*Tm/Ts* 在 2～8)[图 7-6(a)]；而柯 24 井原油与其明显不同，孕甾烷、升孕甾烷相对含量较高，$\alpha\alpha\alpha 20RC_{27}$、$\alpha\alpha\alpha 20RC_{28}$、$\alpha\alpha\alpha 20RC_{29}$规则甾烷相对含量呈近“V”型分布，具有较高的三环萜烷含量，*Tm*≈*Ts*(*Tm/Ts* 近似于 1)[图 7-6(b)]，表明原油可能来自深部烃源岩。因此，柯柯亚地区受褶皱-逆冲断层系统影响，油气具有在断裂沟通下发生向上调整运移的过程。

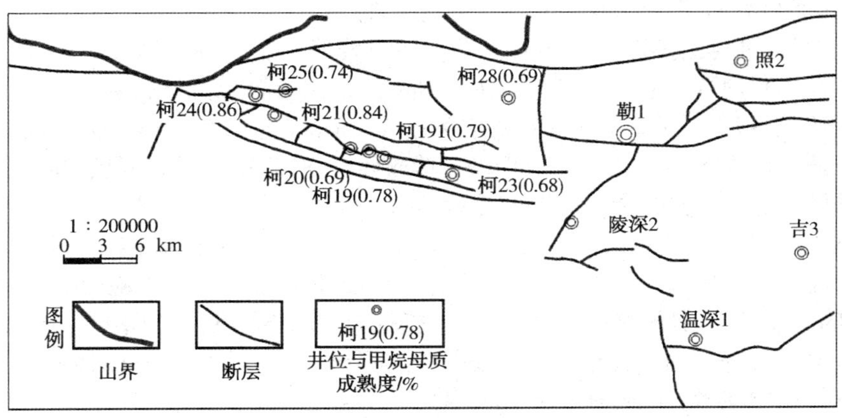

图 7-5 柯柯亚地区天然气母质成熟度 R_o 值分布

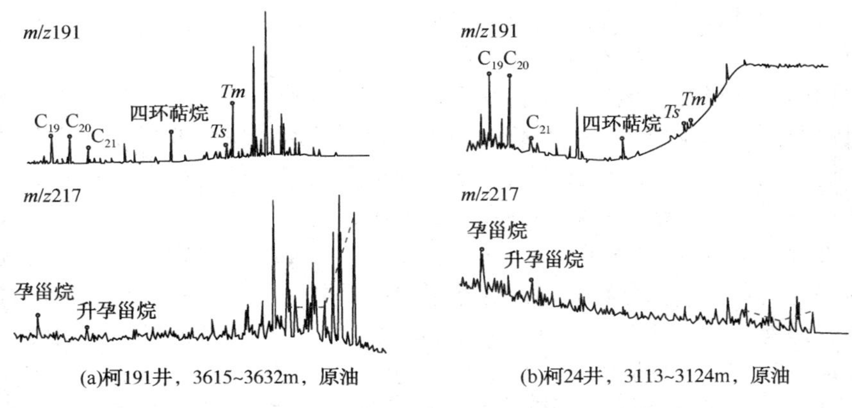

图 7-6 柯柯亚地区典型原油饱和烃质谱图特征

3. 油气成藏过程

由于台北凹陷不同地区油气产能、性质不同，井与井之间对比性不强，主要是单井内对比研究。本部分以油气地球化学特征、油气源对比结论为基础，结合储层颗粒定量荧光实验结果，综合分析油气成藏过程。

柯 24 井位于台北凹陷北部山前柯柯亚构造带，西山窑组一段最高日产天然气 $20\times10^4m^3$。柯 24 井三工河组底部到西山窑组一段，自下而上可分为四套砂体，颗粒定量荧光分析显示，反映储层现今含油气性的 QGF-E 值分布在 19.7~196.0pc，平均为 78.6pc；反映流体包裹体中烃类物质浓度或古油气充注历史的荧光指数 QGF-Index 值分布在 1.6~80.1，平均为 13.5(图 7-7)。一般认为，油气层的 QGF-E 大于 40pc。柯 24 井西山窑底部砂体(①号)和三工河组顶部砂体(②号)QGF-E 值明显偏高，可达 100pc 以上，是油气层的特征；而下部砂体(③号和④号)QGF-E 值相对偏低，但也普遍高于 40pc，表明含有油气，但含油气性比其他两套砂体要低。QGF-Index 值是储层含烃流体包裹体整体的荧光响应，反映古油气层特征，一般要求大于 4。柯 24 井四套砂体 QGF-Index 值纵向分布的整体规律不明显，但对于每一单砂体，QGF-Index 值均具有从底部向顶部降低的趋势，而且各单砂体底部多大于 4，为古油气层的特征。据此说明，四套砂体的底部在地质历史时期优先发生了油气充注，然后向砂体顶部逐渐运移，油气可能由下伏紧邻的泥质烃源岩供给。①号和②号砂体最顶端也有个别样品 QGF-Index值大于 4(图 7-7)，可能为是顶部烃源岩生成油气向下排运的结果，但不是主要过程。对照 QGF-E 值分布特征分析，①号和②号砂体底部 QGF-Index 和 QGF-E 均出现高值，而③号和④号砂体底部 QGF-Index 为高值，QGF-E为低值。这说明西山窑组①号砂体和三工河组②号砂体发生过油气的充注，同时现今储层含油气性也好；而下部两套砂体底部有过早期油气的充注，但现今储层含油气性低，可能发生过调整运移，未能保存至今。

可见，该井区古油气充注过程是由砂体的底部向顶部逐渐运移的。该井油气产层中原油为凝析油，地球化学特征上显示为第一类原油，结合颗粒定量荧光特征，可以断定其油源应为下侏罗统沉积水体相对较深、现今埋藏较大的泥岩，因此，储层中也存在深部原油在断层沟通下向上部调整运移的过程。柯亚地区油气主力产层多位于逆冲推覆背斜的高部位，下倾方向含油气性明显变差，含水率增高，与裂缝相关的物性“甜点”含油气性好。以“先致密后成藏”的简单成藏机制不能很好地解释油气水分布状态。陈建平(1997)提出了煤系泥岩作为油源岩的评价标准，但能否作为气源岩，受成熟度影响很大。为此，考虑烃源岩内部对烃类滞留效应，通过生烃动力学方法研究显示，*TOC* 为 1.2% 的泥岩在等效埋深 4500m 时生气量等于残气量，埋深再增加(成熟度增高)才可有效排气，成为有效气源岩。随着泥岩有机质丰度提高，作为有效气源岩的埋藏深度(成熟度)会有所降低 。分析显示，柯 24 井②号砂体以下层段泥岩 *TOC* 普遍低于 1.2%，热解生烃潜力 S_1+S_2低于 2.0mg/g，氢指数低于 100mg/g，为Ⅲ型干酪根，埋深低于 4500m，均为差的油气源岩。①号和②号砂体上都有少量泥岩样品 *TOC* 高于 1.2%，部分为炭质泥岩，氢指数依然不高，但生烃能力有所增强，推测生成的烃类可部分向下排运进入致密储层，使①号和②号砂体顶部个别样品出现 QGF-Index 高值现象(图 7-7)。所以，柯柯亚地区单砂体底部紧邻烃源岩生成的油气，垂向运移进入致密砂岩储层，但受生烃能力限制，不能形成有效的油气聚集。柯柯亚构造带受博格达山隆升作用明显，断层、断裂沟通下部烃源岩与储集层，并形成裂缝网络系统，下部成熟油气向上调整运移，在构造高部位、物性甜点区与本地烃源岩生成的天然气混合，主要发育“调整改造型”致密砂岩油气藏。

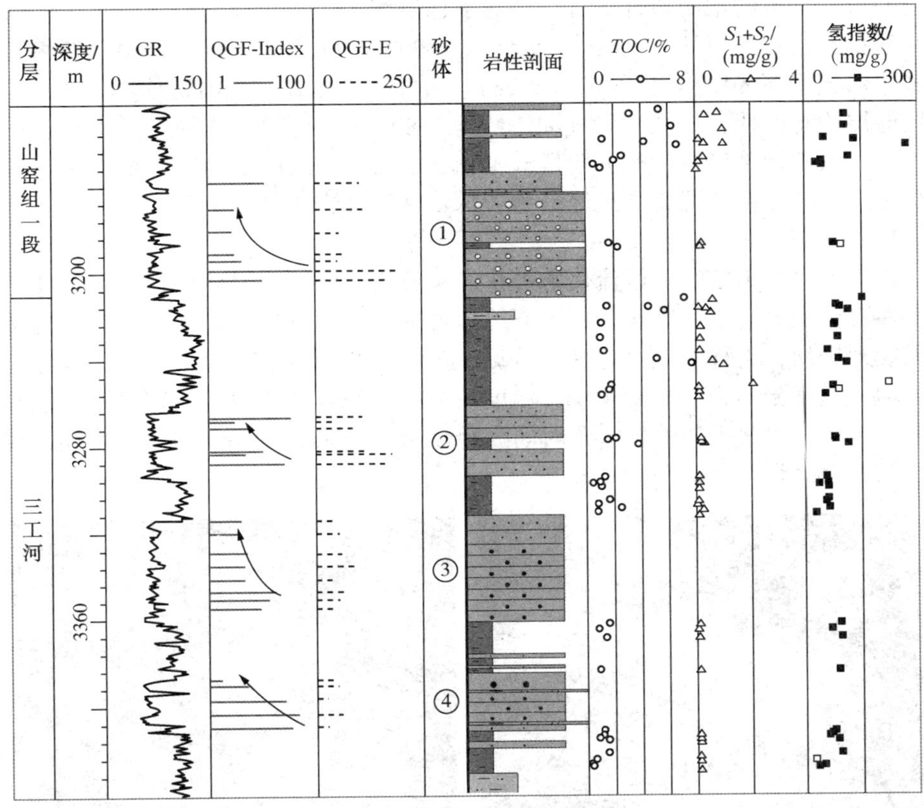

图 7-7 丘东洼陷柯柯亚地区柯 24 井 QGF 参数与烃源岩地球化学参数纵向分布

三、丘东洼陷南部温吉桑地区

台北凹陷南部斜坡带包括胜北南斜坡、丘东南斜坡和小草湖南斜坡，丘东地区南斜坡是当前台北凹陷致密砂岩油气勘探的热点地区，可分为丘陵、鄯善、温吉桑、丘东—米登和萨克桑五个主要的构造单元。其中，温吉桑构造带已经获得了突破。该区断层分布是北少南多，构造形态较为简单，分布规律明显，排列有序，局部构造均规模不大。丘东南斜坡地区纵向上在七克台组、三间房组和西山窑组都有油气藏发现，油气源对比显示，均以中下侏罗统煤系为主力烃源岩。目前丘东南斜坡钻穿西山窑组、钻遇下侏罗统致密砂岩储层的探井主要有吉深 1 井、吉 1 井、吉 2 井、吉 3 井、东深 1 井、东深 2 井等。其中，温吉桑地区吉深 1 井在西山窑组底部及三工河组顶部、吉 3 井在三工河组顶部获得高产油气流。可见，温吉桑地区的西山窑组和三工河组均可有致密砂岩油气的分布，具备形成致密砂岩油气藏的地质条件。吉3井在下侏罗统三工河组顶部砂体发现了轻质油藏，获得最高日产原油73.3 m³、天然气14900 m³的产能，拉开了南部斜坡带致密砂岩油气勘探的序幕(郭小波，2014)。吉深1井区在三工河组顶部和西山窑组一段储层均有产能，试油阶段气油比约为1180，以产气为主；而吉3井区油气只产自三工河组顶部储层，试油阶段气油比约为253，以产油为主。根据生产试油情况，丘东洼陷南部温吉桑地区分为吉深1井区和吉3井区两部分。

1. 油气成藏期次

吉深1井西山窑组一段流体包裹体实验分析表明，砂岩储层烃类包裹体主要分布在石英加大边中，其次是石英裂缝愈合带中。石英加大边上的包裹体呈椭圆状无规则排列，裂缝中烃类包裹体可见微黄色的荧光(图7-8)。吉深1井储层包裹体均一温度分布为明显的单峰，温度在90~100℃(图7-9)。结合地区埋藏史、地温演化史，吉深1井油气成藏时间为距今90~30Ma，开始于白垩纪晚期，持续充注至古近纪晚期(图7-10)。

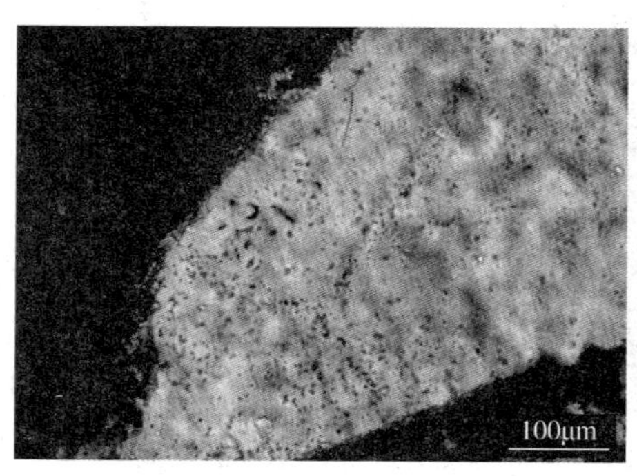

(a)透射光

(b)荧光

图7-8 吉深1井西山窑组一段致密砂岩储层流体包裹体特征

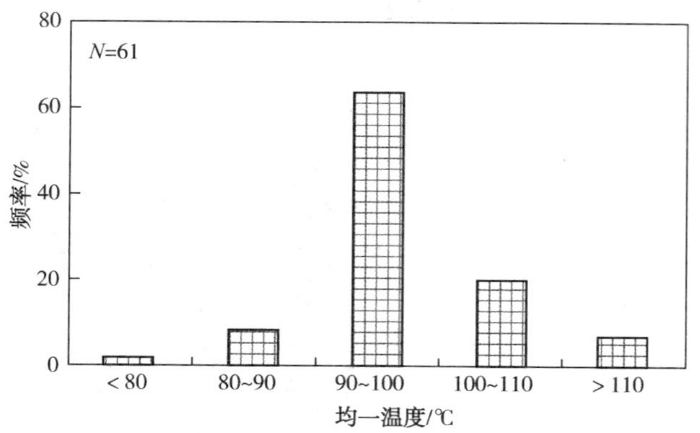

图7-9 吉深1井西山窑组一段储层流体包裹体均一温度

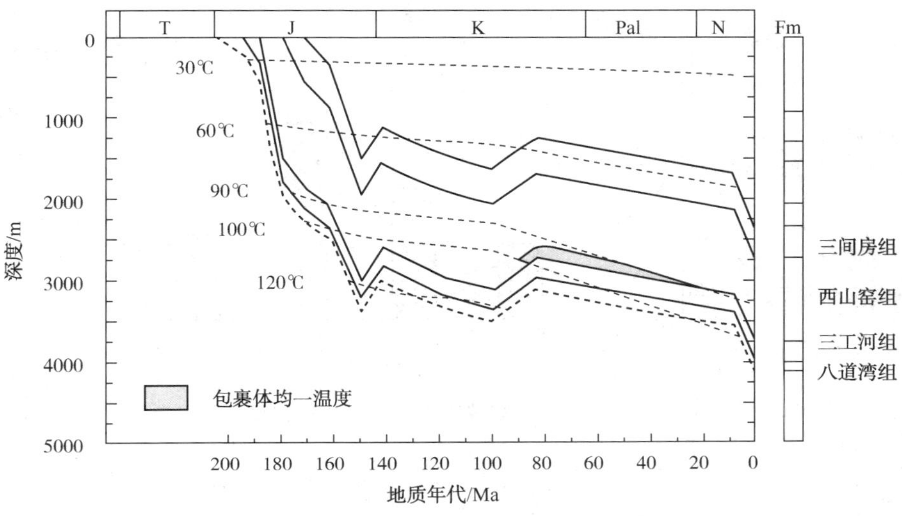

图 7-10　吉深 1 井埋藏史及西山窑组一段油气成藏时期

温吉桑地区吉 3 井以产轻质油为主，明显不同于台北凹陷其他探井。吉 3 井三工河组上砂组致密储层含烃包裹体特征为，分布不均，局部富集，流体成分相似，主要由液态烃和少量气体组成，显示蓝白色荧光特征（图 7-11）。储层流体包裹体均一温度呈单峰态分布，主峰在 100～110℃，其次为 90～100℃温度段（图 7-12）。结合埋藏史、地温演化史，吉 3 井三工河组顶部致密储层油气成藏时间为距今 80～50Ma，即白垩纪晚期—古近纪早期，也有可能更晚（图 7-13）。

(a)透射光　　(b)荧光

图 7-11　吉 3 井三工河组顶部致密砂岩储层流体包裹体特征

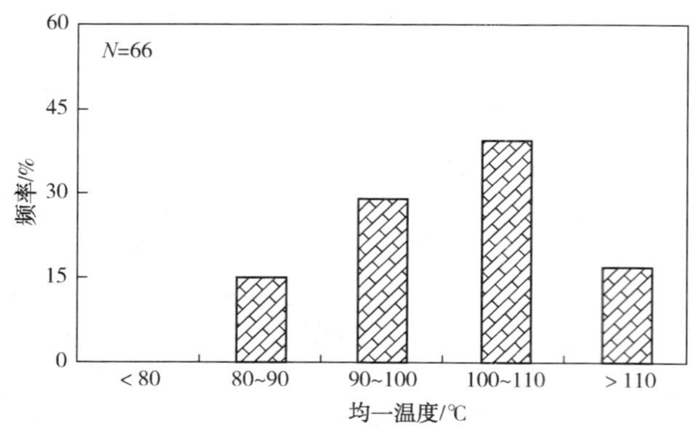

图 7-12　吉 3 井三工河组致密砂岩储层流体包裹体均一温度

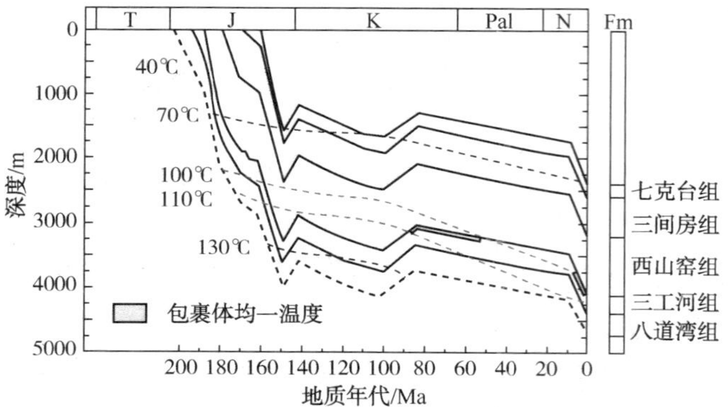

图 7-13　吉 3 井埋藏史与三工河组油气成藏时期

综上，对于丘东洼陷南部斜坡带，西山窑组一段和三工河组顶部致密砂岩储层油气成藏主要时期的地层温度接近，由于台北凹陷地温梯度的区域性变化和地层埋藏演化史的差异，具体时间存在差异，但油气成藏的关键时期均始于白垩纪晚期，具有成藏时间跨度较大的特征。选取温吉桑地区重点产油井——吉 3 井，进行了储层颗粒定量荧光分析，进一步明确了其油气成藏过程。

2. 油气成藏过程

分析显示，台北凹陷南部斜坡带吉 3 井三工河组储层 QGF- Index 值分布在 1.0~19.1，平均为 8.5；QGF Ratio 值分布在 1.0~5.1，平均为 3.0；λ_{max} 值分布在 408.8~457.4 nm，平均为 444.0 nm；QGF-E 值分布在 27.6~106.8 pc，平均为 64.0 pc(图 7-14)。吉 3 井三工河组作为一套较为连续的致密砂体，QGF-

Index 与 QGF Ratio 值纵向变化趋势类似，由底部向上部逐渐降低，整体规律性较强，现今油气产层段 QGF-Index 值最低；QGF-E 值在砂体的顶部(A)和底部(C)出现高值，中部(B)为低值区(图 7-14)。λ_{max}值纵向变化特征不明显，说明自下而上储层中原油性质类似。在现今的油气产层部位 QGF-Index 值最低，而 QGF-E强度参数较高，下部也有部分较高值的存在。QGF-Index 反映含烃包裹体荧光强度，指示古油气藏特征，分析表明吉 3 井区油气以垂向运移、持续充注为主要成藏机制，烃源岩应主要为下侏罗统煤系烃源岩，这与油源对比结论吻合。油气成藏过程为吉 3 井三工河组油气由下伏烃源岩供给，然后沿三工河组砂体底部向顶部逐渐运聚，运移通道可以是致密储层连通孔隙、微裂缝等，底部较顶部砂体油气充注时间早，使得底部较上部 QGF-Index 值高；由于储层非均质性造成含油气性差异，使单砂体 QGF-Index 值和 QGF-E 值存在一定差异。三工河组顶部产层段 QGF-Index 值很低，平均为 3.6，未达到古油气层的标准，反映油气充注时间较晚，之后经历的成岩作用时间短，形成的含烃包裹体丰度低，这与油气晚期(新近纪)成藏特征也很吻合(图 7-14)。此外，三工河组底部(4300~4320m)也有 QGF-E 高值段，是潜在的油气层的特征。

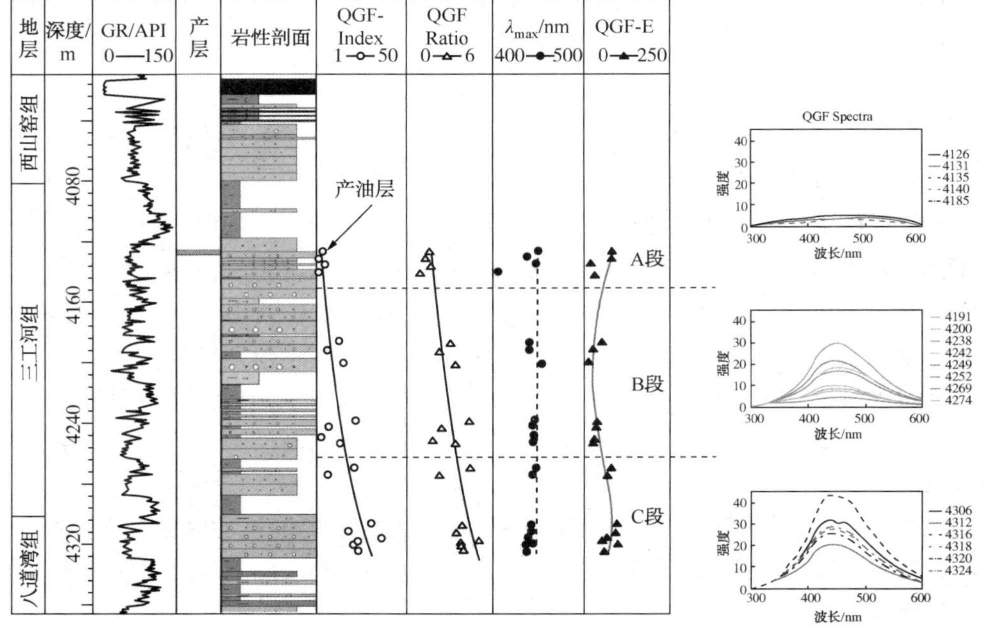

图 7-14 丘东洼陷温吉桑地区吉 3 井 QGF 参数纵向分布

第二节　关键地质要素的控藏作用

一、有效烃源岩的影响

有效烃源岩是油气形成的物质基础，其发育情况对区域油气藏的形成与分布起着关键作用。致密储层下伏烃源岩的发育情况或构造带下倾方向烃源岩的发育将直接影响储层的含油气性；在平面上，油气较富集的柯柯亚地区、温吉桑地区均发育厚度较大的烃源岩。两个地区油气成藏过程研究认为，油气均以垂向运移为主，但油气来源不同，成藏特征也不同，勘探应遵循不同的思路。北部山前带三工河组与西山窑组储层含油气性评价预测中，既要考虑本地烃源岩的供烃性能，更要考虑断层、裂缝沟通下的深部烃源岩供油气的条件。南部斜坡带发育“原生型”致密油气藏，但不是典型意义的“三明治”式源储结构，应是下侏罗统内部的“近源近储”组合关系(八道湾组煤系烃源岩与三工河组储层)；向北部洼陷区方向，烃源岩成熟度逐渐增加，油气富集程度应该会更高，可作为下一步致密砂岩油气勘探的重点方向。

二、储层“甜点”的影响

1. 北部山前带

以柯柯亚地区为代表的台北凹陷北部山前带，致密储层恒速压汞数据很少，不能有效地对比分析。对常规压汞数据统计显示，西山窑组一段储层排驱压力最小，优于三工河组，最高的是西山窑组二段(图 7-15)，西山窑组二段储层质量差，也与储层孔隙度分析结果一致。试油结果显示，柯柯亚地区油气主要分布在西山窑组一段，然后是三工河组(表 7-1)。相比于温吉桑地区，油气主要富集于西山窑组一段储层，不仅与其物性相对较好有关，还与断层沟通的油气运聚机制有关。

所以，储层物性控制了台北凹陷主要地区致密砂岩油气的纵向分布。同时，西山窑组二段也以其较差的储层条件，对下部含油气储层起到直接封堵或断层封堵的效应。

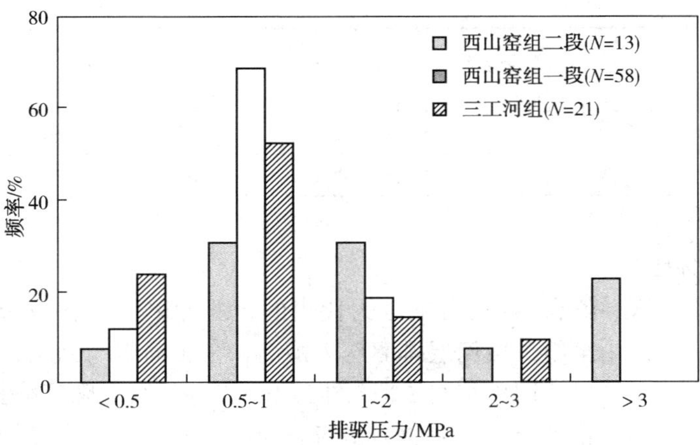

图 7-15 柯柯亚地区致密砂岩储层排驱压力分布

表 7-1 丘东洼陷不同构造带试油成果与层位分布

地区	井号	深度段/m	层位	试油情况/(m^3/d)		
				油	气	水
柯柯亚	柯 7	2361~2379	J_2x^2	—	—	—
	柯 25	2942~2950	J_2x^2	—	218	15.4
	柯 19	3394~3410	J_2x^1	19.7	53682	5.4
		3528~3556	J_1s^2	6.4	11736	—
	柯 191	3615~3670	J_1s^2	5.3	103800	22.9
	柯 20	3563~3584	J_2x^1	5.7	19367	4.2
		3691~3711	J_1s^2	0.5	6796	13.7
	柯 21	3460~3475	J_2x^1	5.0	22998	—
		3602~3619	J_1s^2	0.9	10034	—
	柯 23	4010~4028	J_2x^1	4.4	3247	8.2
		3991~3999	J_2x^1	2.9	12467	6.1
	柯 24	3113~3120	J_2x^1	7.5	208608	3.5
	柯 34P	3909~4267	J_1s^2	—	110	57.8
温吉桑	吉 101	3930~3932	J_2x^1	油花	少量	—
	吉 3	4127~4129	J_1s^2	73.3	50256	48.9
	吉深 1	3859~3874	J_1s^2	6.2	39000	6.2
	东深 1	3978~4002	J_2x^2	—	—	0.1

续表

地区	井号	深度段/m	层位	试油情况/(m^3/d)		
				油	气	水
红台	红台 20	2975~2996	J_2x^1	含油花	—	9.4
	红台 21	3700~3712	J_1s^2	5.9	少量	—

注：J_1s^2 为三工河组顶部，J_2x^1 为西山窑组一段，J_2x^2 为西山窑组二段。

2. 南部斜坡带

以温吉桑地区、红台-疙瘩台地区为代表的台北凹陷南部斜坡带，恒速压汞数据分析显示，西山窑组二段储层排驱压力最高，三工河组与西山窑组一段数据点分布特征相似，均低于西山窑组二段(图 7-16)，与储层孔隙度分析结果一致，即西山窑组二段储层物性差。排驱压力是指非润湿相开始进入岩样最大喉道的压力，也就是非润湿相刚开始进入岩样的压力，可用以表征油气进入储层的难易程度。对于致密砂岩储层，无论油气以何种方式充注，都将优先进入低排驱压力的储层。因此，台北凹陷南部斜坡带油气主要富集于三工河组或西山窑组一段储层。这与勘探实际相吻合，如吉 3 井，4127~4129m，三工河组顶部致密储层最高日产油 73.32m^3，产天然气 5025m^3；吉深 1 井 3859~3874m，三工河组致密储层最高日产油 6.24m^3，日产气 39000m^3；红台 21 井 3700~3712m，三工河组致密储层最高日产油 5.9m^3(表 7-1)。温吉桑地区油气产层以三工河组为主，不仅是受储层质量影响，同时也与油气的垂向运聚机制、三工河组顶部泥岩的遮挡作用也有关，油气优先在下伏三工河组储层“甜点”部位聚集。

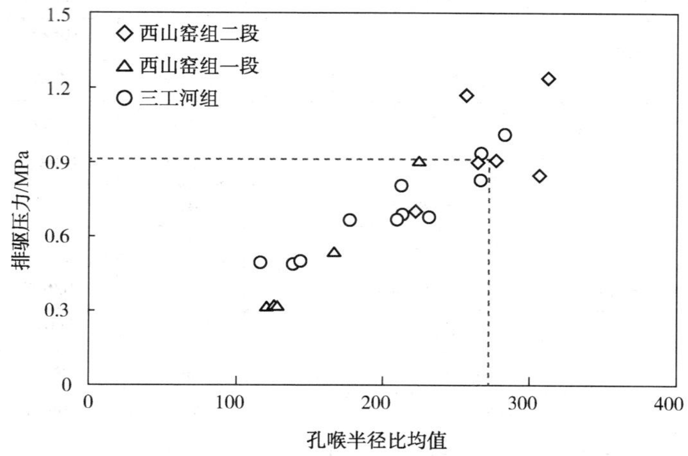

图 7-16　温吉桑地区不同层段致密储层孔喉半径比均值与排驱压力关系

第三节 致密砂岩油气藏类型与分布

储层致密化时期与油气关键成藏时期的匹配关系，是研究致密砂岩油气成藏机制与油气藏类型的常用方法。本研究确定的台北凹陷水西沟群致密砂岩气储层的物性界线为孔隙度为9%，空气渗透率为$0.7\times10^{-3}\mu m^2$。通过储层成岩演化研究、采用成岩效应的叠加原理，对台北凹陷致密砂岩储层进行了孔隙度演化过程的恢复，定量计算了关键成藏时期三工河组顶部(或西山窑组一段底部)和西山窑组二段致密砂岩储层的古孔隙度值，并根据地层趋势，推测了推覆体下部目的层的古孔隙度值。由于目前台北凹陷水西沟群致密砂岩油气产层主要位于西山窑组底部(一段)和三工河组顶部，二者之间被一套广泛分布的、厚度不大的泥岩层隔开，利用各个区块不同的计算公式，结合重点井埋藏史分析显示，两套产层段砂岩储层在白垩纪末期的古孔隙度分布近似。台北凹陷中部主体地区西山窑组一段和三工河组砂岩储层普遍致密化(孔隙度<9%)，北部边界贯穿照壁山-红旗坎构造带、柯柯亚构造带、恰勒坎构造带；在南部贯穿温吉桑构造带、疙瘩台-红台构造带等，部分推覆体下部储层也已致密化(图7-17)。

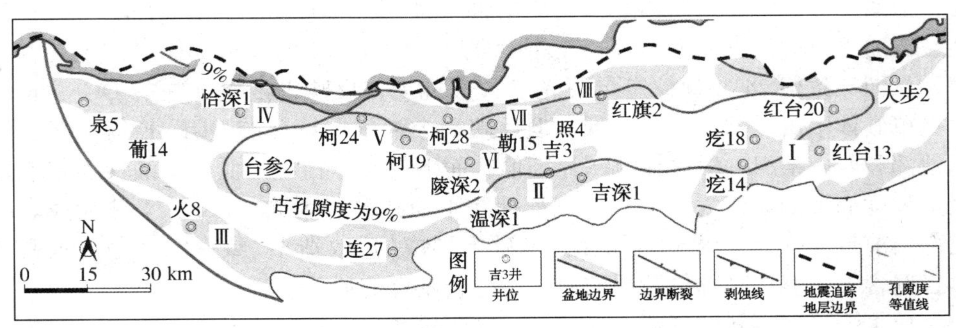

图7-17 台北凹陷白垩纪末期三工河组顶部(西山窑组底部)储层临界孔隙度(9%)界线

Ⅰ—红台-疙瘩台构造带；Ⅱ—温吉桑构造带；Ⅲ—火焰山构造带；Ⅳ—恰勒坎构造带；Ⅴ—柯柯亚构造带；Ⅵ—丘陵构造带；Ⅶ—鄯勒构造带；Ⅷ—照壁山-红旗坎构造带

致密砂岩油气藏类型体现了油气成藏过程的差异，若在油气成藏关键时期，储层尚未致密化，油气在浮力作用下进入储层，油气藏构造圈闭特征明显，称为“圈闭型”“构造型”或“次生型”致密砂岩油气藏；若油气大量充注时，储层已经致密化，浮力不能克服储层毛细管阻力，还需烃源岩生烃增压等动力，油气大面积连续分布，圈闭特征不明显，油气水关系复杂，可称为“连续型”“先成型”或

"原生型"致密砂岩油气藏(姜振学，2006；戴金星，2012；王国亭，2014)。根据致密砂岩油气的成藏机制与台北凹陷典型致密砂岩油气藏解剖，将研究区致密砂岩油气藏分为三种类型，即"原成型""后成型"和"改造型"。"原成型"致密砂岩油气藏，指成藏时期储层已经致密化，油气为由本地烃源岩生成，通过垂向运移、连续充注进入致密储层，浮力不是油气成藏的主要动力，而以生烃增压为主。"后成型"致密砂岩油气藏，指成藏时期储层尚未致密化，油气主要在浮力作用下，在流体低势区聚集成藏。"改造型"致密砂岩油气藏的形成受成藏期孔隙度的影响，受构造运动、断裂发育的控制，即主要发育于"原成型"致密砂岩油气区的构造运动强、断裂发育的部位。

分析显示，在白垩纪末期，柯柯亚构造带储层已经致密化，三工河组顶部致密储层现今孔隙度平均为4%，关键成藏时期孔隙度为7%；西山窑组一段致密储层现今孔隙度平均为6%，关键成藏时期孔隙度略高于7%，但均低于临界储层物性界线，为"原成型"致密砂岩油气藏特征。柯柯亚构造带为一陡而狭长的逆冲断背斜，发育各类大小逆断层20余条，以平行背斜轴向的逆断层规模最大，断层向下切入基底，向上可断至古近系，构造运动强烈(袁明生，2002)。结合前文颗粒定量荧光、油气地球化学特征和成藏期次分析，对于柯柯亚地区，油气垂向运移进入与烃源岩邻近的致密砂岩储层，在砂体底部形成了一定的富集，但后期受构造运动的影响，单砂体底部富集的油气甚至深部烃源岩生成的油气在断层、断裂沟通下，向浅部调整运移，在西山窑组一段或三工河组顶部储层发生混合聚集。从而导致柯24井颗粒定量荧光参数表现为，反映古油气充注的QGF-Index值在单砂体中由底部向顶部变低，但反映现今油气层特征的QGF-E值在三工河组顶部和西山窑组一段砂体有明显高值，而下部砂体相对偏低，受油气调整混合聚集程度的不同，油气地球化学特征存在平面差异。因此，以柯24井为代表的北部山前带，主要发育在"原成型"基础上形成的"改造型"致密油气藏，致密砂体普遍含气，但在高部位断层沟通、裂缝较发育的局部富气。

丘东洼陷南部斜坡带断层分布较北部明显变少，且构造形态较为简单、排列有序、分布规律明显，构造带形成于燕山期，喜山期继承发展。温吉桑地区吉3井三工河组顶部含油气致密储层，现今孔隙度平均为5.8%，恢复白垩纪末期古孔隙度低于8%，低于本研究确定的临界储层物性(9%)，为"原成型"致密砂岩油气藏。油气成藏过程为，八道湾组煤系烃源岩生成的油气以垂向运移方式充注于三工河组，由砂体底部向顶部逐渐运聚，在三工河组顶部物性较好的储层中富集，成藏时间晚。因此，以吉3井为代表的南部斜坡带主要发育"原成型"致密油气藏。所以，柯柯亚地区和温吉桑地区均发育"原成型"致密砂岩油气藏，前者后期又发生了调整改造，这与现今油气藏中普遍含水、油气水关系复杂的特征吻合，也与前人研究认识一致(李光云，2013；王国亭，2014)。

针对以上三种致密砂岩油气藏类型及其判别依据，预测了台北凹陷三工河组与西山窑组一段不同类型致密砂岩油气藏的平面分布。“原成型”致密砂岩油气藏分布在台北凹陷中部的主体地区（A 区）和部分推覆体下部，总发育面积约 2431km^2；在 B 区域发育后成型致密砂岩油气藏，成藏关键时期孔隙度大于 9%，而现今孔隙度低于 9%，为油气正常充注，储层后期发生致密化，总发育面积约为 3350km^2；在古孔隙度小于 9%的区域内，“改造型”致密砂岩油气藏发育于台北凹陷的北部山前带，除柯柯亚构造带之外，预测在鄯勒构造带、红旗坎构造带的部分地区可能发育（C_1、C_2 和 C_3），总发育面积约为 310km^2；D 区域的古孔隙度和现今孔隙度均高于 9%，为常规油气藏发育区（图 7-18）。

西山窑组二段是主要的煤系烃源岩发育层段，也发育少量致密砂岩储层，但目前获得产能的探井很少。究其原因主要有以下两点：其一，西山窑组二段作为煤系烃源岩发育段，以细粒砂岩居多，原始孔隙度不高；同时受煤系成岩环境的影响最为显著，强烈的成岩作用使储层严重致密化，相对于其他层段，“甜点”储层欠发育；其二，西山窑组二段煤系烃源岩成熟度较低，导致生烃增压的动力不足以在源内致密储层成藏，外加断裂的沟通，油气大量向浅部储层运聚。因此，在储层普遍致密化的背景下，煤系烃源岩的发育将是影响储层含油气性的关键因素。统计发现，西山窑组二段具有荧光显示砂体主要为细砂岩及以上粒度砂岩，粉砂岩、泥质粉砂岩基本无油气显示；而且，油气显示比例较高的井多位于西山窑组二段有效烃源岩厚度大于 80m 的区域。因此，在古孔隙度小于 9%的区域，煤系有效烃源岩厚度大于 80m 的区域为“原成型”致密砂岩油气发育的有利区域，主要分布在丘东洼陷和胜北洼陷的北部，以及南部温吉桑地区和小草湖洼陷疙 18—红台 22 井区，总面积约为 735km^2（图 7-19）。

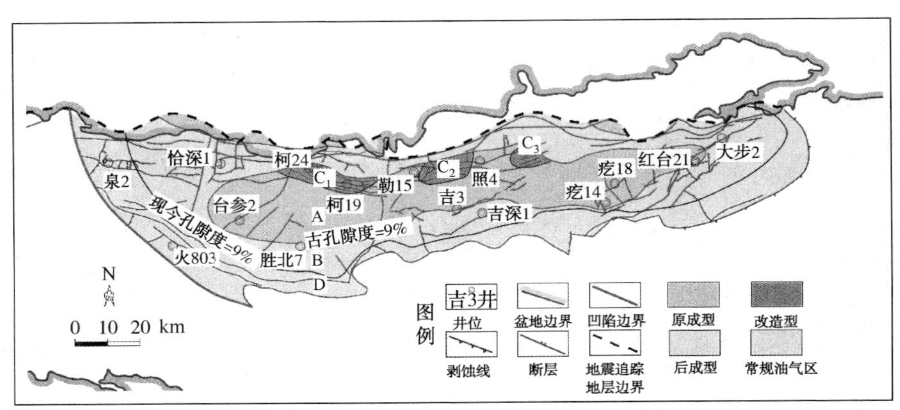

图 7-18 台北凹陷三工河组和西山窑组一段致密砂岩油气藏类型分布

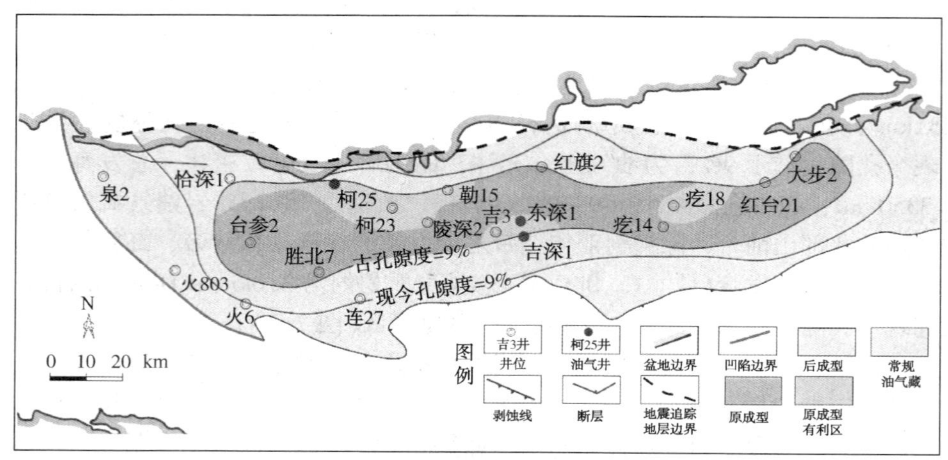

图 7-19　台北凹陷西山窑组二段致密砂岩油气藏类型分布

参 考 文 献

[1] 包茨．天然气地质学[M]．北京：科学出版社．

[2] 贝丰，王允诚．1985. 沉积物的压实作用与烃类的初次运移[M]．北京：石油工业出版社．

[3] 操应长，远光辉，王艳忠，等．2012. 准噶尔盆地北三台地区清水河组低渗透储层成因机制[J]．石油学报，33(5)：758-771.

[4] 曾国寿，徐梦虹．1990. 石油地球化学[M]．北京：石油工业出版社．

[5] 陈建平，邓春萍，王汇彤，等．2006. 中国西北侏罗纪煤系显微组分生烃潜力、产物地球化学特征及其意义[J]．地球化学，35(1)：81-87.

[6] 陈建平，黄第藩，李晋超，等．1999. 吐哈盆地侏罗纪煤系油气主力源岩探讨[J]．地质学报，73(2)：140-152.

[7] 陈建平，孙永革，钟宁宁，等．2014. 地质条件下湖相烃源岩生排烃效率与模式[J]．地质学报，88 (11)：2005-2032.

[8] 陈建平，赵长毅．1997. 煤系有机质生烃潜力评价标准探讨[J]．石油勘探与开发，24(1)：1-5.

[9] 陈践发，徐永昌．1992. 煤系地层中有机质碳同位素组成特征[J]．沉积学报，10(4)：44-48.

[10] 陈鑫，钟建华，袁静，等．2009. 渤南洼陷深层碎屑岩储集层中的黏土矿物特征及油气意义[J]．石油学报，30(2)：201-207.

[11] 程克明，熊英，曾晓明，等．2002. 吐哈盆地煤成烃研究[J]．石油学报，23(4)：13-17.

[12] 程克明，熊英，刘新月．2004. 煤系源岩倾油倾气性研究[J]．沉积学报，22(B06)：56-60.

[13] 程克明，张朝富．1994. 吐鲁番-哈密盆地煤成油研究[J]．中国科学(化学)，24(11)：1216-1222.

[14] 程克明，赵长毅，苏爱国，等．1997. 吐哈盆地煤成油气的地质地球化学研究[J]．中国石油勘探，2(2)：5-10.

[15] 程克明．1999. 吐哈盆地油源研究新认识[J]．中国海上油气(地质)，13(2)：109-111.

[16] 戴金星，倪云燕，廖凤蓉，等．2019. 煤成气在产气大国中的重大作用[J]．石油勘探与开发，46(3)：417-432.

[17] 戴金星，倪云燕，吴小奇．2012. 中国致密砂岩气及在勘探开发上的重要意义[J]．石油勘探与开发，29(3)：257-264.

[18] 戴金星，裴锡古，戚厚发．1992. 中国天然气地质学[M]．北京：石油工业出版社．

[19] 戴金星，戚厚发，王少昌，等．2001. 我国煤系的气油地球化学特征、煤成气藏形成条件及资源评价[M]．北京：石油工业出版社．

[20] 戴金星，戚厚发．1989. 我国煤成烃气的 $\delta^{13}C$—R_o 关系[J]．科学通报，34(9)：

690-692.
[21] 戴金星. 1979. 成煤作用中形成的天然气和石油[J]. 石油勘探与开发, 6(1): 10-17.
[22] 戴金星. 1980. 我国煤系地层含气性的初步研究[J]. 石油学报, 1(4): 27-37.
[23] 戴金星. 1993. 天然气碳氢同位素特征和各类天然气鉴别[J]. 天然气地球科学, 4(2): 1-40.
[24] 戴金星. 2018. 煤成气及鉴别理论研究进展[J]. 科学通报, 63(14): 1290-1305.
[25] 戴卿林, 郝石生, 卢双舫, 等. 1996. 煤成油油源对比问题讨论[J]. 地球化学, 25(4): 324-330.
[26] 戴卿林, 郝石生. 1998. 煤成油排驱效率模拟实验[J]. 石油与天然气地质, 19(1): 24-28.
[27] 邓宏文, 钱凯. 1993. 沉积地球化学与环境分析[M]. 兰州: 甘肃科学技术出版社.
[28] 丁修建, 柳广弟, 查明, 等. 2015. 沉积速率与烃源岩有机质丰度关系——以二连盆地为例[J]. 天然气地球科学, 26(6): 1076-1085.
[29] 付晓泰, 王振平, 卢双舫, 等. 2000. 天然气在盐溶液中的溶解机理及溶解度方程[J]. 石油学报, 21(3): 89-94.
[30] 付晓泰, 王振平, 卢双舫. 1996. 气体在水中的溶解机理及溶解度方程[J]. 中国科学化学(中文版), 26(2): 124-130.
[31] 付晓泰, 王振平, 夏国朝. 1998. 天然气组分的水合常数、水合热及理论溶解度[J]. 石油学报, 19(1): 79-84.
[32] 高岗, 柳广弟, 付金华, 等. 2012. 确定有效烃源岩有机质丰度下限的一种新方法——以鄂尔多斯盆地陇东地区上三叠统延长组湖相泥质烃源岩为例[J]. 西安石油大学学报(自然科学版), 27(2): 22-26.
[33] 郭贵安, 陈义才, 张代生, 等. 2005. 吐哈盆地侏罗系热模拟生烃演化特征研究[J]. 西南石油大学学报(自然科学版), 27(4): 13-15.
[34] 郭小波, 黄志龙, 王伟明, 等. 2014. 台北凹陷温吉桑地区致密砂岩储层特征及其控制因素[J]. 中南大学学报, 45(1): 157-166.
[35] 韩布兴, 阎海科, 胡日恒. 1990. 甲烷在克拉玛依九区稠油中的溶解度及甲烷饱和稠油的粘度与密度[J]. 油田化学, 7(2): 188-190.
[36] 何军, 范子菲, 宋珩, 等. 2015. 吐哈盆地巴喀致密砂岩气田八道湾组有效储层特征及分布规律[J]. 科学技术与工程, 15(25): 108-114.
[37] 侯读杰, 冯子辉. 2011. 油气地球化学[M]. 石油工业出版社.
[38] 胡国艺, 张水昌, 田华, 等. 2014. 不同母质类型烃源岩排气效率[J]. 天然气地球科学, 25(1): 45-52.
[39] 胡社荣, 方家虎. 1997. 煤和煤系中微生物量对煤成油的影响和作用[J]. 煤田地质与勘探, 25(4): 16-20.
[40] 胡社荣, 方家虎. 1997. 中国侏罗系煤成油若干问题[J]. 地质论评, 43(2): 155-161.
[41] 胡社荣, 郎东升, 潘景副, 等. 2003. 煤和含煤岩系成油理论研究和演变历史[J]. 煤田

地质与勘探，31(4)：19-22.
[42] 黄第藩，卢双舫．1999. 煤成油地球化学研究现状与展望[J]. 地学前缘，6(S1)：183-194.
[43] 黄第藩，张大江，李晋超．1989. 论4-甲基甾烷和孕甾烷的成因[J]. 石油勘探与开发，(3)：8-15.
[44] 黄第藩．1996. 含煤地层中石油的生成、运移和生油潜力评价[J]. 勘探家：石油与天然气，1(2)：6-11.
[45] 黄思静，黄可可，冯文立，等．2009. 成岩过程中长石、高岭石、伊利石之间的物质交换与次生孔隙的形成：来自鄂尔多斯盆地上古生界和川西凹陷三叠系须家河组的研究[J]. 地球化学，38(5)：498-506.
[46] 黄志龙，高岗．2017. 石油地质综合研究方法[M]. 北京：石油工业出版社．
[47] 黄志龙，柳波，闫玉魁，等．2011. 吐哈盆地柯柯亚-鄯勒地区致密砂岩气形成机制与分布预测[J]. 岩性油气藏，23(2)：15-19.
[48] 姜振学，林世国，庞雄奇，等．2006. 两种类型致密砂岩气藏对比[J]. 石油实验地质，28(3)：210-214.
[49] 金强．2001. 有效烃源岩的重要性及其研究[J]. 油气地质与采收率，8(1)：1-4.
[50] 李光云，赖富强，何加成，等．2013. 吐哈盆地丘东洼陷下侏罗统致密砂岩储层特征及物性主控因素[J]. 天然气地球科学，24(2)：310-319.
[51] 李华明．2000. 吐哈盆地中、下侏罗统煤系沉积环境与煤沼有机相[J]. 新疆石油地质，21(4)：301-302.
[52] 李素梅，庞雄奇，刘可禹，等．2006. 一种快速检测油包裹体的新方法——颗粒包裹烃定量荧光分析技术及其初步应用[J]. 石油实验地质，28(4)：386-390.
[53] 李易隆，贾爱林，何东博．2013. 致密砂岩有效储层形成的控制因素[J]. 石油学报，34(3)：71-82.
[54] 刘德汉，傅家谟，戴童谟．1986. 煤成气和煤成油产出阶段和特征的初步研究[D]. 中国科学院地球化学研究所年报，185-196.
[55] 刘可禹，鲁雪松，桂丽黎，等．2016. 储层定量荧光技术及其在油气成藏研究中的应用[J]. 地球科学，41(3)：373-384.
[56] 刘明洁，刘震，刘静静，等．2014. 砂岩储集层致密与成藏耦合关系—以鄂尔多斯盆地西峰—安塞地区延长组为例[J]. 石油勘探与开发，41(2)：168-175.
[57] 刘震．2015. 地层孔隙动力学[M]. 石油工业出版社．
[58] 柳波，黄志龙，罗权生，等．2012. 吐哈盆地北部山前带下侏罗统天然气气源与成藏模式[J]. 中南大学学报(自然科学版)，43(1)：259-264.
[59] 柳广弟．2009. 石油地质学[M]. 石油工业出版社．
[60] 卢双舫，陈昕．1997. 台北凹陷煤中有机质的成烃动力学模型及其初步应用[J]. 沉积学报，15(2)：126-129.
[61] 卢双舫，黄第藩．1995. 煤岩显微组分的成烃动力学[J]. 中国科学：B辑，25(1)：101-107.

[62] 卢双舫，王雅春，庞雄奇，等．2000. 煤系源岩排烃门限影响因素的模拟计算[J]．石油大学学报：自然科学版，(4)：48-52.
[63] 卢双舫，张敏．2017. 油气地球化学[M]．石油工业出版社．
[64] 芦粤晗，孙永革，翁焕新．2004. 湖泊沉积有机质的地球化学记录与古气候古环境重建[J]．地球化学，33(1)：20-28.
[65] 罗蒙诺索夫，马万均 译．1958. 论地层(1949)[M]．北京：科学出版社．
[66] 马剑，黄志龙，范彩伟，等．2014. 应用定量颗粒荧光技术研究宝岛 13-1 气田油气成藏特征[J]．天然气地球科学，25(8)：1188-1196.
[67] 孟凡巍，周传明，燕夔，等．2006. 通过 C_{27}/C_{29} 甾烷和有机碳同位素来判断早古生代和前寒武纪的烃源岩的生物来源[J]．微体古生物学报，23(1)：51-56.
[68] 倪云燕，廖凤蓉，龚德瑜，等．2019. 吐哈盆地台北凹陷天然气碳氢同位素组成特征[J]．石油勘探与开发，46(3)：509-520.
[69] 欧成华，李士伦，易敏，等．2002. 高温高压下多种气体在储层岩心中吸附等温线的测定[J]．石油学报，23(1)：72-76.
[70] 欧成华，易敏，郭平，等．2000. N_2、CO_2 和天然气在岩心孔隙内表面的吸附量的测定[J]．石油学报，21(5)：68-71.
[71] 潘高峰，刘震，赵舒，等．2011. 砂岩孔隙度演化定量模拟方法——以鄂尔多斯盆地镇泾地区延长组为例[J]．石油学报，32(2)：249-256.
[72] 潘志清，黄第藩，林壬子．1991. 原油和生油岩中完整短链甾类系列化合物(C_{20}-C_{26})的发现及其意义[J]．沉积学报，9(2)：106-113.
[73] 庞雄奇，Lerche，王雅春，等．2001. 煤系烃源岩排烃门限理论研究与应用[M]．北京：石油工业出版社．
[74] 庞雄奇，陈章明，陈发景．1993. 含油气盆地地史、热史、生留排烃史数值模拟研究与烃源岩定量评价[M]．北京：地质出版社．
[75] 钱利军，陈洪德，林良彪，等．2012. 四川盆地西缘地区中侏罗统沙溪庙组地球化学特征及其环境意义[J]．沉积学报，30(6)：1061-1071.
[76] 沈平，徐永昌．1991. 中国陆相成因天然气同位素组成特征[J]．地球化学，20(2)：144-152.
[77] 史基安，王琪．1995. 影响碎屑岩天然气储层物性的主要控制因素[J]．沉积学报，13(2)：128-139.
[78] 史训知，戴金星，王则民，等．1985. 联邦德国煤成气的甲烷碳同位素研究和对我们的启示[J]．天然气工业，(2)：5+9-17.
[79] 寿建峰，朱国华．1998. 砂岩储层孔隙保存的定量预测研究[J]．地质科学，32(2)：241-249.
[80] 帅燕华，张水昌，陈建平．2009. 煤和煤系泥岩生油能力再评价[J]．地球化学，38(6)：583-590.
[81] 司学强，曹全斌，季卫华，等．2014. 吐哈盆地台北凹陷水西沟群致密砂岩储层特征及

影响因素分析[J]. 矿物岩石，34(4)：93-101.
[82] 苏传国，黄卫东，白喜俊，等. 2009. 吐哈盆地天然气成藏地质条件与富集因素分析[J]. 天然气地球科学，20(1)：50-56.
[83] 苏传国，朱建国，孟旺才，等. 2005. 吐哈盆地“煤成油”问题再认识[J]. 新疆石油地质，26(4)：453-458.
[84] 孙旭光，陈建平，王延斌. 2002. 吐哈盆地侏罗纪煤中主要组分结构特征与生烃性分析[J]. 沉积学报，20(4)：721-726.
[85] 孙永革，王志勇. 2001. 煤与煤系页岩生油的分子碳同位素地球化学判识[J]. 科学通报，46(11)：952-955.
[86] 孙永革，朱进，徐华，等. 2002. 生油煤形成的环境制约[J]. 地球化学，31(1)：8-14.
[87] 田建锋，陈振林，杨友运. 2008. 自生绿泥石对砂岩储层孔隙的保护机理[J]. 地质科技情报，27(4)：49-54.
[88] 田伟超，卢双舫，王伟明，等. 2015. 吐哈盆地斜坡带致密储层物性上限研究[J]. 天然气地球科学，26(11)：2107-2113.
[89] 涂建琪，陈建平，张大江，等. 2011. 湖相碳酸盐岩烃源岩有机显微组分分类及其岩石学特征——以酒西盆地为例[J]. 岩石学报，28(3)：917-926.
[90] 涂建琪，王淑芝，费轩冬. 1998. 干酪根有机质类型划分的若干问题的探讨[J]. 石油实验地质，(2)：187-191.
[91] 妥进才. 2003. 塔里木盆地三叠系有利生烃环境[J]. 天然气地球科学，14(2)：120-125.
[92] 万玲，孙岩，魏国齐. 1999. 确定储集层物性参数下限的一种新方法及其应用——以鄂尔多斯盆地中部气田为例[J]. 沉积学报，17(3)：454-457.
[93] 王安乔，郑保明. 1987. 热解色谱分析参数的校正[J]. 石油实验地质，9(4)：47-55.
[94] 王昌桂，程克明，徐永昌，等. 1998. 吐哈盆地侏罗系煤成烃地球化学[M]. 科学出版社.
[95] 王春江，罗斌杰，郑国东，等. 1993. 吐鲁番盆地原油成因及地球化学特征[J]. 沉积学报，11(3)：72-81.
[96] 王大锐，董爱正. 1997. 吐哈盆地侏罗系原油单体烃系列碳同位素研究[J]. 石油勘探与开发，24(2)：19-21.
[97] 王飞宇，赵长毅，刘德汉. 1997. 吐哈盆地侏罗系煤中超微类脂体特征和演化[J]. 煤田地质与勘探，25(1)：15-19.
[98] 王国亭，何东博，李易隆，等. 2012. 吐哈盆地巴喀气田八道湾组致密砂岩储层分析及孔隙度演化定量模拟[J]. 地质学报，86(11)：1847-1856.
[99] 王国亭，李易隆，何东博，等. 2014. “改造型”致密砂岩气藏特征：以吐哈盆地巴喀气田下侏罗统八道湾组为例[J]. 地质科技情报，33(3)：118-125.
[100] 王绪龙. 2013. 准噶尔盆地烃源岩与油气地球化学[M]. 石油工业出版社.
[101] 邬立言，顾信章，盛志纬，等. 1986. 生油岩热解快速定量评价[M]. 北京：科学出版社.
[102] 吴涛，赵文智. 1997. 吐哈盆地煤系油气田形成和分布[M]. 石油工业出版社.

[103] 肖序常．1992. 新疆北部及其部分大地构造[M]. 北京：地质出版社．
[104] 谢家荣．1934. 石油(二版)[M]．上海：商务印书馆．
[105] 徐同台，王行信，张有瑜，等．2003. 中国含油气盆地黏土矿物[M]. 石油工业出版社．
[106] 徐永昌，王志勇，王晓峰，等．2008. 低熟气及我国典型低熟气田[J]. 中国科学：D辑，38 (1)：87-93.
[107] 薛海涛，刘灵芝，周丽华，等．2001. 天然气在大庆原油中的溶解度[J]. 大庆石油学院学报，25(2)：12-15.
[108] 薛海涛，卢双舫，付晓泰，等．2003. 烃源岩吸附甲烷实验研究[J]. 石油学报，24(6)：45-50.
[109] 薛海涛，卢双舫，付晓泰，等．2004. 预测原油中气油体积比的模型精度[J]. 大庆石油学院学报，28(1)：1-3.
[110] 薛海涛，卢双舫，付晓泰．2005. 甲烷、二氧化碳和氮气在油相中溶解度的预测模型[J]. 石油与天然气地质，26(4)：444-449.
[111] 杨威，魏国齐，赵杏媛，等．2013. 碎屑岩储层中自生绿泥石衬边能抑制石英次生加大吗？——以四川盆地须家河组砂岩储层为例[J]. 石油学报，34(S1)：128-135.
[112] 杨玉平，钟建华，孙玉凯，等．2014. 吐哈盆地水西沟群“近生近储”型致密砂岩气藏特征及其成藏机制[J]. 中国石油大学学报：自然科学版，38(4)：34-41.
[113] 袁明生，梁士君，徐永昌，等．2011. 低熟气及我国的低熟气区——吐哈油气区[M]. 科学出版社．
[114] 袁明生，梁士君，燕列灿，等．2002. 吐哈盆地油气地质与勘探实践[M]. 石油工业出版社．
[115] 翟光明，胡见义，赵文智，等．2016. 科学探索井历程、成效及意义——纪念科学探索井项目实践30周年[J]. 石油勘探与开发，43(2)：153-165.
[116] 张爱云，蔡云开，初志明，等．1992. 沉积有机质中稳定碳同位素逆转现象初探[J]. 沉积学报，10(4)：49-59.
[117] 张品，苟红光，龙飞，等．2018. 吐哈盆地天然气地质条件、资源潜力及勘探方向[J]. 天然气地球科学，29(10)：153-163.
[118] 张文正．1989. 有机质碳同位素的成熟分馏作用及地质意义[J]. 石油实验地质，11(2)：177-184.
[119] 张枝焕，王铁冠，常象春等．2004. 原油族群划分及其地球化学意义[J]. 地球学报(增刊)，24：108-114.
[120] 赵红静．2013. 吐哈盆地台北凹陷天然气成因类型及气源对比[M]. 石油工业出版社．
[121] 赵文智，程克明，邹才能，等．1995. 吐哈盆地煤系地层油气聚集特征与勘探对策[J]. 天然气工业，(4)：13-17.
[122] 赵长毅，陈建平，程克明，等．1998a. 吐哈盆地煤沼泥岩有机相型与源岩评价[J]. 地质学报(英文版，论文摘要)，72(2)：191.
[123] 赵长毅，程克明．1998b. 煤成油排驱机理与初次运移[J]. 中国科学：地球科学，28

(1)：47-52.

[124] 赵长毅，王飞宇．1997. 吐哈盆地煤成烃主要贡献组分剖析[J]．沉积学报，15(2)：95-99.

[125] 赵长毅，赵文智，程克明，等．1998. 吐哈盆地煤油源岩形成条件与生油评价[J]．石油学报，19(3)：21-25.

[126] 赵长毅．1994. 吐哈盆地煤中基质镜质体生烃潜力与特征[J]．科学通报，39(21)：1979-1981.

[127] 赵长毅．1999. 煤成油生成，运移与油气藏形成[J]．中国矿业大学学报，28(1)：65-68.

[128] 朱丽霞，谭富文，陈明，等．2011. 羌塘盆地那底岗日地区上侏罗统——下白垩统碳酸盐岩微量元素与古环境[J]．成都理工大学学报：自然科学版，38(5)：549-556.

[129] Akinlua A, Torto N. 2011. Geochemical evaluation of Niger Delta sedimentary organic rocks: a new insight [J]. International Journal of Earth Sciences, 100(6): 1401-1411.

[130] Anna B, Susanne G, Peter K. 2009. Porosity-preserving chlorite cements in shallow-marine volcaniclastic sandstones: Evidence from Cretaceous sandstones of the Sawan gas field, Pakistan [J]. AAPG B ulletin, 93, (5): 595-615.

[131] Arthur M A, Dean W E. 1998. Organic matter production and preservation and evolution of anoxia in the Holocene Black Sea [J]. Paleoceanography, 13(4): 395-411.

[132] Berger G, Lacharpagne J, Velde B, et al. 1997. Kinetic constraints on illitization reactions and the effects of organic diagenesis in sandstone shale sequences [J]. Applied Geochemistry, 12 (1): 23-35.

[133] Boles J R, Franks S G. 1979. Clay diagenesis in Wilcox sandstones of southwest Texas: implications of smectite diagenesis on sandstone cementation [J]. Journal of Sedimentary Research, 49(1): 55-70.

[134] Bread D C, Weyl P K. 1973. Influence of Texture on Porosity and Permeability of Unconsolidated Sand [J]. AAPG Bulletin, 57(2): 349-369.

[135] Brooks J D, Smith J W. 1969. The diagenesis of plant lipids during the formation of coal, petroleum and natural gas-II. Coalification and the formation of oil and gas in the Gippsland Basin [M]. Geochimica et Cosmochimica Acta, 33(10): 1183-1194.

[136] Chen J, Qin Y, Huff B G, et al. 2001. Geochemical evidence for mudstone as the possible major oil source rock in the Jurassic Turpan Basin, Northwest China [J]. Organic Geochemistry, 32(9): 1103-1125.

[137] Chen Jianping, Deng Chunping, Wang Huitong, et al. 2017. Main oil generating macerals for coal-derived oil: A case study from the Jurassic coal-bearing Turpan Basin, NW China [J]. Organic Geochemistry, 111: 113-125.

[138] Czochanska, Z., Gilbert, T. D., Philp, R. P., et al. 1988. Geochemical application of sterane and triterpene biomarkers to a description of oils from the Taranaki Basin in New Zealand

[J]. Organic Geochemistry, 12, 123-135.

[139] Defines P. 1980. Handbook of environmental isotope geochemistey [M]. Lsevier Scientific publishing Campany.

[140] Durand B, Paratte M. 1983. Oil potential of coals: a geochemical approach [J]. Geological Society, London, Special Publications, 12(1): 255-265.

[141] Fu, J, Sheng, G., Peng, P., et al. 1986. Peculiarities of salt lake sediments as potential source rocks in China [J]. Organic Geochemistry, 10, 119-126.

[142] Gong Deyu, Cao Zhenglin, Ni Yunyan, et al. 2016. Origins of Jurassic oil reserves in the Turpan-Hami Basin, northwest China: Evidence of admixture from source and thermal maturity [J]. Journal of Petroleum Science and Engineering, 146: 788-802.

[143] Greene T J, Zinniker D, Moldowan J M, et al. 2004. Controls of oil family distribution and composition in nonmarine petroleum systems: A case study from the Turpan-Hami basin, northwestern China [J]. AAPG Bulletin, 88(4): 447-481.

[144] Grice K., Audino, M., Boreham C. J., et al. 2001. Distributions and stable carbon isotopic compositions of biomarkers in torbanites from different palaeogeographical locations [J]. Organic Geochemistry, 32, 1195-1210.

[145] Grigsby J D. 2001. Origin and growth mechanism of authigenic chlorite in sandstones of the lower Vicksburg Formation, south Texas [J]. Journal of Sedimentary Research, 71(1): 27-36.

[146] Hatch J R, Leventhal J S. 1992. Relationship between inferred redox potential of the depositional environment and geochemistry of the Upper Pennsylvanian (Missourian) Stark Shale Member of the Dennis Limestone [J]. Chemical Geology, 99: 65-82.

[147] Heath G R, Moore T C, Dauphin J P. Organic carbon in deep sea sediments [C] // Anderson N R, Malahoff A. The Fate Fossil Fuel CO_2 in the Oceans. Office of Naval Research, Ocean Science and Technology Division, United States, Marine science 6, 1977: 606-626.

[148] Henrichs S M, Reeburgh W S. 1987. Anaerobic mineralization of marine sediment organic matter: Rates and the role of anaerobic processes in the oceanic carbon economy[J]. Ueomicrobiology Journal, 13(5): 191-237.

[149] Huc A Y, Durand B, Roucachet J, et al. 1986. Comparison of three series of organic matter of continental origin[J]. Organic Geochemistry, 10(1): 65-72.

[150] Hunt J M. 1996. Petroleum geochemistry and geology (second edition) [M]. New York, Freeman.

[151] Jarvie D M, Hill R J, Ruble T E, et al. 2007. Unconventional shale-gas systems: The Mississippian Barnett Shale of north-central Texas as one model for thermogenic shale-gas assessment [J]. AAPG Bulletin, 91(4): 475-499.

[152] Liu Keyu, Eadington, P., Middleton, H., et al. 2007. Applying quantitative fluorescence techniques to investigate petroleum charge history of sedimentary basins in Australia and Papuan

New Guinea [J]. Journal of Petroleum Science and Engineering, 57, 139-151.

[153] Liu Keyu, Fadington, P., 2003. A New method for identifying secondary oil migration pathways [J]. Journal of Geochemical Exploration, 78-79: 389-394.

[154] Liu Keyu, Georag, S. C. Lu Xuesong, et al. 2014. Innovative fluorescence spectroscopic techniques for rapidly characterising oil inclusions [J]. Organic Geochemistry, 72, 34-45.

[155] Kreuser T. and R. Schramedei. 1988. Gas-prone source rocks from Gratogene Karoo Basin in Tanzania [J]. Journal of Petroleum Geology, 11(2): 169-184.

[156] Lanson B, Beaufort D, Berger G, et al. 2002. Authigenic kaolin and illitic minerals during burial diagenesis of sandstones a review [J]. Clay Minerals, 37(3): 1-22.

[157] Li Maowen, Bao Jianping, Lin Renzi, et al. 2001. Revised models for hydrocarbon generation, migration and accumulation in Jurassic coal measures of the Turpan basin, NW China [J]. Organic Geochemistry, 32: 1127-1151.

[158] Louth T S, Hardenbol J, Vail P R, et al. 1988. Condensed sections: The key to age determination and correlation o1 continental margin sequences [C] // Wilgus C K, Halting B S, Posamentier H, et al. Sea Level Changes; An Integrated Approach. Everest Geotech, Houston, TX, Special Volume 42, 183-213.

[159] Milliken K L, Mack L E, Land L S. 1994. Elemental mobility in sandstones during burial: wholerock chemical and isotopic data, Frio Formation, South Texas [J]. Journal of Sedimentary Research, 64(8): 788-796.

[160] Moldowan, J. M., Seifert, W. K. and Gallegos, E. J. 1985. Relationship between petroleum composition and depositional environment of petroleum source rocks [J]. American Association of Petroleum Geologists Bulletin, 69, 1255-1268.

[161] Muller P J, Suess E. 1979. Productivity, sedimentation rate and sedimentary organic carbon content in the oceans [J]. Deep Sea Research, 26(4): 1347-1362.

[162] Ni Yunyan, Zhang Dijia, Liao Fengrong, et al. 2015. Stable hydrogen and carbon isotopic ratios of coal-derived gases from the Turpan-Hami Basin, NW China [J]. International Journal of Coal Geology, 15: 2144-155.

[163] Peters K E , Walters C C , Moldowan J M. 2005. The Biomarker Guide[J]. Biomarkers & Isotopes in Petroleum Systems & Earth History Ed, volume 2.

[164] Scherer N. 1996. Modal analysis of granitic rocks by a personal computer using image processing software "Adobe Photoshop TM" [J]. Journal of Mineralogy, Petrology and Economic Geology, 91(6): 235-241.

[165] Stahl W J, Garey B D. 1975. Source-rock identification by isotope analyses of ntural gasws from fields in the Valerede and Delaware Basins, West Texas [J]. Chemical Geology, 16(2): 257-267.

[166] Standing M B. 1947. A pressure-volume-temperature correlation for mixtures of California oil and gas [J]. Drill and Prod. Prac. (5): 275-386.

[167] Sun Yongge, Sheng Guoying, Peng Ping'an, et al. 2000. Compound-specific stable carbon isotope analysis as a tool for correlating coal-sourced oils and interbedded shale-sourced oils in coal measures: an example from Turpan basin, north - western China [J]. Organic Geochemistry, 31: 1349-1362.

[168] Surdam R C, Crossey L J, Hagen E S. 1989. Organic-inorganic interactions and sandstone diagenesis. AAPG Bulletin, 73(1): 1-32.

[169] Thompson S, Cooper B S, Morldy R J, et al. 1985. Oil-generating coals [A]. In: Thoms, B M et al. (eds.) Petroleum geochemistry of the Norwegian shelf, Graham and Trotman[C]. London, 59-73.

[170] Thyne G, Boudreau B, Ramm M, et al. 2001. Simulation of potassium feldspar dissolution and illitization in the Statfjord Formation, North Sea [J]. AAPG Bulletin, 85(4): 621-635.

[171] Tissot B P, Durand B, Espitalie J, et al. 1984. Influence of natural and diagenesis of organic matter in formation of petroleum [J]. AAPG Bull, 58(3): 499-506.

[172] Tissot B P, Welte D H. 1984. Petroleum Formation and Occurrence [M]. Berlin: Springer-Verlag.

[173] Vazquez M, Beggs H D. 1980. Correlation for fluid physical property prediction [J]. Journal of Petroleum Technology, (6): 968-970.